市场经济下的中国城市规划：发展规划的范式

（第二版）

■ 同济大学　朱介鸣　著

U0262810

中国建筑工业出版社

图书在版编目（CIP）数据

市场经济下的中国城市规划：发展规划的范式／朱介鸣著 .—2 版 .
北京：中国建筑工业出版社，2014.12
ISBN 978-7-112-17543-7

I.①市…　II.①朱…　III.①城市规划−研究−中国　IV.① TU984.2

中国版本图书馆 CIP 数据核字（2014）第 274833 号

责任编辑：杨　虹
责任校对：李欣慰　刘　钰

市场经济下的中国城市规划：发展规划的范式
（第二版）
同济大学　朱介鸣　著

*
中国建筑工业出版社出版、发行（北京西郊百万庄）
各地新华书店、建筑书店经销
北京嘉泰利德公司制版
北京盛通印刷股份有限公司
　*
开本：787×960 毫米　1/16　印张：20³/₄　字数：510 千字
2015 年 11 月第二版　　2015 年 11 月第二次印刷
定价：56.00 元
ISBN 978-7-112-17543-7
　　　（26756）

版权所有　翻印必究
如有印装质量问题，可寄本社退换
（邮政编码 100037）

C 目 录
ONTENTS

引 言
NTRODUCTION

改革开放改变了中国城市的命运，1980 年代以来前所未有的超常规快速城市化体现了国家经济的强盛和人民生活水平的提高，但这不意味着优美的中国城市会自然而然地出现。城市规划的本质在于城市空间关系的协调和统筹，土地利用规划编制的基本目标首先是试图解决当前的城市问题，发展中国家普遍的城市问题通常是住房短缺，特别是低收入居民的住房匮乏；交通拥挤；环境污染。规划其次的基本目标是引导建设具备规划理念的城市，如田园城市、公平城市、可持续发展城市等。前者是城市发展的短期目标，后者是城市发展的长期目标。城市规划要在城市建设中发挥作用，应该具备两个基本功能：①积极推动城市按照总体规划所设定的目标发展，城市最终能够实现规划的愿景；②监管市场引导的城市开发根据总体规划所确定的方向进行，通过规划控制阻止实施不符总体规划的建设项目，确保城市发展不违背总体规划所设定的目标。城市规划的基本功能可简单地归纳为：积极推动按照规划的城市发展；控制否决不按照规划的城市发展。

事实上，规划所应该具备的两大功能在国内的规划实践中基本没有得到发挥。其原因是：城市规划是政府对城市发展自上而下的控制和引导；城市发展是建立在市场经济制度基础上自下而上的经济活动。两者应该代表不同的利益。但是，中国的国情是政府与市场都在通过推动城市化积极发展城市经济，政府没有对市场进行应有的制约和互补。规划往往成为被个体私利利用的工具，而不是理念和理想的载体。在中国这个低收入国家，绝大部分人认同积极发展经济的基本国策。因为物资的缺乏，经济落后直接或间接地影响到社会的公平公正；没有足够的经济技术水平支持，城市的生态环境也很难改善。世界上发展中国家的社会问题和环境问题远比发达国家严重，就是因为发展中国家的经济落后所致。

城市规划应该在中国快速城市化推动下的城市建设中起关键的作用。不然，一方面城市在大规模地建设，城市质量在提高（如：住房水平提高、拥车率提高）；

另一方面，城市质量又在下降（如：交通拥挤、空气污染）。相比世界其他国家，中国的人口高密度和城市的超大规模突显城市规划作用的不可缺少。传统的城市规划擅长于控制，不具备积极发展的功能。在当前积极推动城市化的形势下，如果我们希望快速进行的城市化能够通过规划积极塑造城市，中国的城市规划必须具备能够推动和引导城市发展的两大功能，我将此规划范式称之为发展规划。所谓发展规划是指统筹城市社会、经济、空间的战略发展，积极地塑造与经济和社会相对应的城市空间。

CHAPTER 1

第一章　市场经济下的城市规划

城市规划定义广泛，学者专家各持己见，对于城市规划的不同形式却鲜有讨论。城市规划的形式与城市化进程直接相关。在城市规划三个基本形式中，我们对规划方案情有独钟，广为研究，却对开发控制缺少本质性的理解和重视。开发控制恰恰是市场经济制度下城市规划的关键所在。西方城市建设历史中产生了众多富有创意、极具社会责任感的城市规划方案，给了后人不少启示。在对大师敬仰的同时，我们也应该指出优秀城市规划方案的成功与失败之处，市场对规划的评判是规划师无法躲避的成败关键的准则。从市场经济的角度出发，城市规划是针对城市建设中市场失效、提高城市水平的重要手段。因为规划与开发的分离给规划方案完整实施造成极大的难度，所以，市场经济下的城市规划值得关注和研究。

1.1 什么是城市规划？

1.1.1 城市规划的定义

《城市规划基本术语标准》定义城市规划为"对一定时期内城市的经济和社会发展、土地利用、空间布局以及各项建设的综合部署、具体安排和实施管理"（转引自石楠，2005：24）。社会经济作为规划的对象正在不断地发展和转型，"城市规划本身是不断发展的"（邹德慈，2005：24）。按照1970年代西方广泛采用的定义，城市规划是为城市经济、舒适和美观方面服务的关于土地利用、房屋定位和交通道路安排的科学和艺术（Keeble，1969）。城市是个反映社会经济变化大趋势而不断进化的有机生物体，城市规划试图在空间结构和土地利用方面，构造城市生物体。在计划经济条件下，城市规划是配合城市经济发展计划的用地安排和城市空间结构的构造；在市场经济条件下，城市规划是控制和引导城市建设的制度。根据新制度经济学家道格拉斯·诺思（Douglas North）的定义，制度（institution）就是"游戏"规则；依此类推，城市规划就是城市建设的"游戏"规则。

何谓有规划的城市？何谓没有规划的城市？这个问题似乎容易回答，有规划制度和规划部门的城市都应视为有规划的城市，反之，则视为没有规划的城市。但是仔细推敲，这个问题又难以找到明确而又有说服力的回答。城市有没有规划，关键在于城市建设是否按照规划进行。许多发展中国家的城市都有各自的规划制度，但是那些城市的发展状态和所形成的城市面貌，很难令人相信这个城市是有规划的。图1-1和图1-2所示是两个案例，比较有规划的城区和没有规划的城区的差别。图1-1所示是新加坡一个称之为"牛车水"的老城区，建成于1958年之前，而新加坡城市历史上第一个总体规划编制于1958年。1958年之前的新加坡没有总体规划，所以可以认为"牛车水"是没有规划的城区。图1-2所示是新加坡一个

图1-1　1960年新加坡"牛车水"城区平面图

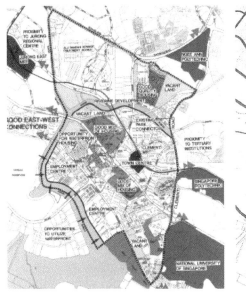

图1-2 新加坡某新区组团现状 图1-3 新加坡某新区组团1985年时的
总体规划

典型的按照规划建设的新区组团，图1-3所示是该新区组团1985年时的总体
规划，其中体现了一些规划理念，诸如生活设施按等级在空间均匀设置；以公
共交通为主组织新区组团之间的联系；绿地与其他用地有机结合等（图1-4）。

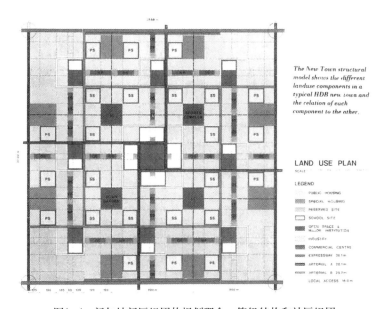

图1-4 新加坡新区组团的规划理念：等级结构和社区组团

图1-5　自发形成的城区（informal development）　　图1-6　经过改善整理后的城区

　　然而，"牛车水"果真是没有任何规划吗？比较图1-5和图1-6，将图1-5中自发形成的城区称之为没有规划的城区没有异议：道路宽度不一，房屋任意布局，城区是完全没有协调的个体建设的总和。西方将此称为"非正规建设"（informal development）。所谓"正规"就是按照某种规矩行事，"非正规建设"就是没有规矩的建设。但是将图1-6的城区称为没有任何规划的城区可能不太准确。尽管没有总体规划，但是经过整理后的城区有了规范化的道路系统，按照规范进行整理和完善也是一种规划。至此，可以说"牛车水"的建设没有总体规划，但是其整齐的道路结构说明"牛车水"的建设遵守一定的规范。这种规范体现了"规划"的意图，这种规划被称为按照某种规范对土地开发活动的"建设控制"（development control）。

1.1.2　城市规划的形式

　　研究了西方城市规划史后发现，城市规划似乎不是一个历史悠久的学科和职业。霍华德1902年发表的第二版《明日的田园城市》和1903年由他主持建成的田园城市莱奇沃斯（Letchworth）被西方规划界公认为是现代城市规划诞生的标志。在这之前，历史上尽管有不少规划的实践（如：明清朝代的北京城、美国的华盛顿特区、英国的工人新村等），但那些城市规划实践不能被认为是现代的。城市规划的英文名词 Town Planning，据称是在1906年才由英国伯明翰市政厅官员约翰·瑟敦·奈特福特（John Sutton Nettlefold）首次提出（Sutcliffe，1981），英国历史上第一个城市规划法立于1909年，城市规划专业教育和职业由此而来。但是，英国城市化的快速发展并不是从20世纪初才开始。工业革命从 1750 年在英国兴起，150 年后的 1901 年，它的城市人口已经达到占全国人口的 78% 的水平（Law，1967）。这意味着现代城市规划在 20 世纪初诞生以前，英国已经是一个高度城市化的国家了。由此推断，英国大多数城市（如：伦敦、曼彻斯特、利物浦、格拉斯哥）的城区是在没有总体规划的情况下建成的。莱奇沃斯是英国第一个按照规划方案建设的现代城市。

　　城市规划讨论的第二个层面，是城市规划的形式。城市化程度（城市人口占总人口的比例）可粗略地分为三阶段（城市发展 S 形曲线）：初始期、快速发展期和稳定饱和期。与 S 形曲线三阶段相对应的西方城市规划也以三种形式出现：规划控制（planning control）、规划方案（plans）和规划过程（planning）。城市规划的形式重点与城市化发展速度和阶段相对应（图 1—7）。城市化初始期的城市发展速度缓慢，建设活动稀少，强度低，城市规划主要以建设控制为主。城市化快速发展期的城市开发如火如荼，大量的项目需要在紧凑的空间和时间维度上进行协调，城市规划的主要任务是提出规划方案。西方在那一时期涌现了许多城市规划的经典方案，如：新协和村、线形城市、阳光城市、广亩城市、田园城市、邻里单位、新城等。同时，这一时期的城市规划也逐渐制度化，编制概念规划和总体规划成为城市政府的主要职责。规划编制的方法论应运而生，如：综合规划、理性规划、滚动规划等规划理论。随着对城市的认识逐渐深入，城市规划从空间形态慢慢走向社会经济内涵。城市空间是城市社会经济的反映，同时城市空间也可以制约或是引导城市社会经济的发展。城市化稳定饱和期的城市建设强度日益减弱，城乡人口分布趋于稳定，对规划方案的需求下降，规划方案的重要程度不如当初。另一方面，城市社会日益多元化，

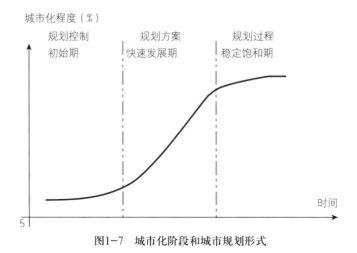

图1—7　城市化阶段和城市规划形式

社会各阶层的利益的体现成为规划中的重要议题，规划方案如何产生比方案本身更引起市民的关注，因而规划过程成为规划师关心的重点，如：公众参与、交流规划（communicative planning）、合作规划（collaborative planning），以至于最近的联系规划（relational planning）（Healey，2007）。

城市规划由建设控制、规划方案和规划过程三方面组成。大部分英国城市可能不是按照总体规划方案建成的，但是可以断定，工业革命后的欧洲城市建设是在建设控制的制度下进行的。可以用新加坡城市发展的历史过程阐述城市发展强度与城市规划形式的联系，及城市化的发展阶段决定城市规划的主要形式。新加坡自英国殖民者莱佛士 1819 年登陆开埠，至今不到 200 年历史。据历史资料记载，1819 年以前，新加坡岛只有 150 人（120 个马来人和 30 个华人），多以打鱼为生。英国殖民者随即致力于发展新加坡成为欧亚国际海上贸易的中转港，从周围地区引进大量劳力，短短 5 年内，人口激增至 1 万多人。由于城区发展和基础设施开发的滞后，众多人口都集聚在靠近港口的狭小城区（图1-8）。预见到高密度的城市环境和多民族的人口构成（华人、印度人、马来人、印尼人、欧洲人等）会带来潜在的冲突，特别是在竞争激烈、语言不通的情况下，殖民当局迅速在 1827 年编制了新加坡第一个城市规划，史称杰克逊规划（Jackson Plan）（图1-9），这个规划的实质是区划（zoning）。有意思的是，英国本土从来没有区划的制度，杰克逊规划是在英国殖民地的一个创新。

这个规划的重点是为避免潜在的社会冲突和矛盾，按照种族进行区划分居。说是规划，实际上并没有对用地性质进行规划，不是所谓的用地规划，而是建设控制。以后的城区发展基本由市场的供需关系决定（见第 5 章中的 5.2）。

图1-8　多种族移民高密度集聚

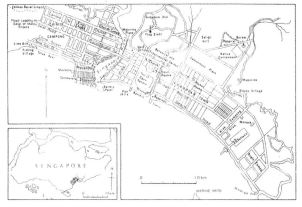

图1-9 1827年杰克逊规划

图1-10 华人生活区的"牛车水"

当今新加坡的中心城区基本按照这个格局塑造而成，形成了许多历史性的街区，诸如"小印度"（印度人）、"牛车水"（华人）（图1-10）、"马来村"（马来人）（图1-11）、"阿拉伯街"（阿拉伯人）、"布吉士村"（印尼某个区域的族群）等。杰克逊规划控制的产生是因为城市生活密度和发展强度在短期内陡然升高。1856年，殖民政府开始实行正式的房屋建设控制制度，要求私人业主在房屋建设施工前，提交给当局房屋结构图和平面图，政府审查该申请是否对公共利益和邻居房屋有所损害。没有政府颁发的建设准许证，任何人不能擅自进行土地开发。同时，为保证足够空间供行人通行，城市中心区沿街建筑的业

图1-11　马来村

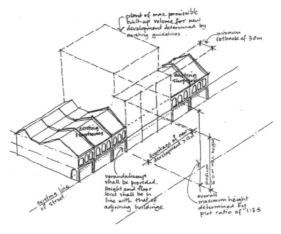

图1-12　沿街房屋业主必须保证5英尺宽的人行道

主被要求留出至少 5 英尺宽的人行道（图 1-12）。独特有序的新加坡老城区的风貌由此而成（图 1-13）。相对于密集的城市中心区（图 1-14），农村地区人疏地广，村庄建设规划没有必要（图 1-15）。建设控制因此成为新加坡城市建设的规划制度，持续了 100 年，直到 1958 年，新加坡才编制了第一个城市总体规划，此时城市人口已达 145 万。1960 年代开始的快速工业化和经济起飞催生了新加坡第一个概念规划（1971 年），提供了未来 20 年城市发展的空间框架。因为规划制度的变迁，造就了两个新加坡：一个是没有总体规划，只有开发控制的老中心城区；另一个是按照总体规划蓝图建设的新城区。

图1-13　华人店屋风貌

图1-14　人稠地窄的城市中心区

图1-15　人疏地广的农村村庄

1.2　城市规划理念的成败

　　众所周知，工业革命后没有总体规划引导的快速城市化产生了严重的城市问题：环境污染、交通拥挤堵塞、空间狭小脏乱的贫民窟等，这些城市问题成为推动现代城市规划发展的重要原因。人文主义在西方文艺复兴和工业革命后蓬勃兴起，产生了许多关怀社会公正、创造理想城市、现在被公认为是经典的规划理念，如"新协和村"、"线形城市"、"城市美化运动"、"田园城市"、"阳光城市"、"邻里单位"和"新城建设"。那些经典的规划理念已经是当今城市规划学生的必修课。其中的"田园城市"、"邻里单位"、"阳光城市"和"新城运动"等规划思想在深具理想主义的霍华德（Ebenezer Howard）、柯布西耶（Le Corbusier）、佩里（Clarence Perry）等规划大师的推动或影响下得以实践。田园城市莱奇沃斯（Letchworth）和韦林（Welwyn）分别于1903年和1919年在英国伦敦郊区建成。"田园城市"被认为是"废除奴隶制后最伟大的道德运动"（Lewis Mumford）。佩里的"邻里单位"拉德本（Radburn）提倡人车分离（建于1929年美国新泽西州），被格迪斯（Patrick Geddes）评价为"汽车时代的居住区，无论是今天还是将来都适合于居住"。按照"阳光城市"规划理想建设的巴西新首都巴西利亚，1987年被联合国教科文组织评为世界文化遗产，代表着人类创造美好公正城市的历史思潮。毫无疑问，这些在规划历史上具有里程碑位置的规划理念对于今天的规划界仍然意义深远，对于今天的规划师仍然具有启发作用。然而，理想与现实之间存在差距。理想是高尚的，但是我们规划的城市都存在于现实中。有必要回顾西方规划理念实施的效果和规划理念演变的轨迹，有助于我们后来者吸取规划先驱所积累的宝贵经验和教训。

1.2.1　田园城市

　　霍华德在1902年出版的著作《明日的田园城市》中，提出著名的"三个磁铁"理论——乡村、城市和田园城市（图1-16）。乡村的吸引力在于接近自然、空气清新、水质干净、阳光充沛、生活费用低廉，但是缺点是缺乏就业机会、收入低、缺少社会多样性、生活单调。城市的吸引力在于丰富多样的生活方式、多种娱乐场所、收入高，但是缺点是生活成本高、环境污染、天空阴霾、空气污浊。第三个磁铁"田园城市"（garden city），也就是霍华德的创意，旨在结合乡村和城市的优点，而没有它们的缺点。乡村和城市应该是一个整体，既有丰富的城市生活质量和多样的就业机会，又有良好的自然环境和田园风光。

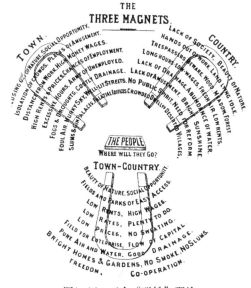

图1-16　三个"磁铁"理论

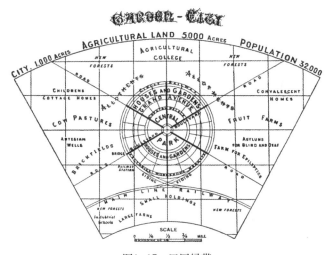

图1-17　田园绿带

"田园城市"的规划设想由此而来。首先，必须控制城市人口密度，"田园城市"
应该是人口低密度，尽量安排绿地。其次，必须控制城市规模，大城市不可能
是"田园城市"，以农业用地作为绿带遏制城市的继续发展，同时也构造一个
城市工业和乡村农业结合的综合体（图1-17）。"田园城市"的逐渐成长最终
形成"无贫民窟、无烟雾弥漫的城市群"（图1-18）。这个设想极具创新意识，

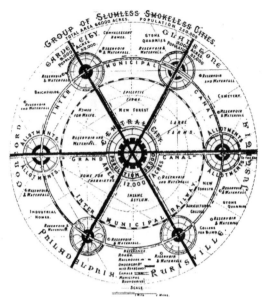

图1-18　无贫民窟、无烟雾弥漫的田园城市群

前所未有。从乡村到城市的移民毋庸置疑地会被"田园城市"磁铁所吸引，而舍弃市场所提供的城市磁铁。深信"田园城市"会成功，霍华德与志同道合的规划师和建筑师共同组建了田园城市开发公司，亲自融资、买地、规划和设计。第一个"田园城市"莱奇沃斯于1903年，第二个"田园城市"韦林在16年后的1919年分别在英国伦敦的郊区建成。莱奇沃斯果然与众不同，与伦敦的低收入居民区相比，天壤之别（图1-19～图1-21）。霍华德将理想变成现实，贡献巨大，成为现代城市规划的先驱大师，理所当然，当之无愧。莱奇沃斯——世界上第一个田园城市——理应成为当代规划师朝圣的"麦加"。

　　然而，意想不到的是"田园城市"运动在完成了第二个城市韦林后，竟到此为止。"田园城市"的规划师之一，雷蒙德·昂温（Raymond Unwin）叹道："30年的田园城市建设，莱奇沃斯和韦林的城市居民数量总和加起来仅达24000人，而在过去的10年中，每12个星期就有同样数目的居民来到大伦敦地区定居"（1932年）。面对来自市场的竞争，"田园城市"的吸引力似乎远远低于没有规划理念的伦敦，"田园城市"难以为继。为什么理念上如此完美，经过规划的"田园城市"居然竞争不过具有很多城市问题、没有规划的大伦敦？为什么"田园城市"磁铁未能比城市磁铁更有吸引力？事后分析，原因可能很简单："田园城市"未能如愿地达到所设定的规划目标——既有乡村的优越性、又有城市的

图1-19
莱奇沃斯的居住区

图1-20　莱奇沃斯的公共
绿地和设施

图1-21
莱奇沃斯的绿带

吸引力。事实上，"田园城市"只有"田园"而没有"城市"，绝无伦敦大都市所具有的城市生活综合吸引力，其中的致命问题是莱奇沃斯没有足够的就业机会。

规划只能创造良好的物质环境，而无法创造有实力的经济环境。规划师能够规划居住区、基础设施、公共和社会设施，但是规划师无法规划城市经济。规划师的知识背景也限制了他们对城市经济的认识，以为城市经济会自然而然地发展和壮大。自 1903 年莱奇沃斯建成后很长时间内，该城市只有一家稍具规模的企业（Spirella Corset Company）提供就业。而这家企业也是因为其深具社会责任感的工厂业主金凯德（William Wallace Kincaid，1868～1946年）于 1910 年从美国慕名而来，协助霍华德建设世界上第一个田园城市。莱奇沃斯未能吸引更多的企业使得田园城市更有活力，说明这个城市对以赢利为首要目的的企业没有吸引力。城市的偏远区位（当初霍华德选择此地是因为远离伦敦、地价便宜）和城市规模太小是两大原因。从"田园城市"的实践中，我们看到了规划理论和城市现实之间的鸿沟。令人敬佩的是，霍华德把建设田园城市作为他规划师生涯的终身目标，无怨无悔，死后也葬在莱奇沃斯，依然保持身前低调的作风（图 1-22、图 1-23）。不知内情的人从墓地上看不出霍华德是莱奇沃斯的城市之父。

图1-22　莱奇沃斯的霍华德墓
（右方无墓碑、上置黄色鲜花的是霍华德的墓）

图1-23　霍华德的墓志铭

（墓前铭文是"霍华德，大英帝国勋章获得者，卒于1928年5月1日，享年78岁""安息于美好平和的城市中"）

1.2.2　邻里单位

"邻里单位"（neighborhood unit）是美国规划师佩里在1920年代提出的规划概念。其核心理念是按照公共设施（如：小学）的服务半径规划居住小区，使基本公共设施处在居住区居民的步行范围之内（图1-24）。20世纪的西方城市，小汽车迅猛发展。1905年，美国每1078人一辆车，英国每2312人一辆车。1970年，这个指标分别达到每2人一辆车(美国)和每5人一辆车(英国)。小汽车激增使得原本传统的、简单灵活便于生活的方格网式道路结构变得不利于城市生活（图1-25）。短街区造成频繁的路口穿越，对儿童和老年人等不便独立行走或不良于行走的交通弱者造成极大的生活障碍和威胁。

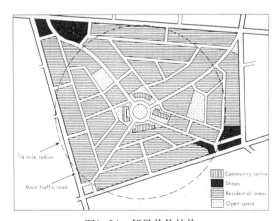

图1-24　邻里单位结构

　　"邻里单位"结合居住设施布局，设计人车分流的居住小区（图1-26）。小区的规模由一个小学正常运行的规模所需要的学生数确定，鱼骨状尽端式车行路与人行道平行，居住区公共设施安排在步行系统内，一个小汽车和行人和平共处、安全的居住环境由此而生（图1-27）。拉德本（Radburn）邻里单位的设计被认为是一个划时代的居住区规划理论，人车分流的优越性显而易见（图1-28）。创造安全的居住区环境还有深远的社会学意义。儿童心智健康的成长需要培养，需要机会实践独立的判断决策。个人在儿童时代游戏时积累足够的判断决策能力，长大成人后才有可能发展独立的人格，游戏时没有成年人照看

图1-25　美国传统的方格网道路结构

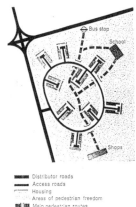

图1-26　人车分流的邻里单位

图1-27　人车分流的空间设计

图1-28　拉德本邻里单位

图1-29　儿童的独立活动

图1-30　小学生独自上学

的儿童有机会学习独立的判断和决策（图 1-29、图 1-30）。居住区中繁忙的小汽车交通显然对游戏儿童构成巨大的潜在威胁，使得儿童独立游戏活动的代价过高。国家的未来有赖于安全的居住区。

　　"邻里单位"被评价为小汽车时代的居住区，是美国规划师对现代城市规划理念的贡献，因为小汽车在美国率先发展。这个划时代的居住区规划理论却有一个未能事先预料到的致命缺陷。"邻里单位"是建立在居民满足于使用各自居住区设施的假设之上，居住在"邻里单位"的学生应该在本居住区学校上学，居民应该使用本居住区的商业设施。事实上，这个假设在现实生活中不成立。城市生活最大的优越性之一是，因为城市规模大，城市能够提供选择机会，无论是上学还是购物。"邻里单位"却将居民的生活限定在各自的居住区内，假定居民将居住区安全放在首位，放弃生活的其他选择。事实证明，生活其他方面的选择如果不是更重要，至少是同等重要的，每个有城市生活经验的居民都会同意这一点。对于许多年轻的父母而言，一个好的小学经常是家庭选择居住区位的重要条件之一，子女的学校不一定都在所在的居住区内。如果因为设施质量或是需求偏好，居民需要使用居住区外的设施，人车分流就不再是首要条件了，"邻里单位"的规划理念也就不存在了。树枝状的道路结构也使小区交通过于死板。"邻里单位"的实践没有得到推广的事实，间接证明了居民生活选择的复杂性。

1.2.3　阳光城市

　　阳光城市（Radiant City）是勒·柯布西耶极力推广的、具有强烈社会主义色彩的规划理念（图 1-31 和图 1-32）。阳光城市名称中的阳光不是自然界

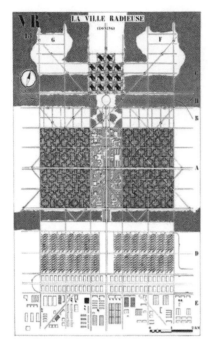

图1-31　阳光城市规划平面

图1-32　阳光城市的高层住宅

太阳发出的阳光，Radiant 译为幸福愉悦或是开朗，然后人们就性情阳光了。居民的幸福愉悦和性情阳光基于社会的平等和和谐。阳光城市倡导高层高密度居住。高层建筑是柯布西耶对现代建筑和现代主义的个人喜好，但是高层建筑的用地模式确实可以释出大量空地，空地成为公众都能享用的公共空间。柯布西耶强调城市的公共空间，而不是私家小花园。公寓住宅底层空置，为居住区创造连通的公共空间也是出于为市民提供社会空间的考虑。

柯布西耶暗示由政府提供各社会阶层都可居住的公寓，即公共住房，消除私人住房市场中必然存在的住房等级（如：高级花园洋房、一般私人住宅、低收入住宅和贫民窟）。相对集中的高密度居住可以支持有效的公共交通体系，在交通出行方面消除有车阶级和无车阶级的差别。[1] 一个以公共住房、公共空间和公共设施为主的城市必然易于达到社会平等的规划目标，于是阳光城市的市民幸福

愉悦。阳光城市在城市规划史上归类为乌托邦的规划理念。它的不现实之处在于当时、当地（第二次世界大战前后的欧洲）对这个规划理念没有需求。低收入市民可能向往社会平等，中高收入市民却更注重个人选择和自由，而不是共享的生活方式。柯布西耶最后以马赛公寓（Unite d' Habitation，一个单栋建筑）在法国展现了他的阳光城市的设想（图1-33）。

1950 年代和 1960 年代，阳光城市规划理念在受社会主义思潮强烈影响的南美洲巴西首次得到实施。按照这个规划理念建设的巴西新首都巴西利亚，抓

---

① 美国城市低密度的郊区化城市蔓延与高度的小汽车拥有率相辅相成。小汽车高拥有率造成城市向郊区低密度蔓延，低密度的郊区化生活使小汽车成为必需的出行工具。紧凑城市（compact city）的规划理念试图打破这一恶性循环，形成可持续发展的城市模式。

图1-33 马赛公寓

图1-34 高层公共公寓底层连通的公共空间

住了阳光城市的空间形态。事实上，阳光城市的实质内涵也只是城市的空间结构，与柯布西耶是建筑师的事实有关。巴西利亚并没有实现公平，反而比发达资本主义国家的贫富差距更大。众所周知，社会平等与社会制度有关，空间结构本身并不能保障社会平等，并不能保证城市居民幸福愉悦，虽然公共住房、公共设施和公共空间能够使城市更公平一些。巴西利亚的公共住房数量远远少于社会的需求，大量的贫困市民仍然住在城市边缘的贫民窟里。虽说城市中心地区有大量的公共绿地和社会设施，但这与住在城市边缘区域的穷人无关。如果说巴西的巴西利亚的阳光城市只是表象，没有实质；那么阳光城市规划模式的实质在亚洲的新加坡基本实现。高层高密度公共住宅为主的住宅供应模式、大量的社会公共空间、高层公寓底层连通，住房的社会公正基本通过规划得到实现（图1-34）。但是空间规划只是一个手段，政府的"居者有其屋"计划是关键。

1.2.4 英国新城

第二次世界大战后展开的英国新城运动是英国城市规划的鼎盛时期，战后20多年中总共建设了27个新城。这是城市建设史上并不多见、极其珍贵的规划实践，因为世界上完全按照规划建设的城市屈指可数。新城规划建设中试验和实践了不少关于城市结构的规划思想，如城市人口密度、城市规模、社区组团、社会融合等。对新城规划实践结果的评估有助于我们获取难得的对规划理念的认识。没有实践，对理论的认识往往停留在理想和想象的状态。以城市规模的议题为例：实证发现城市越大，城市问题（交通拥挤、住房紧缺）也越严重。于是自然而然出现了这么一个建议：控制发展大城市，以此解决城市问题。但是，城市规模小就可解决城市问题了吗？答案需要从实证研究中获得。

　　英国新城建设的目的是抑制中心城规模过大，并希望疏散大城市人口。因此，新城大都建立在伦敦、曼彻斯特、纽卡斯尔、格拉斯哥等这样的大城市周围。英国新城可以归纳为三代。第一代以斯蒂文杰（Stevenage）（图1–35）、哈罗（Harlow）为代表；第二代以坎伯诺尔德（Cumbernauld）和朗科恩（Runcorn）为代表（图1–36、图1–37）；密尔顿·凯恩斯（Milton Keynes）是第三代的代表（图1–38）。

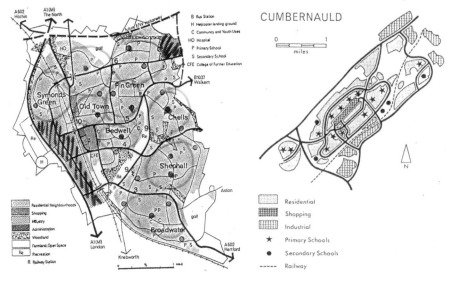

图1–35　斯蒂文杰新城　　　　　　　　图1–36　坎伯诺尔德新城

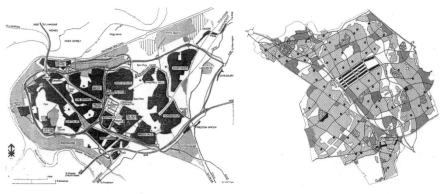

图1–37　朗科恩新城　　　　　　　　图1–38　密尔顿·凯恩斯新城

　　第一代新城规划贯彻了以下几个特点：①低密度（30 人 / 英亩）；②新城是由若干个社区组团组成的城市结构；③商业设施和用地的两级分布：城市中心和社区组团中心；④每个社区组团由不同类型的住宅组成，推动不同社会阶层混合居住，促进社会融合。这四个特点体现了明确的塑造新型城市的规划思想。英国人不喜欢高密度，英国规划师也将高密度视为城市问题的根源之一。社区组团的居民规模为 8000 ～ 12000 人。人口规模是城市规划的重要参数，社区组团的居民规模考虑了功能性（日常生活功能都在步行范围内）和社会性（合适的社区居民规模鼓励社会交往和合适的社会多样性），8000 ～ 12000 的人口规模也适合于学校、商店、诊所等设施配备的经济性。各个社区组团有明确的空间限定和彼此区分，使每个社区组团都相对独立。城市商业中心和社区组团商业中心的两级分布考虑了购物方便和商业中心质量：前者提供有质量的购物环境，但距离稍远；后者为居民提供就近的商业设施，但选择较少。市场中自发形成的住宅区通常是类似群体（收入和种族）的集聚，不会考虑不同社会阶层混合居住的社会融合。这些规划原则对于当今的规划师都是耳熟能详的，不难理解这些规划原则试图要达到的目标。

　　斯蒂文杰新城按照那些规划原则实施建成。可是后来发现，低密度造成城区没有人气，没有城市气氛，使城市缺少必要的吸引力。居民并不认同社区组团是城市的理想基本单元。8000 ～ 12000 的居民规模对于进行有意义的社会交往似乎太大，从而也无法培养社区精神和社会联系。另一方面，8000 ～ 12000 的居民规模又似乎太小，无法支持提供有质量的社区组团商业中心。城市中心和社区组团中心的两级商业设施，在理论上为居民创造便利，但实际上商业设施过于分散，缺乏规模和质量。这些问题牵涉到对商业经济和市场经济规律的理解，规划师强调了居民的生活方便，但却不了解商业服务是如何在市场经济中提高质量的。培养城市的社区精神似乎不是设计一个社区组团就能够达到。社会组织形成一定的空间结构，空间结构反过来是否能造就社会组织？出乎规划师意料之外，不同社会阶层混合居住的组团既不受高收入居民的欢迎，也不受低收入居民的青睐。自发形成的社会群体集聚反映了市场的选择和偏好，规划自上而下的干预不一定符合市民的生活方式。

　　第二代新城建设吸取了第一代新城的教训，不再以社区组团为城市基本单元。认识到密度太低会影响到城市生活的质量，坎伯诺尔德的人口密度提高到 75 人 / 英亩。也不再继续强调不同社会阶层混合居住的规划想法，新城规划中的社会规划内容从此以后大大减少。规划市民的社会生活可能不是一个有意义的城市规划内容，市民的社会生活应该让他们自己自主决定。但是，第二代新城对市民的吸引力还是没有明显改善，原因是城市规模太小。大城市固然有大城市的问题，小城市的城市问题不棘手，但是没有吸引力的小城市不是解决城市问题的根本方案。

新城的规划建设赋予规划师宝贵的实践和学习的机会。到了第三代新城规划，规划师已经认识到过去的许多规划想法不符合市场（广义的市场概念，即个人的选择）的需求。第一，尽管大城市有许多与规模相关的城市问题，城市也不能太小，城市规模太小无法支持城市商业、文化和娱乐设施的质量，这是由市场经济决定的。第二，严格的功能分区和社区规划没有意义。城市的魅力在于土地用途多功能的交流和协调，丰富的相互交流，提供给市民许多机会，也使城市生气勃勃。第三，在当今现代社会，地理概念的社区已经大部分被基于个人兴趣爱好而聚合的社团所代替。地域性的社区可能对儿童和老人还有意义，因为他们大部分时间在居住区内度过，然而他们也能自主地在居住区内进行社会交流，不需要规划为他们划定社交地域。第三代新城的密尔顿·凯恩斯的规划理念与过去两代新城的规划思想相差甚远。首先，密尔顿·凯恩斯25万的人口规模远远大于以前新城2万～6万的人口规模。无论是对市民而言，还是对经济而言，城市的吸引力需要规模的支撑。第二，居住区、商业中心和道路格局摒弃了过去的等级结构，方格网道路符合交通的灵活性，商业中心的布局也不再只强调为本小区服务，而是要考虑商业布局的市场效应。总而言之，规划更少地强调自上而下的人为的理念，给予自下而上的市场需求更多的空间。英国新城规划的演变说明了城市规划需要尊重市场的需求。

1.2.5　理论指导实践，实践推动理论

从"田园城市"到新城建设，从第一代新城到第三代新城，英国的城市规划从理论到实践，实践再反馈理论。这个过程给予规划师难得的机会，通过实践验证理论的可行性，进而完善理论。如此，城市规划才能实质性地提升城市建设和城市生活的质量，城市规划本身也得到提升。中国的城市建设实践能不能反馈规划理论？中国是否有自己的规划理论？从"田园城市"到第三代新城是理想城市与现实城市越来越接近的过程，第三代新城比"田园城市"更现实，也就是规划师越来越理解市场的要求。规划理念是规划师必须追求的，市场需求和机制也是规划师必须理解的。规划与市场的关系是一个重大的研究课题。坦率和客观地说，许多规划理念至今未能在规划学术圈外得到广泛的认同。在

市场推动的城市化过程中，规划理念必须得到市场的认同和接受，才能得到实施。事实上，许多规划理念往往不了解市场的机制和市场的选择。重温西方城市规划理念和规划实践有助于我们对规划和市场机制之间关系的深入认识。

英美的新城在规划界外没有得到很好的评价，"没有生气和活力"（there is no life in new towns）是普通市民对新城最多的批评。城市生活应该是多样化的，城市不应该只能由规划塑造，城市里各种成员（居民、商店业主、社会组织等）都应该参与城市的构造。规划师经常有意无意地忽视下面这个事实，而这个事实也经常被反对现代城市规划的社会活动人士（如简·雅各布斯（Jane Jacobs））所强调：许多没有规划的老城往往比规划的新城更有魅力、更有活力、更有吸引力。究其原因，前者体现了社会多样性和市场自发性的优点，而后者过多地重视所谓的规划理念，那些精英主义的自上而下式的规划理念未必能认识到城市生活的复杂性，从而无法被广大的城市市民和企业个体所认可和接受。

英国的公共住宅形式是一个经常被反规划人士引用的案例。"顾客是上帝"，消费者的需求决定产品的设计和供给。这个原则也应该适用于城市建设领域，目前中国城市商品房的形式充分体现了供需条件制约下购买者的需求和选择。但是英国20世纪60年代开始的高层公共住宅的建筑形态却不是使用者所偏好的。根据土地经济学的原理，土地资源的稀缺程度、区位和基础设施配备决定城市土地价格，土地价格进而决定建筑高度。高层建筑降低每单位建筑空间的成本，最后使得每单位建筑空间的价格符合消费者的预算限制。因为高昂的土地价格，高层建筑大都位在城市中心区。除非在大城市中心区，英国大部分城市的土地价格不至于高昂到需要高层住宅的程度。绝大部分英国人也偏好低层公寓，或者独立和联排式住宅，而不喜欢高层住宅。但是，英国的高层公共住宅绝大部分不在城市中心区。高层公共住宅的形式似乎不是由土地价格决定的，是什么因素造就了英国城市内大量的高层公共住宅？邓利维（Dunleavy，1981）认为英国高层住宅的形式是由建筑师和营造商决定的。因为公共住宅没有商业利益，使用者（消费者）的需求被忽视了（图1-39）。1960年代的建筑师因为受了现代主义思潮的意识形态影响，喜爱高层建筑；因为可以增加建造成本而多获利，营造商喜好高层建筑。两者都不是高层公共住宅的使用者。但是，一旦最终使用者有了选择，许多高层公共住宅也就被废弃了，或者衰败成为现代贫民窟（图1-40）。没有考虑到市场需求的规划会被市场遗弃，导致规划的失败。

完整地按照规划思想指导而建设的城市不比由"看不见的手"引导生长的

市场经济下的中国城市规划：发展规划的范式

图1-39
英国格拉斯哥的高层及多层公共住宅

图1-40
英国格拉斯哥被遗弃的高层公共住宅

图1-41　简·雅各布斯

城市更有吸引力。城市规划本质上是规划城市居民的生活。规划师无法彻底了解城市复杂社会群体的生活需求和偏好，就像计划经济无法计划社会所有个体的经济活动一样。规划师力图倡导的某一种生活方式在目前多元的社会难于被广泛地接受。简·雅各布斯以代表美国自由主义，反对现代城市规划著称（图1-41）。她曾经说过："如果你是毫无主见、言听计从、对生活没有自我安排的人，也不在乎与同样对生活没有自我安排的邻居共处，那些规划的新城对你确实非常优美"（Jacobs，1966）。话虽说得有些刻薄，但不无道理。我们至少要想一想，城市规划的好处在哪里？更苛刻的批评甚至认为，20世纪50年代和60年代期间的规划师和建筑师对英国城市的破坏（现代建筑和规划新城）比纳粹德国在第二次世界大战期间对英国城市轰炸所造成的破坏更大（Economist，2007a）。

简·雅各布斯的名声和声誉说明了她的观点在西方被接受的程度，美国的自由主义生活方式与美国的地大物博和人口低密度紧密相连，笔者不认为简·雅各布斯的观点放之四海而皆准。对于城市化快速发展的发展中国家，不可否认，没有任何规划的城市发展所产生的后果是严重的城市问题：环境污染、肮脏混乱的贫民窟、交通拥挤和公共设施的匮乏。尤其在许多发展中的亚洲城市，这些问题因为人口高密度而加剧和深化，土地匮乏和快速发展的城市需要某种自上而下的协调。关键的问题是：什么需要被规划，什么应该留给市场？

可以认为，对城市规划理念和思想的最大挑战就是市场，而城市规划的出现就是为了挑战市场。作为建设控制的城市规划意在给城市土地开发市场制定规则，城市建设不能只让市场占据主导地位；城市总体规划意在建设城市时以理念取代市场的作用。根据西方的规划史，前者的挑战是必须的，也是成功的；后者的挑战似乎不太成功。因为市场经济和市民的自由选择，规划师不得不重视市场的因素。1960年代以来西方盛行的公众参与使得规划方案的制定必须更多地考虑公众的选择，"自上而下"的规划理念在现在的民主社会中很难获得全民的认同，理想主义的城市规划方案完整实施的可能性在当代社会几乎等于零。公众参与规划编制代表了规划承认和尊重市场因素的开始。当前美国规划师所倡导的"紧凑城市"（Compact City）、"新城市主义"（Neo-Urbanism）等只能在小规模的居住区范围内实施，如笔者所见在佛罗里达州由多个著名建筑师设计的所谓"新城市主义"的"欢庆社区"（Celebration）（图1-42）。让美国公众广泛接受"紧凑城市"理念是个市场需求问题。因为城市化的高度发展，西方国家的城市布局和形态大都已经确定。大规模的城市发展已经过去，所面临的只不过是局部的城市改造，或小规模的开发项目。用于大规模城市开发的规划方案（如"田园城市"）已经失去市场需求，城市规划所剩下的功能

图1-42　欢庆社区中心

（资料来源：The Celebration Company-Celebration：An American Town）

只是宏观上的平衡发展理念（或称"可持续发展"）和微观上的建设控制引导。可持续发展表现在三方面：经济、社会和环境。城市规划促使经济通过市场分配达到资源配置的效率（经济可持续性）；通过政府的资源再分配达到社会公正（社会可持续性）；通过市场和政府的机制达到环境资源利用在目前与将来之间取得平衡（环境可持续性）。能否达到这三个宏伟目标还有待观察。

1.3 城市建设中的市场失效

认识到市场因素在城市建设中的主导性，并不意味着规划不重要。恰恰相反，规划很重要，不可取代，因为城市建设中存在大量的市场失效。城市建设不能完全依赖于市场机制，规划的干预是必须的。城市经济中的市场失效数不胜数，发达资本主义城市的内城衰退是城市经济市场失效的一个有力证据。英国的工业革命催生和造就了许多著名的工业城市，如利物浦、曼彻斯特、利兹、格拉斯哥。因为发展中国家的崛起，这些工业城市自第二次世界大战后失去了以往的辉煌，工厂一个接着一个地关闭，失业率迅速上升。1961～1981年间格拉斯哥失去14.2万个就业岗位，超过1961年总就业人数的1/4。同期，城市人口流失了1/3，中心区居住人口从高峰期的110万减少到现在的60万（Turok，Bailey，2004）。城市经济的衰退造成了内城空间环境的恶化，住房和商业设施的空置率上升，房地产和土地的价格下降。按照古典经济学的理论，价格会自动调节供需关系。土地价格下降应该会刺激需求的上升，内城土地的低价格应该是内城改造的一个重要动因。确实有一些当地开发商受低地价刺激，提出内城改造开发建议。不料，他们的动议在开发融资这个环节触礁。银行拒绝贷款，理由是那些工业城市内城区的房地产开发风险太大。因为房地产开发融资的困难，内城得不到及时改造，空间环境愈加恶化，陷入恶性循环的困境，潜在的需求没有得到供给的回应，成为城市建设市场失效的经典案例（Ambrose，1986）。美国的一些工业城市的中心城急剧衰落，同样的恶性循环使最受影响地区的房产价格可以跌至零（图1-43）。没有政府的干预，市场无法启动此状态下的旧城改造。

根据经济学分析，土地市场是个低效率市场。高效率的市场是充分竞争、没有垄断的市场，无须政府干预。充分竞争的市场必须具备四个条件：①在同一市场中，同样的商品有多个销售者出售，顾客可以"货比三家"，确保商品购买的最低价；②销售者和消费者个体在整个市场中是如此之小而不能影响商

图1-43　衰落的巴尔的摩中心城区

品的市场价格；③所有资源都能够随意进入或退出市场；④消费者具有完善的
市场信息。

　　对照这四个条件，土地市场的竞争是不充分的。①每块土地，每栋房屋都
不相同，不同的区位、结构、建筑形式、建筑材料等。不同房产之间很难建立
可比关系。②因开发费用庞大，进入开发市场的门槛高，只有少数几个有资金
实力的开发商能够从事房地产开发，产品交易量相对其他商品而言甚少，不具
备完善市场所需要的条件。所售楼盘原则上都与众不同，开发公司可以处在一
个垄断地位。③房地产固定在土地上，一旦资金投入，就无法撤出。城市经济
繁荣，房地产价格提高；城市经济衰退，房地产价格下跌。而其他非不动产商
品，甲地没有市场，可以运到乙地销售。④消费者不具有完善的市场信息，因
为为获得完整市场信息的交易费用极高。相比其他商品，房地产交易量相对较
小，而且交易成本高（契税、经纪费、律师费等）。

　　与土地市场不完善特征相关的两个因素是"外在性"（externality）和公
共物品（public goods）。"外在性"指一块土地的开发对于周围地块及地区不
可避免的良性或者恶性影响。城市公共物品指诸如绿地、人行道、路灯等公共
设施,这些公共设施对于城市生活质量至关重要。工厂污染就是一个典型的"外
在性"问题。消除污染增加生产成本，不利于工厂业主的利益，业主不会主动
采取措施解决污染问题。污染有害健康，周围居民承担污染所产生的成本，所
在地区住房价格也因而下跌，居民利益受损。工厂业主的受益建立在周围居民
受损的基础之上。亚当·斯密的"看不见的手"理论——个体追求福利的行为
最终有利于整个社会的福利——在社会存在"外在性"的情形下不成立。城市
中的"外在性"普遍存在，处处可见（图 1-44 ～图 1-47）。

图1-45　新加坡一公寓单元被用作道观，严重影响邻居的正常生活

图1-44　阳台紧贴邻居卧室的窗户

图1-47　良好景观对住户的"外在性"

图1-46　绿地产生良好的"外在性"

（绿地为周围居住用地提供了良性的外在性。如果住宅区开发在绿地开发之后，土地价格上升，住宅价格提高，土地业主得利。如果住宅区开发在绿地开发之前，则住户意外获益）

城市土地利用中的"外在性"可能是造成市场失效的主要原因。如果土地使用者有意或无意所造成的"外在性"无法内在化，土地市场就没有效率，由此产生许多城市问题。理论上存在用市场手段解决"外在性"问题的可能，前提是双方权利事先的确定。事实上，西方资本主义发展早期，相邻土地业主在土地产权方面以契约（英文：covenants）的方式相互制约。例如，房屋的使用不能产生持续噪声；必须保持房屋前的空地；房屋必须退后地块边界线若干米，等等。区划（zoning）是在契约的基础上发展起来的。[①]就上述案例而言，如果是工厂存在在先（也即工厂有权利污染），为了良好的居住环境，后来的居民可以提供工厂消除污染的经费，购买不受污染的权利。如果是居住用地存在在先（也即工厂没有权利污染；或居民有权利不受污染），居民

图1-48 协商克服"外在性"的案例

可以要求工厂赔偿（即工厂购买污染的权利）。赔偿所造成的损失鼓励工厂业主致力于消除污染。如此，"外在性"内在化，双方和平共处。通过市场手段达成协议，将"外在性"内在化的优越性是双方自愿成交。

问题是受损和受益的程度难以定量，居民也不止一个，不同的居民有不同的偏好和要求。这些居民很难联合起来以一致的要求与工厂业主谈判达成协议。如图1-48所示，在一个城市居住区，地块A的业主感觉到市场的需求，有意进行改造，将住宅改造成旅馆，提高用地的收益，假设地块A的业主有权改造。预计到旅馆会使该地区不再安静，小区道路也会更拥挤，周围居住用地的居民设法与地块A的业主协商，承诺给予该业主一定的补贴，条件是放弃改造的设想。谈判成功可以创造双赢的局面：小区居民获得宁静，地块A的业主得到收益。协议的关键之处是与之相关的所有居民都必须同意为宁静付费。如果有居民因为种种原因，而不愿意支付，就出现"免费坐车者"（free-riders）或"钉子户"（hold-out）现象，协商失败。在协议方众多的情形下，达成协

① 美国的休斯敦市号称没有城市规划，它没有区划（zoning），但它有契约（covenants）。反过来证明，契约对城市土地建设管理也很有效。

议的交易成本通常高昂，太高的交易成本抵消了自愿达成协议的收益。

　　显然，在人口密度相对较高的城市，用市场的手段不容易解决问题。政府的公共干预可能成本较低，干预的形式之一就是土地利用规划。用限制土地使用的手段遏制"外在性"，这就是规划建设控制的基本依据。城市公共物品（如：绿地、空地）在人口密集的城市必不可少，不然，城市生活质量大大降低。公共物品没有收益和利润，追逐利益的市场不会自动提供。唯一的做法是政府通过土地区划确保公共物品的提供。综上所述，因为城市建设中的市场失效，城市规划作为干预手段必不可少。

1.4　规划方案与美好城市之间的鸿沟：城市开发

　　总体规划方案与所期望的美好城市中间隔了一道鸿沟：规划实施，或者称之为城市开发（图1-49）。之所以被称为鸿沟，是因为我们规划师至今对它知之甚少，规划教育也不把它列为重点内容之一。美国20世纪中期城市总体规划的实践揭示了这么一个基本错误：城市未来的土地使用规划纯粹是由专家决定的技术问题。理想方案的编制被认为是个技术问题，目前许多规划专业也正是按照这个思路训练规划师。规划实施的过程远远超出技术的范畴。如果编制规划方案必须同时考虑到规划实施，编制规划方案就不是一个纯技术问题。

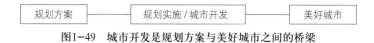

图1-49　城市开发是规划方案与美好城市之间的桥梁

　　根据笔者有限的知识，大多数完全按照规划方案建设的城市都有个共性：或者规划和开发合一；或者规划与开发紧密结合。规划与开发二位一体，在制度上保证城市开发服从城市规划。基本按照规划方案建设的城市有两种类型：①规划主导的同时又担当开发的角色；②开发主导的同时又担当规划的角色。第一种类型包括明清北京城、苏格兰的新拉纳克（New Lanark）、田园城市（莱奇沃斯、韦林）、英国新城、华盛顿、堪培拉、巴西利亚、新加坡等。第二种类型包括美国新城、上海"新天地"地区、"门禁"商品房小区等。下面介绍其中几个有代表性的城市。

1.4.1 新拉纳克

英国工业革命早期的乌托邦思想家罗伯特·欧文（Robert Owen）不满资本主义早期阶段对于工人阶级的不公正待遇，大部分贫穷工人栖身于环境恶劣、拥挤不堪的贫民窟。尽管出身富贵，本人也是工厂主，欧文依然有志于创造一个人道的城市。他在18世纪后期提出了许多直到现在仍然适用的规划思想：公共住宅、公共设施、绿带分离住宅区和工业区、雇员集体拥有的商业合作社等。这些想法在当时是革命和首创性的，因为早期的资本主义崇尚个人奋斗，认为贫穷是穷人的过错。当然，欧文的设想根本得不到市场的支持，他只得自己出资建设实现这个规划，这就是地处苏格兰格拉斯哥近郊著名的新拉纳克。工人居住在工厂提供的宿舍（公共住宅），有图书馆、幼儿园、学校等公共设施可供使用。工厂车间沿河建造，利用水力发电作为能源。然而，工业社区建设所需资金巨大，除了工厂之外，其他设施没有经济收益。欧文的个人经济实力有限，经营了一段时间后，公司破产。新拉纳克无法维持，不得不半途而废。所幸的是，新拉纳克基本建成，所留下的遗迹如今成为世界各地规划师"朝圣"的世界文化遗产（图1-50～图1-53）。

图1-50　1800年时的新拉纳克

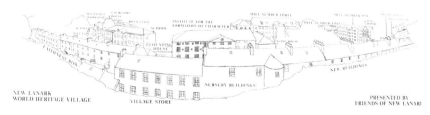

图1-51　新拉纳克图示

图1-52 作为文化遗产的新拉纳克

图1-53 新拉纳克工人宿舍

1.4.2　田园城市和英国新城

花园城市莱奇沃斯和韦林是由霍华德亲自组织的田园城市开发公司主持整体开发的。英国第二次世界大战后的新城建设都是由政府主持的新城开发公司负责规划、开发和管理的。至 1970 年，英国在英格兰、苏格兰、威尔士和北爱尔兰规划和建造了 31 个新城，22 万左右的住宅单元安置了大约 142 万人口，花费了政府总共大约 7.4 亿英镑的建设资金（Corden，1977）。

1.4.3　巴西利亚

华盛顿、堪培拉、巴西利亚分别是美国、澳大利亚、巴西的首都，建设都由各自的中央政府负责投资。这些城市的所谓开发商只有一个：政府。1987 年被联合国教科文组织列为世界文化遗产，富有现代主义特色的巴西利亚建设背后有三个紧密配合的重要人物：当时的总统儒塞利诺·库比契克（Juscelino Kubitschek）负责开发建设；规划师罗西奥·科斯塔（Lúcio Costa）负责总体规划；建筑师奥斯卡·尼迈耶（Oscar Niemeyer）负责建筑设计（图 1-54 ～图 1-59）。开发商、规划师和建筑师是一个整体。因为三位关键角色相同的现代主义城市的意识形态，巴西利亚得以完全地按照规划方案实施。

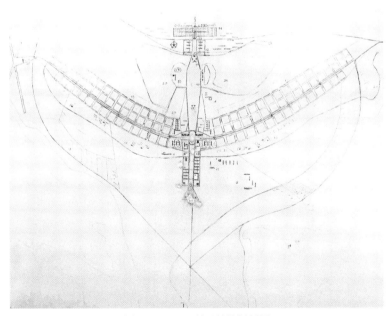

图1-54　巴西利亚总体规划图

市场经济下的中国城市规划：发展规划的范式

图1-55　巴西利亚中轴线

图1-56　奥斯卡·尼迈耶设计的教堂

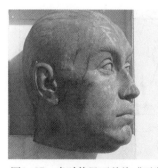

图1-57　当时的巴西总统"开发商"儒塞利诺·库比契克

图1-58　规划师罗西奥·科斯塔

图1-59　建筑师奥斯卡·尼迈耶

1.4.4　哥伦比亚新城

与英国新城相反，美国绝大多数新城由私人开发商规划和建设。美国首都华盛顿附近马里兰州内的新城哥伦比亚（Columbia）是开发商詹姆士·劳斯（James W. Rouse）在 1960 年代初规划并进行开发的（图 1-60）。詹姆士·劳斯被誉为自 19 世纪以来对美国城市建设作出重大贡献的六位"英雄"之一 [另外五位是：奥姆斯特德（Frederick Law Olmsted），伯纳姆（Daniel H. Burnham），亨廷顿（Henry E. Huntington），尼科尔斯（J. C. Nicholes），和摩西（Robert Moses）] （Porter，1984）。如今，哥伦比亚已经成为一个具有 96000 居民、3500 个企业、提供 90000 个就业岗位规模的社区。总用地 14000 英亩，其中 5300 英亩是绿地和空地。新城内有 14 个小学、5 个初中、8 个高中、30 个幼儿园、24 个邻里中心，以及包括 23 个室内外游泳池等体育设施。所有这些从规划到开发都是由劳斯开发公司一手包办。因为哥伦比亚新城商业性开发兼顾公众利益和社会义务，公众自发为开发商树立雕像以纪念詹姆士·劳斯的功德（图 1-61）。

图1-60　哥伦比亚新城平面图

1.4.5　"新天地"

自 1990 年代以来，国内出现许多相当有质量和成功的、由开发商主导规划和开发的城市建设项目，上海"新天地"旧城改造便是其中之一。"新天地"是香港瑞安房地产公司从 1998 年开始施工，2001 年完工的商业娱乐地产开发。

图1-61　哥伦比亚新城开发商詹姆士·劳斯（右立者）

图1-62　上海"新天地"鸟瞰

据称是国内第一个利用原有建筑、保护原有历史风貌的城市中心区低密度改造项目，其首创性为其他城市树立了榜样。1990年代中期瑞安房地产公司从上海卢湾区政府获得太平桥地区52hm²用地的改造开发权，开发公司聘请美国建筑设计事务所SOM规划整个改造地区。第一期工程"新天地"占地3hm²，改造规划由来自美国波士顿的Wood+Zapata编制（ULI，2005）。这是一个各方多赢的优秀改造项目（图1-62）。基地上的居民（大约2300户）有机会告别原来年久失修、缺少煤卫设备、破旧不堪的住房，住进设备齐全、有产权

图1-63　上海"新天地"平面

的新住宅（绝大部分拆迁费用由政府的地价收入承担，作为交换，新住宅的区位没有被拆住房如此中心的地段）；在中心地段的城市土地得到更有效率的利用；创造了许多就业机会；政府获得了稳定的财政收入；丰富了城市生活和满足了市场需求；造就了一个世界级的开发商（Economist，2004a）。值得注意的是，作为公共物品人工湖的建设费用名义上由开发公司承担，而非政府（图1-63）。

1.4.6　"门禁"商品房居住区

国外盛行的"门禁"商品房居住区已经流行到国内，广州地区自1990年代初起更是出现不少大盘"门禁"商品房居住区。所谓"大盘"是指用地规模达数百公顷的商品房楼盘（图1-64）。祁福新村390hm^2；雅居乐312hm^2；华南新城200hm^2。居住区规划和开发由开发公司一手操办。用地规模如此之大的私人开发公司经营的商品房居住区开发在其他国家也并不多见。英格兰1967年以前所建设的新城平均用地规模是2050hm^2，平均人口规模78000居民；美国的新城平均用地规模是4600hm^2，平均人口规模59000居民（Corden，1977）。新加坡政府建造、以公共住房为主的新镇的平均规模为600hm^2。广东

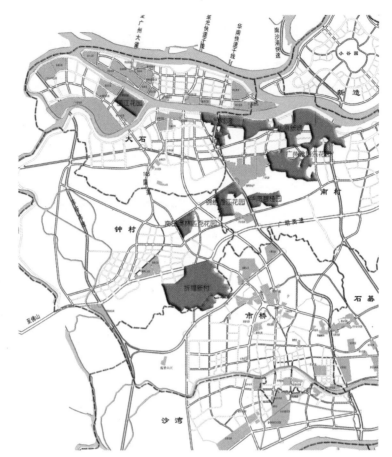

图1-64　广州番禺地区的"大盘"商品房居住区

地区的大盘居住区的规模虽然没有英美的新城那么大，但在私人开发、亚洲地区的大楼盘行列中名列前茅，特别考虑到中国房地产开发历史才 20 年左右。

　　规划与开发两位一体的机制使得规划得以完整地实施。但是，规划与开发紧密结合的机会是特殊的个案，不具普遍性。在市场经济下，具有普遍意义和典型的城市建设是规划和开发的分离，即："规划师规划城市，开发商建设城市"。规划代表政府行为，开发体现市场行为。市场行为提供市场物品（商品房、商业办公等），关心利润；政府行为关心市场所不关心的领域，主要体现在公共物品（基础设施、绿地等）和社会物品（公共住房、学校、美术馆等）的提供。规划和开发分离的现象在国内城市建设领域日趋明显和深化。以汕头为例，1978 年以前汕头城市建设基本依赖于国家投资和地方政府自筹资金。从 1978 年到 1987 年，国家投资比例从 60% 降至 10%，地方自筹资金比例上升，外资则从 10% 提升至 40%。从 1990 年至 1998 年，国家投资基本退出，自筹资金占主体地位，占 50% 以上，外资从 50% 下降至 20%，因为本地企业逐渐成长。可以看出，城市建设主体力量已经从国家变为地方自筹资金和外资，地方自筹资金则由地方政府、国有企业、集体企业和民营企业组成。另外，银行贷款也成为一个重要的城建资金来源。1980 年的深圳政府在城市建设中投资的比例在 40%，1995 年这个比例下降至 26%。规划师如果关注规划实施，了解和认识城市建设开发的市场机制必不可少。

1.5 市场经济下的城市规划：“规划师规划城市，开发商建设城市”

不言而喻，市场经济已经成为国内城市规划的最大挑战。城市规划不同于建筑设计。后者只是一个单体，建筑师可以强调他独特的想法，设计过程可以是个主观规范化思路的推断过程，其设计结果可以广为认可，也可以只被业主认可，毕竟只是一个单体。只要业主、建筑师和规划当局之间有共识，建筑即可建成。但是，城市规划必须被市民广为认可，规划师必须与市民社会达成共识。或者说，城市规划必须满足广义的市场需求。“市场需求”的概念代表了城市多元社会的现状。规划师如何应对日益市场化的城市开发、编制市场条件下的城市规划？某市的城市规划局在总结它的城市改造经验时认为“实践证明，以市场为主体的旧城改造模式，旧城区的环境并不能得到根本的改善，反而使开发强度不断提高”。市场主导的旧城改造模式确实是造成旧城区环境恶化的罪魁祸首吗？市场经济与城市规划相互之间应该是什么关系呢？

亚当·斯密的《国富论》奠定了西方市场经济制度的理论基础。[①] 在市场经济制度的背景下，许多西方国家通过工业革命和科学技术完成了现代化的过程，成为当今的发达国家。历史证明，在提高生产效率、满足市场需求、促进经济增长和激励创新等方面，计划经济制度远不及市场经济制度优越。市场经济通过“看不见的手”，即价格所反映的供需关系，及通过价格自动调节供需关系，达到生产和消费的协调。市场经济意味着没有经济计划，只有管治，如合同、劳工法、污染控制等。既然自由经济发展不需要规划，为何城市发展

---

① 据亚当·斯密当年教书的英国格拉斯哥大学的校史记载，《国富论》（1776 年）是亚当·斯密根据 1751～1764 年间在格拉斯哥大学教授政治经济学的讲义基础上撰写而成。不知当代大学的学生有多少机会聆听一部传世名著的出世？教授的讲义又有多少机会成为影响世人的名著？

需要土地使用规划？城市土地使用为什么需要规划管理，不完全遵循自由市场的原则？当然城市规划也不是没有受到批评。简·雅各布斯（1961年）的《美国大城市的死与生》（The Death and Life of Great American Cities）一书认为城市规划遏制了城市的活力。克利斯多夫·亚历山大（Christopher Alexander，1965）的《城市不是一棵树》（A City is Not a Tree）批评规划的城市结构常常并不反映城市生活的需要。许多经济学家质疑，有什么可以证明规划决策比市场决策更为明智？既然通过市场手段分配资源的做法是高效率的，而市场效率又是人们所追求的，为什么还需要以规划手段来干预城市土地开发市场呢？况且，已经有许多失败的规划决策，其对于社会的损害远远超出市场个体所犯错误造成的危害。

可是，即使在资本主义国家，城市土地业主也并不能完全按照自己的意愿爱好和市场的需求开发自己拥有的土地，土地市场不是一个"自由"市场。如前所述，城市土地开发需要规划是因为城市土地市场的失效。从市场的角度看，限制土地利用的规划制度是基于土地市场不完善而引申出的四个因素：

（1）外在性（externality）：即一块土地的开发对于周围地块及地区的不可避免的影响。

（2）确定性（certainty）：房地产开发是百年大计，一旦投入，就成为不动产，无法撤资。没有事先制订的土地利用安排，就意味着不可预见未来的"外在性"，开发商无从确定该地段今后的发展趋势，因而也无法明智地确定眼前的开发项目。

（3）基础设施：市场决策基于局部和个体考虑，而整个城市范围的基础设施安排需要整体考虑。

（4）公共设施如绿地、道路、学校等：因为没有利润，市场不会提供那些设施，然而这些设施对于城市生活质量至关重要。

因此，土地利用规划可被用来确保"外在性"的内在化，防止不良"外在性"对于城市生产和生活的影响，提供地区开发性质的确定性，制定政府提供城市基础设施和公共设施的计划。在全民所有制的计划经济制度下，城市规划与城市开发二位一体，都是政府行为。政府是城市建设的唯一投资者。毫无疑问，计划和规划可以成为城市开发的龙头。中国现代城市规划教育先驱金经昌先生却感叹道："过去城市规划没什么用"（金华，2000：7）。连在计划经济的年代，城市规划都没有成为龙头（可能是因为体制内部在协调机制方面存在技术性的缺陷，而不是制度性的缺陷），可见城市规划在中国缺乏文化基础。因为工业化所推动的现代城市化的滞后，现代城市规划是输入的外来文化。唐代长安城和明清北京城的规划实施是"规划是龙头"的典范，反映了皇朝强有力的建城协调机制。但是长安和北京是皇朝首都，不是市民的城市。事实上，北京的胡同和四合院带有浓厚的乡镇气氛。

世界上不存在纯粹的自由市场经济。正如体育竞赛必须有规则才成为比赛，市场经济也因为有规则而使自由竞争有序进行。经济发展要有秩序是无可争议的，有争议的是：秩序应当由计划产生，还是由市场产生？以城市交通为例，交通出行、出行次数、流量分布是市场个体决定的总和。我们无法想象每个个体的交通出行、走向如何都必须由计划来决定。同样，我们也无法想象现代城市的交通完全不受任何约束，随心所欲，其结果必然是极度的混乱，导致城市瘫痪。交通秩序的建立有赖于交通规则。城市越大，交通强度越高，交通越复杂，交通规则也越多，城市活动因而可有序展开。依此推论，土地开发如同交通出行，土地利用规划如同交通规则，其目的是在于建立土地开发市场的秩序。城市的秩序是城市文明的象征。在各种所有制混合、市场经济制度的条件下，政府投资只占一小部分，多数投资来自市场各方。在建设城市方面，政府与开发商有个分工：政府提供基础设施和公共设施，开发商提供商业性房地产；规划与市场也有个分工：规划师规划城市，开发商建设城市。

市场经济条件下的城市土地开发应具有以下四种秩序：秩序之一是严格控制土地开发的"外在性"对周围土地利用的负面影响，保证城市土地利用的综合效益。"外在性"涉及诸如工业污染、中心地段高密度土地利用对该地区交通强度的影响、前排建筑对后排建筑日照间距的影响、现代建筑对历史保护区的影响等。在许多城市中，可以观察到沿街店铺倾向于将货物摊在店外人行道上，这固然有利于该店招揽顾客，从而在与周围店铺的竞争中取胜。但是周围店铺也懂这一招，也将货物摊在店外人行道上，第一家如此行事的店铺所获的益处随着其他店铺的模仿而消失殆尽。商店生意并不因额外努力而改善，但人行道步行环境因此而恶化。[①]这是一个典型的城市"外在性"问题：没有控制，总体受损且投入无效劳力；有控制，总体受益且没有无谓投入。

秩序之二是土地开发市场的确定性。如前所述，如果一个未开发地区的土地利用前景未明，市场土地开发投资将会裹足不前，害怕万一有不利的土地开

① 笔者曾经见过一个新闻报道，澳大利亚警察干预亚裔商店业主随意将货物摊到店外的人行道上，亚裔商店业主抱怨警方的种族歧视，干涉他们的生活方式。事实上，警方是在控制个体活动对社会的负面"外在性"。

发项目随后出现，导致巨额投资收效甚微。如果规划可以不经程序随意修改，土地开发的市场也会不确定，因而影响土地投资者的信心。一个有吸引力的土地市场是一个有相对确定性的市场。美国不少工业城市内城衰退，许多原本是中产阶级的居住区住房价值在短时间内垮掉，这个现象加快了内城衰退的速度。其原因是面临有色人种的进入，居住区内大多数白人中产阶级居民对居住区的前景没有信心，而政府和市场均不具备合适的机制确保社区生活方式的稳定性。但也不是整个内城都衰败了，仍有一些被衰退社区包围着的、历史悠久的高收入居住小区依然存在。原因是高昂的住宅价格使得低收入居民难以进入，市场的供需机制维持了所在居民对居住小区的信心，这个居住小区因而有了确定性。这固然是因为美国社会广泛存在的种族歧视文化所致，种族和谐共存的社会不会因为少数民族的进入而影响居住区的稳定。

秩序之三是土地开发市场的公正性。计划经济用行政手段管理经济，而市场经济用经济手段辅以法律制度管理经济。公平竞争是市场经济的灵魂。政府的任何干预必须透明而有依据。土地利用规划是对土地开发市场的干预，也必须透明而有依据。从市场经济的角度看，土地利用规划是对私人土地资产开发权的限制。如果规划是政治，政治的权威就在于它的公正性。不公正的规划是没有权威的规划，没有权威的规划无法提供土地开发市场的确定性，也无法严格控制土地开发的"外在性"。没有权威也意味着没有秩序。权威性也体现在土地利用规划编制的法律程序上。

秩序之四是土地开发市场的稳定性。所谓秩序，存在于规则的稳定性和连续性之中，短暂多变的规则不能称之为秩序。因而，土地利用规划必须有稳定性。诚然，迅速发展的城市社会经济经常使得土地规划不合时宜，规划修改不可避免，但是修改后的规划应与修改前的规划保持连续性，尊重现状土地产权。西方许多历史古城的完善保护，不是仅仅因为政府重视，而是因为土地产权的法律制度设置。稳定性源于土地规划的法律地位，经过法律程序的土地规划修改可确保一定程度的连续性。

市场经济需要制度的保障才能成为自由的市场，制度体现在对产权的制约，有效的制约使得资源得到高效利用、交易成本降到最低。市场经济下，城市规划是城市土地市场和土地开发市场的制度。从经济的角度出发，城市规划的目的是：①限定土地使用和开发方面的产权；②使得城市土地资源得到最有效的利用；③使得城市生活中的交易成本降到最低。城市规划所提供的秩序是城市土地开发市场的重要制度之一。全球化经济是国际竞争的经济，效率是经济发展的关键所在。犹如交通秩序促进交通效率，城市开发秩序提高城市环境效率。经济竞争归根到底是制度竞争，竞争促进经济发展，也促进制度完善。有秩序、稳定的房地产市场能够吸引房地产投资。世界上各发达国家都有大量的资金投资于房地产。据统计，2000 年全球约有 42800 亿美元可用于投资房地产，北美和欧洲各占 1/3，其余 1/3 在亚洲、大洋洲和南美洲（Sirmans, Worzala, 2003）。

市场经济下的中国城市规划：发展规划的范式

CHAPTER 2

第二章　经济制度改革过程中城市建设的市场化

经济改革开放对城市建设的主要作用表现在土地和建筑的商品化和市场化。城市建设制度的转型不是一蹴而就，而是循序渐进。尽管如此，城市土地体制和城市开发的渐进式改革对城市化进程影响深远而重大。最为重大的改革应该是地方政府功能的转变：从社会主义计划政体变为地方发展政体。所谓地方政府的"资本原始积累"推进了国有企业的改制和地方房地产业的成长。渐进式改革下的新思维通过土地开发权替换了计划经济时代的社会主义土地使用权，直接推动了城市改造。农村地区的工业化和城市化也显示了集体土地制度变迁所带来的影响。事实上，国内城市建设"市场化"的程度已经超出市场在资本主义国家城市建设的作用。

2.1　经济转型中住房和土地体制的渐进式改革

2.1.1　土地制度

在 1949 年以后实施的社会主义计划经济制度下，自然资源和几乎所有的生产资料都被公有化。尽管在法律上，城市土地的公有化直到 1982 年才被宪法明确规定为社会主义全民所有制，土地私有制事实上自 1954 年以来就被取消（中国社会科学院财贸经济研究所／美国纽约公共管理研究所，1994）。国家政府作为全民的代表，为全民的利益管理全民的土地。根据马克思主义原理和社会主义公有制原则,土地作为生产工具不能在市场上交易。按照使用需要，计划经济制度通过行政手段将土地无偿分配给土地使用单位，土地获得单位也无权将土地转让给第三者。城市土地事实上成了免费物品，而非经济资产。但是，一旦单位和个人占据了所划拨的土地，国家事实上很难再收回土地，因为单位是社会主义国家经济的组成部分，个人是社会主义社会的"主人翁"。土地使用权"超越"了土地所有权，成为社会主义国家特有的制度，并在城市建设中发挥作用。社会主义城市结构与资本主义城市结构之间的显著差异说明了这个特点的作用（French，Hamilton，1979；Bertaud，Renaud，1994）。

土地是最重要的生产要素之一。1954 ～ 1988 年间，松懈的管理和无偿的使用导致土地使用的低效率和土地分配的不公平。无偿的资源使用鼓励使用者不考虑支付能力而过度消费，申请者往往要求比其实际所需更多的土地，造成浪费,据统计,不少城市在 1949 年后短短的几年里经历了显著的扩张(表 2-1)。许多城市普遍采用宏大的广场，新工业城市兰州、洛阳和哈尔滨的中心广场甚至比北京的天安门广场还要大（Fung，1981）。由于 1950 和 1960 年代的社会主义工业化的国家政策，大量的土地被规划成工业用地。因为没有土地分配的市场机制，所谓"非生产性"的生活功能无法得到足够的用地。商业和生活性

城市的空间扩张（km^2，1949 ～ 1957 年）　　　　　　表 2-1

	1949 年	1957 年	增长率（%）
北京	109	221	103
西安	13	65	400
郑州	5	52	940
合肥	5	57	1040
济南	23	37	61
天津	61	97	59

资料来源：World Bank，1993：43.

城市人口密度（万人 /km², 1983 年）   表 2-2

	上海	广州	西安	合肥	兰州
城市人口密度	4.1	3.2	1.1	0.9	0.5

资料来源：朱介鸣，1986：15.

的土地需求受到遏制，造成空间紧张、人口高密度居住和城市拥挤（表 2-2）。一方面，住房和其他生活设施短缺，造成城市生活质量低下；另一方面，大量的工业用地低效粗放式地使用，造成极大的浪费。上海直到 1980 年代中期，还可以发现不少工厂占用市中心的区位和办公楼。对于使用土地的国家单位和企业而言，社会主义国有土地使用权基本等同于单位土地拥有权。土地用途的变动因而变得极其困难，严重阻碍了城市经济的发展和更新。

现代的城市经济不可能建立在无偿使用土地的基础上，土地必须是很重要的经济资产。1988 年新的立法重新将土地定义为商品，土地使用权可以租赁。新的立法更进一步容许租赁者在租赁期内，可以将土地使用权出让、遗赠或抵押。由此，土地使用权的有偿出让得以合法化。土地使用权可通过投标、拍卖或协议等不同渠道取得。通过投标或拍卖取得土地使用权是市场行为，充分反映土地的市场价值；通过协议取得土地使用权是带有政府补贴性质的市场行为，地方政府以此实施其社会、经济或环境政策。

但是，尽管土地无偿使用已经在名义上从 1988 年起正式停止，新的土地管理体制却还未能全面实施。例如，改革开放先锋的深圳在 1988 ～ 1999 年期间有偿转让的土地总量中，97.7% 通过协议，仅有 2.0% 通过招标，0.3% 通过拍卖转让（深圳市统计局，2000）。汕头在 1992 ～ 1999 年期间总共出让 17km² 土地，其中 98.8% 通过协议，仅有 1.2% 通过招标和拍卖（汕头市统计局，2000）。协议出让是事实上给予土地租赁者土地补贴，协议出让根据内部商定的价格出售土地。据估计，平均协议价格是招标和拍卖价格的很小部分，有时该补贴可高达 100%，等于免费。其次，由于历史的原因，直到 1994 年，深圳的行政分配（划拨）土地仍占土地分配总数的 82.5%。

新的土地使用制度只适用于新的增量土地，不适用于旧的存量土地，暂时无法利用新制度纠正历史既成事实。所以，土地的市场机制未能全面完整地建立，折中的结果是土地二元市场的形成，即按照土地市场价格和非市场价格的双重分配。两个土地市场的价格差造成经济学里的"经济租金"[①]，在两个土地

---

① 经济租金指实际收入与机会成本之差。

市场之间的"寻租"是 1990 年代以来城市迅速扩张的重要动力之一。土地二元市场的存在有两个层面：第一个层面在增量土地市场本身（新开发土地）招标和拍卖与协议出让的二元；第二个层面是增量土地市场和存量土地市场（土地再开发）的二元，土地使用单位还是继续无偿使用 1988 年以前分配的土地。土地二元市场是渐进式经济改革的结果。以后的发展证明，土地二元市场是地方政府推动地方经济发展的重要工具。

2.1.2 城市住房制度

城市住房供给曾经是政府的责任，公共住房是城市唯一的住房形式。因为计划经济时期偏重生产性投资、工业发展和基础性基本建设，城市的生活性投资被忽视。城市住宅投资严重不足，1949 ~ 1978 年间，政府在城市住房建设上的投资只占 GDP 的 0.78%，住房低租金使住房维护和整修难以维持，居民的居住条件日益下降（Lim，1991）。将近三分之一的城市家庭被官方统计为处于过度拥挤状态，实际的数字可能更高。城市住房严重短缺由两个因素造成：政府投资不足和缺乏住房市场机制。住房的福利化将住房需求与住房购买力分离，造成住房分配本质上的不公平，住房分配不公平在前东欧社会主义国家也是一个很普遍的现象（Szelényi，1983）。

1949 ~ 1979 年的 30 年间，上海的住房面积总量仅增加了 58%，尽管城市的 GDP 增长了 6.7 倍，城市人口从 420 万上升到 580 万（上海统计局，1981a）。根据 1982 年的一个住房调查，上海当时有 47.6% 的城市家庭经历着各种各样的住房问题，如：房屋结构破旧不堪、缺少基本煤卫设备、几代同堂等；有 25.1% 的居民家庭必须与父母和亲戚合住，造成事实上的无房户。住房建设滞后，人口增长，造成居住人口密度急速上升。上海一个街道的居住人口密度达到极端的每平方公里 29 万人（朱介鸣，1986），可能是世界上最高的密度记录之一！无房户居民自行解决居住空间严重短缺所造成的问题，于是城市简屋棚户大量出现。

因此，城市住房改革的目的是纠正过去 30 年忽视住房投资的错误，以商品化和市场化的机制创造住宅市场，引导资金流向住宅投资，结束城市住房由政府唯一单独提供的模式。住房商品化的目标是让住房维修管理自负盈亏，让新住房以市场价格由市场提供。渐进式的住房改革从提高住房租金开始，到政府和单位补贴住房购买和让一部分先富起来的市民购买商品房，然后全面推广商品房，政府的公共住房供应为辅。因为经济发展水平低下，1981 ~ 1985 年期间，上海只有 1.7% 的住房供给属于商品房（上海统计局，1997a）。考虑到提高住房租金的社会阻力，住房改革随后转向存量公房私有化的政策。住户购买住房时所享有的补贴和折扣体现了对多年来社会主义企业低工资的补偿，服务年限越长，住房价格折扣越大。至 1996 年年底，上海 51% 的可出售公共住房已经售给 65.9 万户家庭，占城市总家庭户数的 20%。

改革开放的渐进性决定了住房改革的渐进性，渐进性改革意味着旧体制的逐渐消逝和新体制的逐渐进入。但是，应该被代替的旧体制并不愿意自动离去，而是千方百计地想方设法维持现状，有意或是无意地阻碍改革的进行，新旧体制的交锋决定了改革的进程。住房商品化作为一个新的制度存在于许多现存的旧制度因素之中，住房商品化的进展取决于新旧力量的平衡。单位制度是计划经济遗留下来的旧体制内最重要的因素之一。单位在社会主义国家是社会再分配链节中的一环，对城市居民生活至关重要。单位不仅仅组织生产，提供居民就业岗位，还是政府进行社会控制的重要机构、提供和分配职工社会福利的组织（Li，1993）。计划经济时期，许多公共住房通过单位提供给职工，而不是通过政府。改革开放改变了政府与单位的关系，国有企业单位得到不少自主权，向着独立自主纯粹企业模式的方向发展。然而，面临城市住房依然紧张的局势，在住房商品化的同时，政府仍然要求单位用企业赢利尽力为职工提供住房。

根据世界银行的数据，1980 年之前，超过 90% 的城市住房投资来自政府预算。1988 年，政府预算只占城市住房投资的 16%，单位投入占 52%（World Bank，1992）。以固定资产投资的数据作为参考，政府在固定资产上的投资从 1981 年的 28.1% 下降到 1997 年的 2.8%。在同期，单位在固定资产上的投资从 55.4% 上升到 67.7%（国家统计局，1998）。国有单位职工的住房福利在职工的总收入中的比例急剧上升，从 1978 ~ 1988 年期间的平均 15% 提高到 1990 年代初的 28.6%（World Bank，1992）。城市住宅严重短缺的困境得到一定程度的疏解，1978 年全国城市人均住房面积只有 3.6m^2，1997 年达到 8.8m^2（国家统计局，1998）。1981 ~ 1992 年之间，住宅投资占 GDP 的 3.4%，比 1949 ~ 1978 年期间的 0.78% 有了显著的提高（国家统计局，1993）。问题是住房分配还是与单位相联结，本应该由政府管理的住房福利转移到由单位管理。单位的社会再分配功能非但没有减弱，反而增强了。因为企业改革的深化，国有企业被分化成两个阵营——赢利企业和亏损企业。赢利企业可以提供职工更好更大的住房，而亏损企业可能无法提供职工住房。福利性的公共住房分配应该秉承公正，按需分配。单位分配住房的制度因单位的赢利情况不同而造成贫富不均，加剧了公共住房的不公正现象。

　　尽管国有企业努力改革，1994 年还是有 34% 的受国家预算控制的国有企业亏损，损失总数达 334.2 亿元，而在 1985 年只有 10% 的国有企业亏损（Jiang，1995；Perkins，1995）。不少国有企业利用所占有的用地与开发商合作开发住房，开发商提供开发资金，提供土地的单位最多可得到 70% 所开发的住房单元，然后分给职工。这个住房福利实际上来自土地所有者的土地收益。在计划经济体制下，职工的工资偏低，几乎免费的公共住房事实上是职工工资的组成部分。提供职工住房使得单位仍然参与社会福利分配的过程，而且住房还是被认为是社会福利，意欲将住房变成商品的住房商品化改革进程进而遇到障碍。政府是国有企业单位资产的所有者，但是企业有运作和调动其资产的自主权。因为地位不同，业主和经理人对资产有不同的认识和激励机制。改革开放后很长的一段时期，业主未能有效地监控经理人对国有资产的管理。因为产权的不明确，经理人没有长期经营的打算，这给经理和员工勾结起来将国有资产转变成职工收入和福利的机会。世界银行的一个调查报告发现，许多国有企业职工收入和福利的增长幅度大于企业生产力的增长幅度，显然企业的国有资产正在流失（World Bank，1997）。官方的估计认为在 1982 ～ 1992 年期间，国有资产流失达 5000 亿元（解放日报，1999 年 1 月 11 日）。

　　根据城市不同的改革进展深度，住房开发也体现不同程度的市场化（表2-3）。但是，以市场价格为调节机制的住房分配还没有完全起主导作用，不是公共住房的单位住房供应扰乱了住房商品化。职工住房的产权与单位共享，无法完全商品化和市场化，也无法在二手市场上交易。一个正在成长的商品住房市场价格被"软预算"①制约的单位无节制购买所扭曲。1979 ～ 1987 年期间，上海 47.5% 的商品房被国有单位所购买；1988 ～ 1993 年期间，这个比例上升至 79.0%。1991 ～ 1995 年期间，31.6% 的住房建设属于商品房，估计其中将近 80% 的住房供应内含单位补贴（上海统计局，1996b）。一方面，提高公共住房租金的改革措施受到强烈的抵制；另一方面，商品住房的市场价格迅速上升。1980 年代初期，北京公共住房的年租金与商品房价格之比是 0.4%，1995

---

① "软预算"的概念首先由 Kornai（1986 年）提出，用于解释市场经济下的企业与计划经济下的企业的行为差异。如果入不敷出，市场经济下的企业会被宣告破产，退出市场。计划经济制度下，没有企业破产。尽管收入不抵支出，政府还是会帮助该企业生存。所以，企业没有提高收入和降低成本的激励。企业的预算不是决定企业行为的标准，称之"软预算"。

年度	商品房占住房建设总面积的比例（%）
1990 年	17.5
1991 年	20.3
1992 年	20.9
1993 年	22.1
1994 年	36.6
1995 年	41.8
1996 年	65.7
1997 年	69.8

上海住房开发的商品化过程　　　　　表 2-3

资料来源：上海统计局，1998a.

年这个比例下降至 0.1%。一个二元住房市场正在出现。这并不是政府通过提供低收入居民公共住宅，正常干预以价格为导向的住房市场；而是单位干扰市场机制而扰乱住房市场。渐进式改革意在逐渐完善市场机制，但是单位住房供应的住宅改革渐进式措施并不推动城市住房制度直接向市场化的改革。

2.2 政府功能的转变：地方发展政体

2.2.1 发展政体

　　第二次世界大战之前的政府功能基本上属于传统的模式：从事外交、国防和社会管理。经济的管理则是由"看不见的手"经营，即企业根据市场供需关系决定生产规模。第二次世界大战之后，大部分的发展中国家都改而采用政府积极干预的政策，政府不遗余力地推动经济发展。一些国家还实行了社会主义计划经济的制度。无论前者还是后者，政府都积极地参与国家经济发展的管理和干预，东亚的一些市场经济国家也不例外。所不同的是，这些国家采取的手段是政府通过市场机制，而不是计划机制，干预经济发展。东亚地区 1960 年代以来成功的经济发展，促使学术界研究经济起飞背后是什么样的政府与市场的关系，因为这些国家没有采取"放任自流"的自由竞争体制，而是采用了强势政府管理的模式。政治社会学学者称这种政府为"发展政体"（developmental state）。日本、韩国、新加坡和中国台湾地区的政府都属于发展政体。发展政体集中在东亚，说明发展政体与儒家文化之间存在的内在联系：政府积极引导市场为人民谋福利。

　　无论从理论、还是从实践出发，政府应该在经济运作中扮演什么角色都是一个重要的、有关政府政体的课题。按照从最自由到最管制的序列，布罗克（Block，1994）认为政体有下列模式：守夜人政体（night watchman state）；公共物品政体（public goods state）；宏观经济调控政体（macroeconomic stabilization state）；社会权益政体（social rights state）；发展政体（developmental state）和社会主义政体（socialist state）。可以看出发展政体比较接近于社会主义政体，很不同于西方传统的政府不干预经济的政体。对不同政体的认同固然牵涉到意识形态的纷争和历史思潮的影响，但基本的共识是市场机制不会自然而然地形成。市场需要被塑造，政府应该在塑造市场过程中扮演重要作用，尤其对发展中国家而言。世界银行历来强调政府不应干预市场，认为自由市场是经济效率的最好保证。但是，世界银行2002年度的发展报告"建立市场制度"首次强调了制度的重要性，认为用"看得见的手"管理"看不见的手"对发展中国家极其重要（World Bank，2002）。

中国是儒家文化的发源地，又有30年的计划经济历史。尽管中国的经济制度在走向市场体制，但是并没有迹象表明，政府会在短时间内走向类似西方国家的自由市场经济政体，任凭市场"看不见的手"主导经济发展。第二次世界大战后许多发展中国家的经济发展经历表明：完全依赖于自由市场，政府不进行积极干预和参与的模式并没有使那些国家脱离贫困，而政府积极与市场合作的东亚模式却实现了令人信服的经济奇迹。中国各级政府的功能在改革开放后会不可避免地发生转变：从计划经济时代的全面主导经济发展，转向摸索如何在市场经济下引导经济的发展。国有企业改革和改制使政企分开，民营企业蓬勃发展，大量外资企业进驻中国，政府无法以计划经济时代的做法管理和支配那些企业。除了积极吸引外资和帮助企业成长之外，地方政府以"发展政体"的角色积极主导和引导地方经济的发展。中国蓬勃的经济发展和城市化运动充分反映了转型经济中"发展政体"模式的深刻烙印。

自1970年代以来，发达资本主义国家的经济开始从福特时代大规模标准化生产向后福特时代弹性专门化生产转型（Boyer，Durand，1993；Clarke，1992；Fröbel，Heinriches，Kreye，1980）。牵涉到这一转型进程中的城市经历着深刻的经济重组和社会重构。全球化的跨国投资模糊了经济活动的国界，原来属于国家之间的经济竞争日益演变成为城市或城市区域之间的经济竞争（Jacobs，1984）。在经济重心从制造业转向服务业的重构过程中，各种不稳定因素纷纷出现，失业率上升，贫富差距扩大，造成相互竞争城市之间的紧张状态。尽管有许多其他不稳定的因素，经济因素仍是在向后工业城市演变过程中的主要因素。持续的经济发展是城市的利益所在，追求发展便成为地方政府的头等大事（Peterson，1981）。发展会带来稳定，如同"发展是硬道理"，许多地方政府在经济重构过程中以城市重构的主角身份出现（Cockburn，1977；Kirby，1993；Duncan，Goodwin，1998）。地方政府从为生产服务的传统功能转向为生产创造条件的新功能，从福利型政府转向经济发展型政府（Goldsmith，1992；Preteceille，1990）。

中国从 1978 年开始的经济转型，就其意义而言，足堪与发生在任何一个西方资本主义国家的经济转型相提并论。就其影响而言，则比后者更为重大，因为它所影响到的是世界上四分之一的人口。1978 年，中央政府决定开始建立市场机制和计划调控相结合的经济体制。从中央集权转型为地方分权，从中央调控系统转型为社会主义市场经济，从闭关自守的自给自足的经济转型为开放的市场化经济。这些变革势必导致经济的重组和新型社会关系的形成。这是一场渐进式的、逐步扩大的、试验性的改革，"摸着石头过河"。改革始于农业领域，然后进入城市的工业领域。作为改革开放的象征性指标，外资进入和民营企业可以说明渐进式改革的进展。外资和民营企业在 1978 年以前几乎不存在。从 1978 年开始，外资首先进入经济特区；然后从 1984 年起，进入 14 个沿海开放城市；最后从 1992 年起，全面进入中国城市。初期，外资的股份不能超过 50%，后期，外国独资也被容许。国有和集体企业的工业产值在 1978 年分别占国家工业总产值的 77.6% 和 22.4%，那时还没有任何民营企业；1999 年，国有和集体企业分别占 28.2% 和 35.4%，而民营企业的工业产值占国家工业总产值的 36.4%（国家统计局，2000）。

2.2.2　地方发展政体

计划经济因为其僵化低效而必须舍弃，市场经济的发展成绩显著。但是，自由市场经济不可能一蹴而就地全盘取代现行体制，公有制和国家在生产中扮演的角色将继续保持。与此同时，与计划经济分道扬镳的新因素正在出现和逐步深入，如财政放权、国有企业改革和非公有制经济体（Walder，1995）。一方面，地方分权作为探索市场化和提高经济效益的一种手段，得到了自上而下的小心尝试；另一方面，从这一尝试中得益的地方政府强烈要求中央继续放权，重新确定中央与地方的关系。农民得到了更多的选择余地，可以自行决定种植何种农作物，并依照市场价格出售农产品。城市国有企业也从上级的管理部门获得了更多的生产决策权力。自 1978 年以来，中央计划之外的预算外资金持续增长（表 2-4），表明了地方政府所争取到的地方自主决策的提升程度（Wang S.，1995）。

预算外资金的增长（1952 ～ 1991 年）　　　　　　　　　　表 2-4

时期	预算外资金占总资金 * 的比例（%）	年度平均预算内资金（亿元）	年度平均预算外资金（亿元）	企业所控制的预算外资金的比例（%）
1952 ～ 1959 年	9.7	296	32	67.4
1960 ～ 1969 年	15.0	432	76	83.6
1970 ～ 1979 年	22.2	842	240	89.3
1980 ～ 1989 年	46.2	1681	1443	96.8
1990 ～ 1991 年	49.4	3043	2976	97.8

注：* 总资金指预算内资金和预算外资金的总和。
资料来源：财政部，1992.

改革开放以来，政府对于管理的观念和态度也有了深刻的改变。政府专注于经济的发展，积极参与经济发展的管理。当乡镇企业成为地方发展的主要动力时，地方政府充分调动地方资源，促其发展。1980 年代乡镇企业的繁荣昌盛，是自下而上的地方发展的开始。地方主义观念加剧了区域之间对于市场和资源的竞争。激烈的地方竞争偶尔会导致丑陋的地方保护主义，地方政府运用权力保护本地企业，维持和扩大地方收入的基础。有证据表明，地方当局为各种地方产品的促销计划提供了财政支持（Goodman，1994）。1980 年代中，由地方之间的利益竞争而导致的"羊毛战争"，揭示了区域竞争已经达到何等激烈的程度（Watson，Findlay，1992）。

计划经济实施 30 年后，只有极少数人还相信这个经济制度还能够将国家引向繁荣昌盛。改革开放以来所发生的最重大的变化，是从中央到地方各级政府对于经济发展的态度，市场机制越来越深入。民意显示，一个政府是否有合法性，须看它是否能够成功地管理经济发展。因为经过 30 年无休止的政治动荡和经济萧条之后，唯有经济增长才是可以团结全民的共同目标。在生产资料公有制的中央计划体制下，国家是经济生产者和社会主义福利的提供者。随着改革的逐步深入，国家渐渐转变为经济发展的管理者和倡导者。为了能够卓有成效地领导经济建设，国家尽一切努力建立一个高效率的政府，通过发展经济增强政府本身的权威和合法性。这个理念也是各级地方政府的理念。任何政治或经济目标的实现都必须依赖地方经济的发展，刺激增长、扩大财政收入成为地方政府制定发展战略的两大基本目标。处于经济发展中阶段的中国，几乎全民都团结在发展经济的目标之下。不过，某些利益集团比较更积极地推动发展。

外国投资商、本地企业、地方政府等，因为与地方的发展利害相关，期望从地方发展中赢得最大利益，而具有追求地方发展的强烈动机。经济发展利润的分配显然是解释发展热情的关键。土地和房地产的商品化和市场化，创造了土地利益和土地利益相关集团，使城市发展这个利益载体变得更加错综复杂。国有土地使用者利用其事实上的土地业主地位，以其并不真正拥有的土地谋取"经济租金"，房地产开发公司则成为通过房地产开发将土地利益利润化的活跃角色。土地收入对于地方政府也具有极大的利害关系。

经济发展管理权力下放到地方引起了地方主义思潮的重新抬头，地方之间的合作被竞争所取代。基于历史的原因，1949 年以前的经济发展是沿海地区领先，而广袤的中西部腹地基本上没有得到发展。1949 ~ 1978 年期间，中央政府推行地区平等发展的政策。为了缩小经济发展的地区差别，新的工业建设项目被平均分配到全国各地。30 年的努力使得沿海地区工业生产的地位相对下降，内地的工业生产则有较强劲的增长，地区经济差别因此有所缩小（World Bank，1990）。然而，把有限资金平均投入于各地区，忽视投资效益而单纯追求平等发展的战略始终是有争议的。新的经济改革改变了这一战略，将重点从全国平均发展转向提高生产力，经济效益优先于均匀发展，地区竞争取代了地区平等的政策。在资源调动的决策上，地方因素比以前有了更重要的分量。由于某些地区所固有的社会经济和地理的优越性，较能吸引市场投资。沿海地区的制造业和服务业容易得到市场所调节的资源；相比较之下，经济改革政策并没有为内地省份带来多少市场驱动的投资。地区之间的经济差别正在扩大。

放权于地方的目的是调动地方的发展积极性，这个政策具有三方面的内容。首先，民营企业的积极参与；其次，给予国有企业决策权，使经理有经营和预算的责任感；第三，财政改革的重点在于给予地方发展的积极性。但是，各地方政府积极地以各种方式为自己谋取"预算外"收入，甚至不惜以损害中央财政收入为代价。主要用于地方建设项目的"预算外"基金的规模随着地方政府的经济基础的扩大而扩大。土地出让的收入基本属于城市政府的"预算外"财政收入。经济转型和市场投资改变了地方在国家经济重构进程中的位置。地方之间为争取最佳市场位置而竞争，地方政府尽一切努力为地方发展动员财力。发展的共同利益使地方官员、企业和外资结成非正式的联盟，联手对付区域的竞争。

以地方政府为主导的经济管理造就了中国特有的"地方发展政体"（local developmental state）。中央与地方政府之间因此而容易产生冲突。随着计划经济的失效，中央政府开始关切地方发展和地方利益可能会超越国家的发展目标和利益。有一种观点认为，像中国这样一个巨大的发展中国家，如果中央政府在处理国家事务方面的能力受到限制，国家会面临灾难性的局面（Rueschemeyer，Putterman，1992）。所担心的是，地方政府的经济利益与中央政府相抵触。自从改革开放以来，中央和地方之间的关系经历着不平静的波动，在全局统一和地方发展之间、在区域平等发展和资源有效分配之间取得平衡。改革必须取得市场主导与政府控制之间的微妙平衡，唯有如此，才能使社会公正和经济效益并存，才能在社会转型过程中保持社会稳定。所以，尽管地方政府官员有相当的能力追求地方经济发展，他们的政治任命和前途取决于上级政府。省级官员和市长的换班就是制止地方主义的手段。

"地方发展政体"是改革中地方分权的产物。如果说 1949 ～ 1978 年间的计划经济是中央政府"资本原始积累"（国家重要企业、重要工程、国防实力等）的过程；那么从 1978 年开始的市场经济改革则是地方政府"资本原始积累"（地方企业、地方经济实力、地方重大工程等）的过程（温铁军、朱守银，1996）。计划经济造就了以中央政府为主导的国民经济，中央政府的计划预算安排抑制了地方的经济和政治利益，地方不是独立的经济实体。改革开放的权力下放重新定义了地方的角色，地方政府开始为地方服务，对地方负责，而不是过去的对中央服务和负责。但是在目前的政治体制下，中央政府以下的各级政府，其第一把手均由上级政府任免和评估。因此，市长无法真正对市民全面负责。这不仅是政治改革落后于经济改革的反映，也是中央试图抑制日益壮大的地方主义的一种手段。"地方发展政体"加剧地方之间的竞争。良性竞争促进发展，恶性竞争造成资源浪费。经济学家认为区分良性竞争和恶性竞争的差别在于资源的产权是否明确界定。劳动力的价格由市场的供需关系决定，劳工不会以低于市场价格的工资出卖劳力。在这种情况下，劳动力资源不会被滥用。土地价格也应该由市场的供需关系决定，招标和拍卖揭示土地的市场价格。为什么地方政府偏好于低于市场价格的协议出让土地？唯一的解释是土地的产权不明确，使得地方之间的经济竞争成为恶性竞争。

一方面，强调发展的政治官员必须具有发展城市的雄心。他们在地方建设中的表现，决定他们的职位，也铺平他们晋升的道路。另一方面，他们的成就是由上级政治机构而非其所辖范围内市民所评估。并非当地居民的上级领导难以感觉到不可见但确实造福于市民的成就，往往凭借外在可见的成就作判断。标志性的建设项目往往被视为地方领导层政绩的象征。在这样的形势下，没有激励机制鼓励市长准备长期的城市发展议程，因为市长在其目标实现之前，可能已经离任。结果，强调数量的短期计划取代了强调质量的长期规划。市领导乐于在有战略意义的地点，投资引人注目的标志性项目，以有限的资源创造最大的印象冲击力。位于深圳市罗湖区的地王商业中心，建筑风格豪华新颖，因而常常被作为 1990 年代深圳市的象征，频繁出现在市政府的宣传小册子上。这一例子清楚地说明了标志性建筑可以起到的重大效果。

市场机制在城市土地开发中无疑起了很积极的作用，但是渐变式改革的特征决定了不可能全盘摒弃政府的作用而听任市场力量的行动。改革开放初期，大多数地方政府财政薄弱，恐怕也只有给予土地补贴和减免税收，才是政府可以对城市发展施加影响的唯一手段。土地补贴意在将政府的意图转化为市场行为，推动市场实施政府的计划。计划带动深圳高科技制造业发展的科学技术园区即是在这样的模式下建设起来的。罗湖区过去是宝安县城的中心，如今是深圳的市区中心。由于深圳的迅速发展，罗湖区的容量已达到极限。开发新的市区中心，树立新的深圳形象，是连续几任市长的梦想。同时，新市中心也是深圳市政府的成就标志。福田区因此被选为未来的市中心，列入了发展规划。早在 1986 年，深圳市政府就曾与 Hopewell 中国开发公司接触，试探由其开发福田区的可能性。廉价供应土地是吸引开发公司的主要因素。虽然该计划最后未能成功，市政府的决心和热情表露无遗。10 年之后，1996 年，这一宏大计划重新提上市政府的议事日程。1996 年 8 月，深圳举行了一场国际性的新市区中心建筑竞赛。来自法国、美国、新加坡和中国香港的四个建筑设计事务所应邀递交了设计方案。当最后的方案选定之后，市政府立即公布了推动新市区发展的四项奖励政策，它们都与土地或房地产有关。首先，开发公司可享受30% 的土地价格折扣。其次，新市区内当地居民住宅市场和外国人住宅市场合二为一，消除原来两个市场之间的差价，这对住宅开发公司有利。其三，豁免新房地产第一笔交易的增值税。其四，由国内贷款机构安排专门的房地产贷款，给予房地产投资者（中外房地产时报，1996（17））。虽然房地产价格已有一段时间保持稳定，而且房屋供过于求的现象已经出现，市政府仍然决定推动新市中心区的发展。

城市土地制度改革与渐进式经济改革有紧密的、内在的联系。权力下放至地方，促使原本潜在的地方主义外在化。在调动地方资源的过程中，土地因素被纳入地方的发展战略中。渐进式的城市土地改革被用来培育能在市场条件下运作的房地产企业。鉴于国有企业仍在代替政府为职工提供就业和各种社会福利，渐进式的城市土地改革也被用来保护国有企业免受市场的无情制约。在这个保护伞下，政府和企业的合作得到加强，致力于地方发展。

2.3　渐进式城市土地改革促进国有企业改革和房地产开发产业的成长

2.3.1　国有企业改革

　　渐进式城市土地改革有它的内在逻辑，出于促进地方发展的战略，"地方发展政体"必须积极支持地方企业。国有企业改革的成功与否，是向社会主义市场经济转型能否成功的关键。企业改革采取了各种步骤提高经济效益。措施之一是使国有企业受制于"硬"预算。但是，实施"硬"预算极其困难。多数国有企业并不赢利，"硬"预算将使这些企业走向破产。任何政府都无法承受短期内大量企业破产所带来的严重后果，大规模的失业可能造成巨大的社会动荡。从就业的角度看，国有企业在国民经济结构中仍然起着主要作用。1978年，国有企业雇佣78%的城市劳动力；1999年，这个比例下降至55%，超过一半的城市劳动力还在国有企业就业（国家统计局，2000）。尽管国有企业经历了深刻的转型，成为在市场条件下运行的企业，它们仍然保持着许多旧的特征，国有企业还是代替政府充当着向职工及其家庭提供社会福利的重要角色。传统的国有企业肩负着沉重的社会责任，向职工提供一系列的社会服务，诸如住房、退休福利和医疗保险等。这些功能在改革开放过程中还多多少少保留着，尽管政府主导的社会保险正在逐步代替国有企业的作用。

　　大部分国有企业还不是真正意义上的企业，仍然多多少少保留着社会主义单位的特征。笔者所创造的概念——"企业－单位"——说明了这种国有企业的状态：既有市场经济企业的特征，又有计划经济单位的特征。改革的渐进性促使地方政府继续提供国有企业优惠和补贴，减缓市场力量的无情制约，尽力扶植和维持国有企业的生存。政府和国有企业之间的"合作"在这种形势下形成。地方政府能够提供的保护措施之一即是低廉乃至免费的土地使用，对于依然负有本该由政府承担的社会责任的国有企业，补贴性的土地供应是一种补偿，其背后的制度是"地方发展政体"与"企业－单位"的合作。

　　合作体现在双向的配合默契。一方面，企业接受政府以减税和土地补贴的优惠；在另一方面，政府又可相当程度地从企业身上取得回报，继续将政府的责任推到企业身上，甚至要求企业为城市提供公共设施、市容美化等。1980年代后期的一项调查显示，约有5%的企业利润用于支付地方政府所课以的各种收费（Tseng，1994）。据报道，广州市房地产公司被课以形形色色共达 85 项的收费，占公司开发总成本的 25% ~ 30%（Xu，1996）。开发公司在一定程度上以实物偿还低廉地价所带来的收益。开发公司除了承担拆迁费用、安置成本、建造项目场地之内的基础设施和附属设施等，还要承担建造项目场地之外的基础设施或社会工程等，诸如绿地、支线道路、变电站等。企业受惠于地方政府所提供的各种条件（包括廉价土地）而成长壮大，受惠的企业则在适当的时机承担建设风险高、利润少、然而意义重大，如高科技工业园区一类的项目回报政府。政府会不时要求开发公司从事经济赢利少而社会效益大的项目。例如，深圳市某开发公司被要求重新装修没有商业赢利的某个位于市中心的住宅小区，以改进市容。利润丰厚的国有开发公司时常被要求代表市政府资助国家级的社会工程，向贫困地区捐赠款项，或者赞助各种扶贫活动等。

2.3.2 房地产企业的成长

深圳作为第一个特区，市场经济的实验区，初始的困难是如何组织新城市的全面发展。因为廉价的劳动力和潜在的巨大市场，大量实业性的制造业投资纷纷来到深圳，对土地和房屋的需求不言而喻。土地和房屋的有偿使用和已经开始的住房商品化表明房地产的市场需求已经存在。当时的深圳甚至是整个中国，所面临的挑战是还不具有能够在市场条件下运作的房地产开发产业。而且，房地产开发是个资本门槛很高的经济活动，当时的深圳是所谓只有政策没有资本的城市。土地和房屋的供给如何满足市场的需求？事实上，政府立即意识到土地资源是深圳最大的资本，外来资金和土地的合资开发公司应运而生。东湖丽苑小区据称是第一个合资开发项目，中国内地提供土地，中国香港公司负责建设资金，所得利润按中方 85%，外资方 15% 分成。第一个合资企业是深圳经济特区房地产公司。至 1983 年年底，已有 36 个合资房地产开发公司成立，签约资本 58 亿港元，涉及土地面积 86hm^2（张仲春，1993）。外来资金在城市建设总投资上分别占 43.2%（1980 年）、50.0%（1981 年）、30.3%（1982 年）。1979 ~ 1985 年期间，大约 22% 的外来资金投资于房地产。深圳的房地产合资开发是中华人民共和国社会主义城市化历史上的首次土地商业性的开发。经抽样调查，发现几个合资房地产企业开发利润丰厚，年平均利润达 75%（Oborne，1986），而国际平均水平仅是 20% ~ 25%。

国内合作伙伴也从境外投资商方面学习如何操作房地产发展项目。在一个以顾客的喜好决定市场需求的环境中，开发经验是如此重要以致可以决定项目

的成败。国贸中心大厦开发是一个典型的
国有开发企业学习开发的案例。考虑到许
多省市政府都想在深圳设办事处作为对外
吸引外资的窗口，深圳经济特区房地产公
司于 1982 年着手在罗湖开发办公楼。尽管
有 38 个业主响应，提前为他们的办公空间
支付了首期款项，还是有大约三分之二的
开发资金没有着落，如何筹集开发资金成
了第一个严重障碍。其次是如何从商业的
角度设计办公楼。参观香港的办公楼给了
他们启发，原来的设计没有充分利用良好
的地段和合理的使用功能组合。修改后的
建筑设计增加了底层零售商业中心和顶层
旋转餐厅。为加强所谓深圳第一办公楼的

图2-1　深圳国贸中心大厦

气势，建筑高度从原来的 38 层提升到 53 层，如此的修改增强了开发成功的机
会。此时，深圳的商品住房市场正需求旺盛，开发商用已有的集资开发商品房，
短期内赚得丰厚利润，为办公楼建设赢得了足够的开发资金。国贸中心大厦成
为第一个国内开发商成功开发的楼盘（图 2-1）。早期的合资开发项目为今后
树立了样板，当地有个说法，深圳第一代的开发商是由香港资本培育而发展成
熟的。

　　利用境外资金开发土地的做法固然是个有效的手段，但是大多数的香港
资本只对短期回报的消费性项目感兴趣，如旅馆和商店或者在中心地带的商品
房，回避长期性的生产性项目。所以，深圳急切的任务是培养能够从事重要项
目发展的本地开发公司。在改革开放早期，民营企业还很弱小，唯一能够承担
此重任的只有国有企业。1983 年，深圳特区政府正式批准八家国有建设公司
从事土地和房地产开发。因为缺乏资金，国有土地被转移到开发企业名下，作
为公司的资产，然后通过开发赢利逐渐积累资金。繁荣的地产市场和年平
均 70% ～ 90% 的利润培养壮大了这些企业，不出几年，这八家企业都成为当
时深圳著名的开发公司。受到市场需求的推动，更多的房地产开发公司出现。
1991 年，总共达 109 家，其中 79 家是国有企业，其余的是集体和民营企业。
1994 年，开发公司数量达 337 家，其中 207 家是国有企业。集体和民营开发
企业的数量急速上升。

　　1872 年（同治十一年），清朝政府批准李鸿章奏折，成立轮船招商局。1949 年以后，招商局在香港的分局香港招商局作为国营企业继续中国海运对外业务。1979 年，香港招商局开始在深圳开发蛇口工业区（http：//www.cmhk.com/history/Default.htm，查阅于 2007 年 4 月 28 日）。深圳特区政府提供 10km² 土地，招商局进行土地平整和基础设施建设。除一部分土地自用之外，其余的土地以市场价租赁经营。土地开发促进了蛇口工业区的建成，成为国内一个著名的工业区基地。另外一个注册在香港的国营企业香港中旅成立于 1928 年，1985 年进入深圳从事 4.4km² 的"华侨城"开发，土地低价划拨。1997 年，华侨城建成区达 2.6km²，94 个企业，30000 居民。除了实业之外，土地和房地产开发成了公司赢利的主要来源。因为富有长远眼光，开发前的规划设计，及开发公司谨慎的土地开发，使得华侨城成为深圳优良城区发展的典范。

　　深圳市政府在以低税率为主的促进投资措施之外，又加上补贴性的土地供应。从特区建立开始，土地和房地产已经成为经济资产。虽然土地产权尚未清楚，人们还是普遍地认识到土地和房地产潜在的巨大价值。日后的实践证明，土地补贴对于促进国有企业的发展具有深远影响。土地补贴不仅减少了投资的初始资本，而且，当房地产市场建立并且繁荣起来时，国有企业在土地资产价值上意外地赚了一笔。在 1988 年新立法废止了城市土地无偿使用之时，大量存量土地已经掌握在国有企业手中。许多企业便以土地作为资产，与海外投资者进行合作，建立合资企业。提供土地的合资方最多可以获得商业开发项目面积的 70%，从而获得了具体化的土地价值。深圳经济特区房地产公司从开始时只有六个雇员和四辆自行车的资产，到十年后 6500 名员工和 42 亿元人民币的资产。在 1980 年代的第一个房地产高潮带动下，80hm² 罗湖中心区的土地和房地产开发给公司带来了丰厚的赢利。据称在三年内，8000 万元的开发成本赚取了 12 亿元的毛利润（Zhu，1996）。1990 年，深圳经济特区房地产公司当年的开发量占市场商品房开发总数的 5.3%。

　　理论上，市场化使房地产开发更有竞争性，市场竞争使房地产市场更有效率。但是因为土地二元市场，深圳的房地产市场效率存在缺陷。大量的土地已经划拨给早期的国有开发公司，当土地价值随着房地产价格上升而上涨时，这些公司随之壮大而崛起，对于深圳城市面貌的改变贡献巨大。经济的增长和市场对房屋需求的上升推动房地产开发市场扩大，吸引更多的开发公司进入市场。这些后来的开发公司无法享受免费或廉价的土地供给，只能在公开的土地招标市场上竞争。招标竞争激烈，参加公司众多，为此，政府不得不提高竞标的门槛。1988年，一家公司不顾一切地提出最高价，赢得土地。然而事后经过冷静思考，发现地价太高，开发已经没有任何赢利空间了，不得不放弃，50万元的按柜金被没收。1991年，一开发商以不合理的高价标得五块土地，却是无法及时付款。结果是土地被收回，200万元按柜金被没收。因为有大量的廉价土地储备，早入市的国有开发公司轻而易举地赢得大量超额开发利润，土地垄断损害了房地产开发市场的效率。因为"软"预算，国有企业肆无忌惮盲目高价投标，扭曲土地市场价格，也损害了房地产开发市场的效率。

渐进式的城市土地改革培育了国内第一代国有开发企业，深圳的房地产开发为全国其他城市的房地产开发树立了榜样。尽管由于土地二元市场损害了房地产开发市场的效率，城市土地开发和改造的市场机制建立对中国城市发展及其形式意义深远。中国的城市建设从此进入了一个崭新的时代。

2.4　渐进式经济改革下的城市改造

2.4.1　社会主义土地使用权

1982年的宪法规定任何单位和个人都不能买卖和租赁或者非法转让土地。禁止土地交易的规定巩固了社会主义土地使用权的概念，土地使用单位在变换区位时，无法利用市场机制以土地使用权交换其他利益。因为不能交易和补偿，用地单位没有任何激励放弃土地，结果是土地被用地单位牢牢地锁定。尽管没有正式的土地市场，自发的和非正式的市民公房交换市场还是在许多城市积极生动地运行。当良好地段的住房可以交换到不那么好地段的更大住房时，住房使用权的价值被凸显了。当建成区的一个地块需要改造时，政府必须给受影响的用地单位另一块地用于安置，这相当于将用地单位的原土地使用权转移到新的地块上，说明用地单位的土地使用权不能被剥夺。1980年代中期，上海有一些小规模的居住区改造。承担改造的开发公司从事再开发之前必须得到用地的土地使用权，代价是提供受影响居民另一处的住房安置。对六个改造项目调查的结果显示，用于安置受影响居民所建新居的费用占总改造成本的30%～70%（World Bank，1993），安置居民的成本实际上是开发商获得居民住房用地使用权的价格。这个居民与国家的居住用地租赁关系并不等同于当今商品房业主和房客的租赁关系，解除租赁关系后，商品房业主没有为房客提供另一个住处的义务。所以，居民的居住土地使用权是特殊的社会主义土地使用权。

社会主义土地使用权的概念根深蒂固。甚至在城市公共住房私有化之前，只有使用权的住房已经可以在市场上公开出售（http：//www.peopledaily.com.cn/GB/jinji/32/177/20010816/536670.html,查阅于 2001 年 8 月 17 日，见表 2-5）。买家愿意买下只有使用权的住房说明他们对社会主义土地使用权的信心，而政府默认这类交易也证明了这个信念（北京青年报，2001 年 4 月 28 日，被 http：//www.realestate.cei.gov.cn 引用，查阅于 2002 年 10 月 14 日）。根据上海房地产市场的统计报告，使用权住房与所有权住房在价格之间的差别甚至还不显著（上海统计局，1999b ～ 2001b）。

上海住房二手市场交易   表 2-5

年度	总量（m²）	所有权住房（m²）	使用权住房（m²）	使用权住房在总量中占的比例（%）
1998 年	2141906	1975561	166345	7.8
1999 年	3796961	3366940	430021	11.3
2000 年	7164430	6482277	682153	9.5

资料来源：上海市统计局，1999b-2001b.

土地使用权有偿出让掀开了中国城市发展历史上的新的一页。深圳在 1987 ～ 1999 年期间出让了 3669hm² 土地，同期，城市建成区从 58km² 扩大到 133km²（深圳统计局，2000）。上海发展的速度更是远远超过深圳。浦东在 1988 ～ 2000 年期间出让了 10224hm² 土地，在 1993 ～ 2000 年期间建设了 2630 万 m² 的建筑物（上海统计局，2001a）。可是，在 1988 ～ 1992 年期间，土地和房地产开发主要以农田征地为主。上海虹桥开发区（自 1988 年起）、浦东新区（自 1990 年起）和几个小规模的工业开发区都属于市政府主导的农田征地开发。1992 年之前，大规模的城市建成区改造基本不存在，因为城市土地已经被用地单位占用。1980 年代，96% 的土地开发（以面积计）发生在城市的外围和郊区（孙施文、邓永成，1997）。政府征用农田，将集体所有制土地转为国家所有制的制度早已有之。但是将国家所有制城市土地的使用权从甲用地单位妥善地转移到乙用地单位的制度还没有建立。城市改造被社会主义土地使用权所阻碍，土地使用权成了事实上的土地拥有权。1992 年邓小平对南方视察进一步推动了经济改革，外来投资对中心城区位的强盛需求使中心地段房地产供不应求的现象更为突出（表 2-6），也凸显了土地低效率利用的状况，上海中心区许多大楼建造于 1949 年以前。上海在 1985 年，工厂总数的 56.7% 在中心城区，中心城区用地的 30% 被工厂和仓库所占；总共 5600 家工厂，占据 430hm² 土地（Fung，

上海商品住房的价格指数和办公楼的租金指数变化（1985 年为 100）　　表 2-6

年度	1985	1990	1992	1995
高层住宅价格	100	235	774	1015
多层住宅价格	100	291	742	1029
办公楼租金	100	148	264	497

资料来源：上海市统计局，1996b.

Yan，Ning，1992；World Bank，1993）。1985 ～ 1990 年的五年间，只有 103 家工厂迁离中心区。直到 1991 年，市中心的黄浦区仍然有 174 万 m^2 的工业厂房，而同时只有 139 万 m^2 的办公楼（上海统计局，1992a）。

2.4.2　转型时期的土地开发权

新的城市土地改革措施终于在 1992 年出台。上海城市土地管理条例规定了建成区土地出让后的收益分配比例：70% 用于赔偿原用地单位、房屋拆除和基础设施配套；余下的 30% 归各级政府（中央政府 5%，市政府 12.5%，区政府 12.5%）。这个政策提供了用地单位放弃土地使用权的激励机制，尽管没有明确指出放弃土地使用权会得到多少赔偿。直到 2001 年 10 月，政府的住房拆建和居民搬迁条例才明确规定居民应该得到被拆住房市场价格的 80%，余下的 20% 归单位或政府"业主"（http：//www.shanghai.gov.cn，查阅于 2002 年 11 月 1 日）。只有住房使用权的居民能够得到 80% 的住房价值体现了非正式住房私有化的内涵。那些居民通常已经在社会主义制度的低工资条件下工作了一生，应该容许能以较大的补贴（80% 的折扣），低价买下居住已久所分配的住房。但是对于单位和企业土地使用者，仅获得原有房屋价值（而不是土地价值）的 80% 的激励，显然不能有力地刺激它们放弃土地使用权。

对土地使用权的控制程度因使用者不同而不同。一般居民只能要求适当的住房赔偿，但是单位用地者所要求的不仅仅是对建筑物的赔偿。单位有不同等级：中央企业；市属企业；区属企业；街道企业。1957 年以前，所有国有企业都由中央政府管理，所谓条的管理。随后的放权下放了一些企业到地方，引出了所谓块的管理，出现了地方的国有企业。1990 年，中央企业总共有 52058 个，雇用 993 万名员工；地方企业总共有 276758 个，雇用 5385 万名员工（Lü & Perry，1997；国家统计局，1995）。单位等级越高，土地使用权控制程度越高。普通居民在放弃土地使用权时没有多少讨价还价的能力，但是单位和企业不会轻易放弃，而且讨价还价的能力随着单位等级升高而增大。国有企业单位接受同等级政府的管理，下级政府无权过问。1992 年的《上海城市土地管理条例》将土地开发管理权从市政府下放到区一级政府，但是区政府难以过问区内市属企业和中央企业的业务事项，包括它们的土地使用权。

推动城市的改造和提高城市中心区的土地利用效率，用地单位对于现状土地价值事实上的产权需要明确认定，政府作为土地业主对于土地改造后价值的产权也必须明示。在这一情形下，所谓的"土地开发权"被暂时地从土地所有权中分离，建立在土地使用权上，并赋予国有企业用地单位。这个制度的设计意在打破特定条件下的土地供给制约，同时也承认用地单位的社会主义土地使用权，使城市建成区土地能够进入城市改造的市场。位于上海市中心的静安区在 1992～2000 年期间经历了重大的物质形态改造。笔者调查了 296 个改造项目，其中 260 个项目是单位通过"土地开发权"而发起的城市改造。640 万 m² 建筑面积，占总数的 77.6%，是用地单位或开发商在具备"土地开发权"的土地上的开发。余下的 22.4%，计 180 万 m² 建筑面积，是在正式的土地出让地块上的开发。

开发商通过拍卖、招标和协议的渠道获得正式的土地出让。获得"土地开发权"则是取决于用地单位的属性等级、它们的集资能力及区政府的协助。静安区是个高密度的老城区，地块通常不大，有规模的城市改造常常涉及多个单位和居民的土地整合。于是，获得"土地开发权"的过程是多个用地单位的竞争过程。竞争者的集资能力决定它的成败，有资金的竞争者才能补偿其他用地单位和居民，而获得他们的"土地开发权"。如果是居住用地，或者是用地单位没有能力进行改造，区政府一般任命一个区属开发公司开拓改造的可能性。开发公司初始得到的是购买"土地开发权"的权利，开发公司应尽早从用地单位处"购买"土地使用权，以免这个权利过期（表 2-7）。表 2-7 中的 D34 和 E04 案例中的一个开发公司合作方因为没能及时集资，而不得不放弃购买"土地开发权"。

作为非正式的制度安排，"土地开发权"尽管有价值，却不能在公开市场上交易。"土地开发权"并不代表完整的土地产权，"土地开发权"的拥有也是模糊的。可是，一旦地块被改造后，上交市政府一定费用正式注册土地转让得到产权证后，开发的新建筑物即可在市场上交易，获得开发利润。所以，握有"土地开发权"的单位必须千方百计地寻找资金，推动地块改造直到房地产开发完成和出售，"土地开发权"的价值才能实现。上海电表厂是一家成立于 1954 年的老国有企业，占地 6.1hm²。所在地的杨浦区鞍山地区当时是郊区，到了 1990 年代，已经成

静安区购买"土地开发权"进行土地整合和改造的案例　　　表 2-7

项目	开发公司的上级管理单位	地块面积（hm²）	为土地整合所涉及的用地单位和居民数
B08	区财经局	0.33	11 用地单位；136 户居民
B25	区财经局	1.20	29 用地单位；146 户居民
C01	市经委	3.87	无
C25	市电子仪表局	2.38	无
D17	区建设局	1.24	18 用地单位；580 户居民
D18	区建设局	0.24	5 用地单位；91 户居民
D31	区建设局	0.61	6 用地单位；160 户居民
D34	区建设局	0.51	20 用地单位；250 户居民
E04	区建设局	0.86	支付区政府 2213 万元人民币
E11	区建设局	0.14	9 用地单位；100 户居民
G03	市政府	0.03	无
G10	区建设局	0.41	121 户居民
H01	区建设局	1.77	40 用地单位；1106 户居民
H04	区财经局	1.24	3 用地单位；540 户居民
H17	区建设局	1.50	18 用地单位；460 户居民
H31	区建设局	0.36	4 用地单位；165 户居民
I03	区卫生局	0.23	无
J02	区建设局	0.22	1 用地单位；7 户居民

资料来源：笔者的调查。

为居住和商业集聚的地区。工厂所占据土地的潜在价值已经使土地的工业利用不再经济，区政府也将土地使用性质改为办公和居住，并给予上海电表厂"土地开发权"。该厂开始积极寻找有开发资金的合作伙伴，计划开发住房和办公房产，甚至到海外作宣传寻找资金（王鸿楷，洪启东，1997）。

　　"土地开发权"和开发资金的合作是 1990 年代上海旧城改造中普遍的做法。所调查的静安区 23 个案例中，14 个是合作开发（合作方中 4 个海外资金、7 个国有企业、3 个民营企业）。持有"土地开发权"的合作方所得到的回报即是"土地开发权"的价值（表 2-8）。城市改造合作也给民营房地产企业的成长创造了机会，因为民营企业不具备雄厚的资金在公开的土地市场上购买土地出让。静安区所有改造项目的 12% 是与民营企业合作的结果。

　　土地开发权的另一个内容是如何开发土地，即土地使用性质和使用强度的限定，由用地规划决定。城市用地规划（详细规划，或区划）在确定将来的城市结构和土地关系方面起稳定性作用，降低或者内在化土地使用中的负面"外在性"，由此，城市用地规划在构造土地和房地产市场方面起决定性作用（Jud，

"土地开发权"与开发资金的合作案例　　　　　　　　表 2-8

案例	"土地开发权"方所贡献的土地（hm²）	开发后的建筑面积（m²）	"土地开发权"的回报
C25	2.38	81200	36540m²（总数的 45%）+500 万元人民币的动迁费用
G03	0.03	1638	655m²（总数的 40%）
H04	1.24	62434	18730m²（总数的 30%）
I03	0.23	18044	9022m²（总数的 50%）

资料来源：笔者调查。

1980）。1989 年的《城市规划法》明确规定，土地开发需要规划局的批准。按照详细规划，任何开发都需要经过"一书两证"（选址意见书、建设用地规划许可证、建设工程规划许可证）的开发控制过程，开发需要按照"一书两证"上指定的规划要点进行。调查发现，正式出让土地上的项目开发基本符合"一书两证"的规划要求。因为对当地建筑法规不熟悉，一个案例的建成面积超出规划所规定的容积率，开发商必须为多建的 307m² 支付罚款 135000 美元。但是，基于土地开发权的项目开发后的结果与开发前"一书两证"所指定的规划要点（土地使用性质、容积率、建筑密度、建筑高度）大相径庭，使得规划控制形同虚设。这揭示了后者的开发内容可以随市场的变化而灵活变动。

上海中心区历史上首次大规模的城市改造从 1990 年年初开始，旧的工业建筑被拆除，新的办公大楼取而代之，不少工厂和居民被迁到郊区。1993 ～ 1997 年期间，在一个位于中心城区的行政区内，工业建筑面积减少了 42%，而办公楼建筑面积增加了 273%（上海统计局，1994a，1998a）。市中心的土地投资密度高于边缘地区，土地投资曲线开始与城市土地租金曲线相吻合，市场需求推动的土地利用效率有了显著的提高。国际媒体开始报道 1990 年代的上海已经成为世界上最大的建筑工地（Straits Times，1998）。静安区在 1993 ～ 2000 年期间新建了 481 万 m² 建筑面积，拆除了 249 万 m² 的老建筑（上海统计局，1994a，2001a）。1990 年的楼房建筑面积总量是 908 万 m²（上海统计局，1991a）。依此推算，7 年间将近 25% 的总建筑面积被拆除，新增了 53% 的建筑面积。同一期间，整个上海新建了 1.3 亿 m² 建筑面积，拆除了 3050 万 m² 的老建筑（上海统计局，1994a，2001a），17.7% 的 1.7 亿 m² 总建筑面积在这期间被拆除。考虑到静安区基于土地开发权的房地产发展占总数的四分之三，土地开发权机制对上海的快速旧城改造贡献良多，有效地打破了旧的社会主义土地使用权对城市改造的制约。但是，因为它的非正式性和不确定性，土地开发权机制引发了匆忙而不谨慎的城市改造，为开发而开发。开发商通常等待最佳时机在公开市场上招标获得土地出让，而后开发。1990 年代后期的房地产过剩，使得 1997 年年底办公楼空置率达 40%（Jackson，1997）。短期过度开发与土地开发权机制有关，而且土地开发权项目的空置率（14.1%，根据 8 个样本）高过出让土地项目（7.1%，根据 19 个样本）。

对地方政府的政绩评价基本上是基于城市的经济和空间发展。城市地方政府的首要任务是改造破旧不堪、多年失修的住宅，提供市民体面的住房。地方政府没有充足的财政实现所定的宏伟目标，但是土地商品化提供政府一个机会利用市场机制推动城市改造（Wang，Hu，2001；Lin，2000）。城市改造也不可避免地被开发商和市场推动，而不是由政府的政策所引导。获得土地开发权的成本由补偿土地占用者搬迁的费用决定，城市土地的高密度利用导致土地改造的高成本，许多高密度旧居住区改造的市场条件因而不成熟。政府为推动改造，开发商与政府的协商经常导致土地规划要点的修改。灵活的规划控制制度成为地方发展政体为共同利益而与开发商协商的机制（Zhu，1999a，1999b）。案例调查发现三分之一的项目完成后的规划参数与选址意见书上所规定的不符，政府迎合开发商的要求提高开发密度（表 2-9）。

为提高容积率而讨价还价的案例 　　　　　　　表 2-9

案例		选址意见书	建设工程规划许可证	竣工后
B08	时间	1992 年 11 月	1996 年 6 月	无数据
	容积率	7.0	9.4	无数据
B25	时间	1992 年 5 月	1996 年 5 月	1998 年 3 月
	容积率	6.0	8.6	8.6
D18	时间	1993 年 7 月	1995 年 3 月	1998 年 10 月
	容积率	6.5	6.57	6.9
D31	时间	1994 年 6 月	1998 年 3 月	1999 年 12 月
	容积率	5.5	6.4	6.75
E11	时间	1994 年 2 月	1996 年 1 月	无数据
	容积率	1.0	2.3	无数据
H04	时间	1994 年 7 月	1997 年 7 月	1999 年 4 月
	容积率	6.0	6.0	6.2
H17	时间	1991 年 6 月	1995 年 8 月	1998 年 4 月
	容积率	3.5	3.7	4.2
H31	时间	1994 年 4 月	1996 年 8 月	无数据
	容积率	5.0	5.3	无数据

资料来源：笔者的调查。

　　开发项目的经济效益因此而得到提高，可是，多变不稳定的规划控制制度给土地市场带来了不确定性，可以讨价还价的开发控制也给土地市场增加了不确定性，对于市场经济至关重要的透明性因而被破坏。随意改变土地利用性质和增加土地利用密度创造了经济租金，也带来"外在性"。受益于增加的容积率而不承担所带来的社会成本就是"寻租"，社会成本是指因随意提高密度而导致拥挤和基础设施容量不足，社会承担后果。不断积累的"外在性"使土地市场失去控制，规划失去权威。高质量的城市环境需要按照一定秩序下集体性的创造和维持，如果基于用地规划的市场秩序缺失，市场个体就没有长远打算，每个人都选择急功近利，"城市建设百年大计"就落空。调查表明，土地开发权项目的开发商在与规划局提高容积率的协商上花费不少时间，甚至多过项目施工的时间（表2-9）。土地出让的开发项目的地块规划和单体设计完成平均花费12.5个月，但是土地开发权的开发项目的地块规划和单体设计完成平均需要花费29.3个月（表2-10）。因为开发融资的问题和节省成本的需要，比

规划申请过程所花费的时间　　　　　　　　　　　表2-10

案例	选址意见书发出（a）	建设用地规划许可证发出（b）	建设工程规划许可证发出（c）	（a）与（b）之间的时间差（月）	（b）与（c）之间的时间差（月）
土地出让开发项目					
A01	1993年6月	1994年2月	1995年7月	8	17
A11	1993年4月	1994年1月	1994年9月	9	8
平均				8.5	12.5
土地开发权开发项目					
B08	1992年9月	1993年3月	1996年6月	6	39
B25	1992年11月	1993年3月	1996年5月	4	38
C01	1993年8月	1993年12月	1996年7月	4	31
C25	1995年12月	1997年1月	1999年7月	13	30
D18	1993年7月	1994年5月	1995年5月	10	12
D31	1993年10月	1994年6月	1998年3月	8	45
D34	1994年9月	1996年3月	1998年7月	18	28
H01	1994年8月	1994年9月	1997年5月	1	32
H04	1994年7月	1994年11月	1997年7月	4	32
H17	1991年6月	1994年3月	1995年8月	33	17
H31	1994年4月	1994年12月	1996年8月	8	20
I03	1993年3月	1993年12月	1996年3月	8	28
平均				9.8	29.3

注释：14个案例是从1992～2000年期间的296个开发项目中抽选出的。

资料来源：笔者的调查。

较发现,土地出让开发项目的质量比土地开发权开发项目的质量高（表 2-11），前者的租金水平比后者平均高 30% ~ 40%。

办公楼开发的质量比较 表 2-11

	甲级楼盘所占的比例（％）	乙级楼盘所占的比例（％）	丙级楼盘所占的比例（％）
基于土地出让的开发项目	74	26	0
基于土地开发权的开发项目	23	62	15

注释：办公楼盘的分级由当地的地产咨询公司制定。该统计基于 36 个案例。
资料来源：笔者的调查。

2.5　城市化推动下的农村非农建设用地的"非法"市场

　　1953 年农村集体化运动废除了土地私有制，取而代之的是农村土地集体所有制。宪法明确规定城市土地属国家所有，农村土地属集体所有。根据 1996 年全国性土地资源调查，全国大约 53% 的国土属国家所有，46% 属集体所有，余下的 1% 未定（Ho, Lin, 2003）。土地国家所有制很明确，业主是国家，国家代表全民管理土地。土地集体所有制是个很特殊的产权制度。首先，土地集体所有制的业主是哪个集体？ 官方的定义是集体所有制"三级所有，队为基础"（康俊娟，2009）。[①] 1983 年家庭承包责任制实施以前的中国农村社会三级管理体制是公社、生产大队和生产小队，改革后的三级管理体制成为乡镇、行政村和自然村。集体土地属于乡镇、行政村和自然村的三个主体。随后的问题是集体土地每一级主体究竟各自拥有多少份额？ 1990 年代后期曾在全国范围内调查了 271 个村，调查结果表明对集体所有制的不同认识：45% 的受访者认为自然村应该是主要业主；40% 的受访者认为行政村应该是主要业主；15% 的受访者认为自然村和行政村都是主要业主（Cai, 2003）。所以，土地集体所有制是模糊的。

　　征地补偿费分配的实证案例，可揭示集体土地各业主事实上拥有土地产权的份额比例。根据温铁军和朱守银（1996 年）的调查，1992 年广东南海市国土局在该市平洲镇夏北管理区洲表村征地，征地补偿费平均每亩 28000 元。征地补偿费的分配比例如下：镇 10.7%；行政村（夏北管理区）17.9%；自然村

---

① "三级所有，队为基础"的说法在 1962 年首次提出，成为农村集体所有制土地的基本定义。1980 年代初的农村家庭承包制的土地承包就是按照"队为基础"分配的。

50.0%；直接受到影响的农民获得 21.4%。根据案例中各方所获得的征地补偿费，"队为基础"的含义是 71.4%（农民＋村）的土地拥有份额。但是分配比例按照情形和时空不同而不同，不存在统一的固定的征地补偿费分配模式。

农村的土地利用分为两类：农业用地和非农建设用地。非农建设用地用于公共设施、住宅、工业、商业等。"大跃进"的后果之一是农村工业得到发展，社队企业利用当地材料和劳力支持农业生产（Byrd，Lin，1990）。家庭承包责任制后的劳动生产率大大提高，突现了农村剩余劳动力的问题，吸收农业剩余劳动力使乡镇企业有了新的历史作用。1976 年，全国 110 万个社队企业雇用 1790 万名职工，年产值 270 亿元（Chang，Kwok，1990）。1993 年，全国 2450 万个社队企业雇用 12350 万名职工，年产值 31540 亿元。1993 年社队企业的工业产值占全国工业总产值的 40%，而在 1978 年只占 9%（Wong，Yang，1995；Chang，Wang，1994）。乡村工业成为改善农民生活和建设农村社会服务设施的关键所在。

1982 年前，非农建设用地的决定权在公社或乡镇（Ho，Lin，2003），追求高收入的经济活动符合农民的利益，农村工业化因而刺激了非农建设用地的增长。同时，城市的快速扩张征用了大量的农田，"在 1978 年与 1996 年期间，国家总耕地从 9939 万 hm^2 下降至 9497 万 hm^2，净失 442 万 hm^2"（Lin，Ho，2005：411）。考虑到中国是地球上人口最多的国家，人均土地严重不足，大面积农耕地的流失将会影响到国家的粮食供应和安全。国务院于是开始严格控制征用农田用作建设用地，申请建设用地需要县或县以上政府的批准。所申请建设用地的量越大，所需寻求批准的政府级别越高（表 2-12）。为控制建设用地申请总量，中央政府设定了年度指标。"农转非"年度指标从省到县层层向下落实，使土地非农使用的控制落实到每一级政府。

没有县或县以上城市政府的批准，农民没有将农地开发成非农建设用地的权利。经过城市政府的批准，少量的农地可用作社队自办企业的工业用地。农

<table>
<tr><td colspan="3" style="text-align:center">农田转为建设用地的审批机构</td><td style="text-align:right">表 2-12</td></tr>
</table>

农田转为建设用地的数量		审批单位
耕地	非耕地	
$Q \leqslant 3$ 亩	$Q \leqslant 10$ 亩	县政府
3 亩 $< Q \leqslant 10$ 亩	10 亩 $< Q \leqslant 20$ 亩	地区政府
10 亩 $< Q \leqslant 1000$ 亩	20 亩 $< Q \leqslant 2000$ 亩	省政府
$Q \geqslant 1000$ 亩	$Q \geqslant 2000$ 亩	国务院

注：Q 指数量。

民只拥有土地使用权，没有将土地出租的权利。如果是因为城市化需要，集体土地只能转让给城市政府，转为国有土地后成为城市用地。城市政府为此必须按照国家规定向农民集体支付农地征用的赔偿。工业区、城市新区、商品房楼盘等城市开发项目需要向农村征地，而征地价与出让价的巨大差异构成所谓城市政府的"土地财政"。在这两重激励机制下，大量的村庄农地被转变为城市用地。

城市化对农村经济和生活有利，但是大量的失地对农村并不利。与其让城市获得征地价与出让价之间的差价，还不如农村积极主动地参与城市化。某些靠近城市的村庄利用集体土地产权的模糊性，以村里的土地与外来资金结合从事工业投资，获取土地租金。有的甚至非法利用村用地开发住房出售，称为"小产权"房，直接出售农村土地。合法或是非法，农村集体意图从土地城市化过程中获得土地利益，以此发展村级经济；取决于双方的"实力"和"势力"，城市与乡村对土地的争夺造就了不同的城乡结合部形态。不少城乡结合部呈现出城乡用地高度混合、"城不城，乡不乡"、"城中村"、"村村冒火，家家冒烟"等特殊的城市化空间状态。

2.6 城市建设市场化的程度

2.6.1 商品房完全替代公共住房

需要强调的是，在经济转型过程中，国内市场经济机制相当不完善，但是"市场化"程度之高却是出乎意料，某些方面甚至高于许多发达国家。这固然说明了改革开放在城市化进程中取得的成就，也揭示了在市场因素日益广泛和深化的进程中所产生的问题。首先是城市住房商品化的彻底程度。根据 1982 ～ 2000 年上海市区住房建设每年增量的统计（表 2-13），1982 ～ 1983 年间市场上还没有商品住房，到 2000 年，商品住房供应竟然占当年住房新增总量的 95.2%，公共住房供应只占总量的 4.8%，20 年间城市住房供应结构变化巨大。住房商品化极大地改善了城市居民的平均居住水平，有目共睹。住房商品化也造成了极大的住房贫富不均。官方定义的中国社会制度是"有中国特色的社会主义制度"，反观西方资本主义世界，英国的资本主义制度似乎更有社会主义的色彩。英格兰和威尔士 2001 年人口普查统计显示，公共和社会租赁住房在这两个地区占住房总数的 19.2%；在工业城市莱斯特占 28.0%；这个数据在 2004 年的苏格兰是 26.3%，而在 1993 年则高达 37.5%。

1982～2000年上海市区住房供应年度增量统计　　　表2-13

年度	住房供应年度增量（1000m²）				
	总量	其中：公共住房	占总量的百分比（%）	其中：商品住房	占总量的百分比（%）
1982～1983年	7456.1	7456.1	100.0	0.0	0.0
1984～1987年	17750.5	17361.4	97.8	389.1	2.2
1988～1991年	16755.1	14065.3	83.9	2689.8	16.1
1992～1995年	32050.2	21059.2	65.7	10991.0	34.3
1996～1999年	62294.2	15897.5	25.5	46396.7	74.5
2000年	14573.5	693.3	4.8	13880.1	95.2

资料来源：上海市统计局，1990a~2001a；上海市统计局，1989b~2001b.

2.6.2　市场推动城市改造

市场化和土地开发决策权下放甚至让市场在推动城市结构重新布局中起主导作用。上海从1980年代初以制造业为主的城市经济结构被提升为以服务业为主的经济，改革和开放推动城市经济结构的改造。城市需要大量的商业办公空间，而上海直到1983年才有第一个办公楼——锦江俱乐部——用于市场商业用户租赁。1988年，上海仍只有四座商业性办公大楼——锦江俱乐部、联谊大厦、瑞金大厦、高阳大楼—总面积仅58500m²（上海市统计局，1989b），散布各处，没有集聚效应。自1981年起，市政府开始寻找建造对外开放的商业办公中心地点。1984年上海成为开放城市之后，虹桥地区很快被规划为"虹桥经济技术开发区"，占地65hm²，这是上海第一个基于市场需求而规划的商业办公中心。施工建设从1985年开始，1988年大约有50万m²建筑面积正在建设中，吸引了不少国内外房地产投资（图2-2）。良好的区位（靠近当时的虹桥国际机场）和基础设施成为吸引国际商业办公的主要因素（Rose，1999），国际水平办公楼的集聚效应使虹桥开发区成为上海当时的准中心商务区。

从1990年代初起，改革进程加快，上海被定为长江流域的龙头城市，350km²的浦东被确定为上海未来发展的重点。上海的中央商务区正式确定在浦东的陆家嘴。1980年代末的上海城市战略规划基本设定以陆家嘴金融中心、虹桥开发区中心、南京西路会展中心、人民广场政务中心等为主的城市结构（图2-3）。10年后的21世纪初，四个主要办公中心奠定了上海商业性办公的布局（图2-4），其中陆家嘴金融中心和虹桥办公中心的区位是事先经过城市战略规划考虑的，但是没有资料显示南京西路和淮海中路办公中心也是事先经过

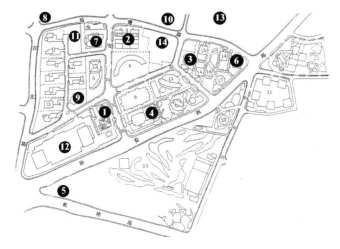

图2-2 虹桥经济技术开发区

1—新虹桥大厦；2—太阳广场（此项目是上海1949年以来的首次土地批租，

50年期土地使用权于1988年7月8日以2800万美元的价格出让给一个日籍华人开发商）；

3—协泰中心；4—国际贸易中心；5—万科商务中心；6—仲盛大厦；7—东方国际大厦；8—鑫达大厦；

9—新虹桥中心；10—安泰大厦；11—远东国际广场；12—上海世贸商城；13—上海城；14—万都中心

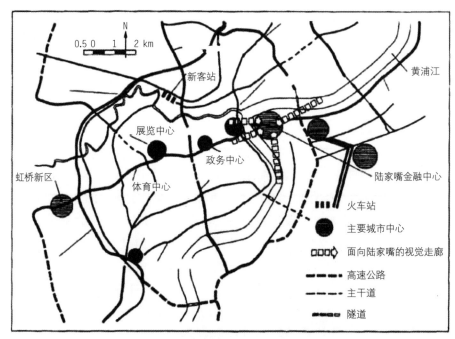

图2-3 1980年代的上海城市发展战略规划

（资料来源：Huang，1991：92）

市域范围城市结构的战略规划考虑。至 2003 年年底，陆家嘴商务区已有大约 184 万 m² 的办公面积（图 2-5），南京西路办公中心具备 84 万 m² 的办公面积（图 2-6），淮海中路办公中心具备 91 万 m² 的办公面积（图 2-7）。

尽管笔者没有足够的资料显示南京西路和淮海中路办公中心是究竟如何发起和建成的，但是有足够的理由合理地推断，这两个城市级办公中心是 1992 年上海城市改造决策权下放至区一级政府后，各自区政府试图建立区中心，因而积极推动地区改造、办

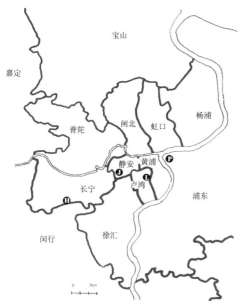

图2-4　上海商业性办公中心布局

P—陆家嘴；H—虹桥；J—南京西路；I—淮海中路

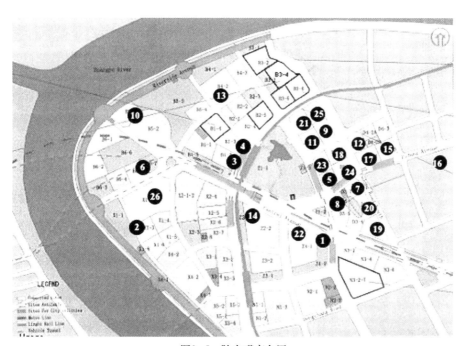

图2-5　陆家嘴商务区

注：数字所代表的项目请参考表 2-14。

陆家嘴地区的办公楼　　　　　　表 2-14

序号	办公楼名称	面积（m²）	开发商所属地
1	21 世纪大厦	80000	中国大陆
2	震旦大厦	101000	中国台湾
3	中银大厦	100000	中国大陆
4	交银金融大厦	100000	中国大陆
5	招商局大厦	71000	中国大陆
6	海关大厦	30000	中国大陆
7	建设大厦	56000	中国大陆
8	中保大厦	64000	中国大陆
9	京银大厦	70900	中国大陆
10	港务大厦	30000	中国大陆
11	华能联合大厦	55800	中国大陆
12	金穗大厦	40000	中国大陆
13	金马国际联合大厦	未知	未知
14	金茂大厦	225000	中国大陆
15	世纪金融大厦	51400	中国大陆
16	永华大厦	38000	中国台湾
17	船舶大厦	68000	中国大陆
18	新上海国际大厦	76800	中国大陆
19	浦发大厦	51000	中国大陆
20	证券大厦	91500	中国大陆
21	森茂大厦	88600	日本
22	上海环球金融中心	240000	日本
23	世界金融大厦	66000	中国大陆
24	银都大厦	31800	中国大陆
25	中商大厦	53800	中国大陆
26	正大总部	24000	泰国

注：数字所代表项目请参考图 2-5。

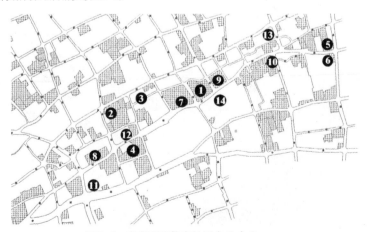

图2-6　南京西路静安地区办公中心

注：数字所代表的项目请参考本书表 2-15。

南京西路静安地区的部分办公楼　　　　　　表 2-15

	办公楼名称	面积（m²）	开发商所属地
1	中信泰富广场	102000	中国香港
2	东海广场	40000	中国大陆
3	九安广场	18600	中国台湾
4	嘉里中心	59000	中国香港
5	南证大厦	87000	中国香港
6	555 大厦	15500	中国香港
7	恒隆广场	211000	中国香港
8	轻工机械大厦	13000	中国大陆
9	梅龙镇广场	97600	中国大陆
10	中创静安商厦	28000	中国大陆
11	阿波罗大厦	6300	中国大陆
12	四季商厦	74000	中国香港
13	恒成广场	71800	中国香港
14	新时代广场	12000	中国大陆

注：数字所代表项目请参考图 2-6。

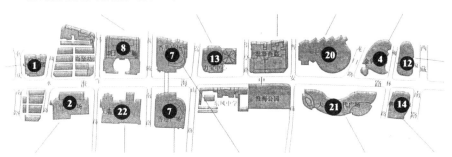

图2-7　淮海中路办公中心

注：数字所代表的项目请参考表 2-16。

公楼开发市场积极相呼应的结果。没有经过市域范围内规划、规模如此之大的办公中心自下而上地形成说明了刚刚兴起的市场力在推动中国城市建设中起的强势作用。淮海中路办公中心的规模相等于发达国家中等城市办公中心的规模（图 2-7、图 2-8、表 2-16），一个区政府能够吸引到如此之多的房地产投资，并且在如此之短的时间内协调建成，令人感叹。

计划经济时期强调工业化的政策使得大量的工业厂房分布在城市中心区，改革开放后的市场经济推动了由市场需求导向的第三产业，大量的商业办公楼应运而生。办公用地替代了工业用地，城市用地安排开始体现市场供需的关系（表 2-17）。值得注意的是，上海 1990 年代的商业办公用地开发市场也不是一个完全的、由办公空间市场供需关系决定的市场。商业办公楼供应的空间分布

淮海中路地区的办公楼 表 2-16

	办公楼名称	面积（m²）	开发商	开发商所属地
1	中海大厦	30300	中国海外发展	中国内地，中国香港注册和上市
2	中环广场	54600	新鸿基地产	中国香港
4	金钟广场	90000	上海实业	中国内地，中国香港注册和上市
7	香港广场	147000	上海丽兴	合资，中国香港与上海
8	新世界广场	133000	新世界	中国香港
12	兰生大厦	59000	兰生	合资，上海与中国香港
13	力宝中心	65000	力宝复兴	合资，印尼（中国香港注册）与上海
14	柳林大厦	41000	卢湾区工商行政管理局	上海
20	上海广场	87000	上海永菱	合资，中国香港与上海
21	大上海时代广场	130800	九龙仓	中国香港
22	瑞安大厦	77000	瑞安集团	中国香港

注：数字所代表项目请参考图 2-7。

图2-8 淮海中路办公中心

办公面积（万 m²）在各区的分布及分别在 1985～1991 年间和
1993～2002 年间的增长（%） 表 2-17

区	1985 年	1991 年	1985～1991 年	1993 年	2002 年	1993～2002 年
黄浦	143	162	13.3	137	452	229.9
卢湾	20	32	60.0	42	191	354.8
徐汇	70	106	51.4	100	262	162.0
长宁	39	50	28.2	60	241	301.7
静安	28	50	78.6	53	215	305.7
普陀	30	66	120.0	67	137	104.5
闸北	11	36	227.3	35	128	265.7
虹口	21	67	219.0	68	115	69.1
杨浦	25	33	32.0	31	78	151.6
浦东	—	—	—	55	557	912.7
中心城	408	636	55.9	648	2376	266.7

资料来源：上海市统计局，1986a，1992a。

明显地感受到各区政府推动本区第三产业发展的强力干预。结果是办公楼在城市空间上的中心集聚效应不如传统市场经济城市的中心集聚效应明显，城市地价决定办公空间密度分布。上海的城市土地市场似乎被各个区政府分割而成为各自的子市场，位于中心的黄浦区的办公楼面积在全市的比例逐年相对下降，其他不位于中心位置的区的办公楼面积比例逐年相对上升，显示了转型期城市开发市场的特征（表2-18）。

办公面积在各区的分布（%）　　　　　　　　　　表2-18

区	1985 年	1991 年	1993 年	2002 年
黄浦	35.0	25.5	21.1	19.0
卢湾	4.9	5.0	6.5	8.0
徐汇	17.2	16.7	15.4	11.0
长宁	9.6	7.9	9.3	10.1
静安	6.9	7.9	8.2	9.0
普陀	7.4	10.4	10.3	5.8
闸北	2.7	5.7	5.4	5.4
虹口	5.1	10.5	10.5	4.8
杨浦	6.1	5.2	4.8	3.3
浦东	—	—	8.5	23.4
中心城	100.0	100.0	100.0	100.0

资料来源：上海市统计局，1986a，1992a.

2.6.3　市场提供经济适用房

房地产开发市场的能力不仅仅体现在高收益的商业性办公楼开发，南方某沿海城市的低收益安居房开发也显示了市场提供的能力。该安居工程基本上由开发商建设，政府只是提供开发商按照安居工程定价的低地价土地，并规定了安居房的出售价格。开发商接受了这个合同，完成了这个委托(图2-9、图2-10)。这个案例一方面说明政府可能没有足够的财政能力开发安居工程，而安居工程恰恰是政府应该承担的义务；另一方面也说明在特定条件下，开发商可以承担具有社会效益的开发工程。该开发商是本地的民营企业，几年以来的成功经营和积累使它有实力承担利润较低的社会工程。安居工程的广告效应也鼓励在本地有长远利益的开发商从事有利于低收入居民的项目，最后，开发商还额外为居民提供了一个游泳池（图2-11）。这个案例揭示了好

图2-9　某市安居工程平面图　　　　图2-10　某市安居工程区内空间

图2-11　某市安居工程内的游泳池

的市场机制条件下的市场化可以产生具有社会效益的开发项目，而不仅仅只产生经济效益最大化的开发项目。刚刚兴起的房地产开发市场展示了经济效益极大化的能力，也展示了满足社会效益的一定能力。

2.6.4 巨大的房地产泡沫？

房地产开发市场的兴起使许多城市有机会对过去计划经济时期被政策人为压抑的城市建设开发（所谓"历史欠账"）进行补偿，经济改革开放的成功加速了城市经济的发展。这两个因素的结合造就了许多城市自 1990 年代开始的补偿性超常规城市发展的现象，表现在住宅建设、建成区扩展、房地产开发量和基础设施方面的快速发展。表 2-19～表 2-21 展示了上海典型的补偿性超常规快速发展。1990～1997 年期间，上海完成了 890 万 m^2 的办公楼楼面面积。全市总施工建筑面积占总存量建筑面积的比例从 1994 年的 14.7% 上升到 1996 年的 27.3%，整个城市犹如一个巨大的施工工地。香港在 1976～1996 年 20 年期间的经济起飞时期，只完成了 580 万 m^2 的办公楼楼面面积，香港 1997 年的办公楼的总存量建筑面积为 790 万 m^2，只是同期上海的 53%。这个简单

上海城市建设（1953～1980 年）　　　　　　　表 2-19

年代	与房地产有关的产业对 GDP 的贡献（%）	固定资产投资占 GDP 的比例（%）	住宅投资占 GDP 的比例（%）	住宅建设（百万 m^2）
1953～1957 年	2.3	6.6	0.6	2.94
1958～1962 年	1.3	9.8	0.3	3.75
1963～1965 年	1.1	6.7	0.3	1.37
1966～1970 年	0.6	5.3	0.1	2.07
1971～1975 年	0.9	10.4	0.3	3.46
1976～1980 年	1.4	11.6	0.9	9.18
1953～1978 年	1.1	8.6	0.4	17.56

资料来源：上海市统计局，1996a.

上海城市建设（1981～1995 年）　　　　　　　表 2-20

年代	与房地产有关的产业对 GDP 的贡献（%）	固定资产投资占 GDP 的比例（%）	住宅投资占 GDP 的比例（%）	住宅建设（百万 m^2）
1981～1985 年	2.9	22.1	2.1	20.25
1986～1990 年	5.3	32.5	3.6	24.48
1991～1995 年	6.4	50.2	10.6	37.80
1979～1995 年	5.4	40.6	7.4	85.88

资料来源：上海市统计局，1996a.

1949 ～ 1980 年期间上海的房屋建设（百万 m²）　　　表 2–21

	工业厂房	办公楼	商业店铺	旅馆
1949 年存量	10.30	2.30	3.25	0.23
1980 年存量	26.46	3.37	2.43	0.54
1990 年存量	48.22	5.99	4.03	2.37
1997 年存量	55.66	14.91	7.55	2.96
平均每年增长率（%）（1949 ～ 1980 年）	3.09	1.24	−0.93	2.79
平均每年增长率（%）（1980 ～ 1990 年）	6.19	5.92	5.19	15.98
平均每年增长率（%）（1990 ～ 1997 年）	2.07	13.91	9.38	3.23

资料来源：上海市统计局，1998a.

比较说明了 1980 年代，特别是 90 年代，上海经历了规模前所未有的旧城改造和新城建设，一个新上海从旧上海的躯体中脱胎而出。

伴随着不期而遇的亚洲金融危机，大规模高速度的补偿性超常规城市发展在 1990 年代后期遭遇到第一次挫折。上海的房地产空置率居高不下，商业办公面积的空置率在最高时估计达 40% ～ 50% 左右。面对前所未有的超常规城市快速发展和如此之高的房地产空置率，海外甚至有评论将此时的上海与 1929 年大萧条前夕的美国相提并论，认为上海正面临历史上最大的房地产泡沫。美国布鲁金斯研究所的中国专家 Nicholas Lardy 对福布斯杂志声称：上海的房地产泡沫是世界上最大的。Morgan Stanley 亚洲总部的研究人员也持有相同看法，"从来没有见过规模如此之大的供大于求现象……令人惊恐"。为了避免更大的商业损失，新加坡房地产开发公司 DBS Land 暂停了它在上海人民广场边上 3 亿美元预算的莱佛士广场项目（Business Times，1998）（图 2–12）。新加坡的一个资深开发商甚至说，上海空置的房地产需要 20 年时间才能消化，下一个开发高潮将是下一代人的生意，他本人这一生已经无缘上海的房地产开发。学术界也有同样的看法，International Journal of Urban and Regional Research 在 1999 年发表了一篇短文，标题为 "Why is Shanghai Building a Giant Speculative Property Bubble？"（为什么上海正在酝酿一个巨大的投机性房地产泡沫？）结论已经作出，现在只是要找出原因。

然而，事实证明，上海 1990 年代大规模的房地产发展并不是泡沫。以后几年的强劲经济发展很快吸收了大部分房产，经济发展—房地产开发—城市发展的良性循环正在形成。那些言论并不是不负责任、耸人听闻的评论和判断，只不过是西方人，包括我们自己，试图用常规的分析方法和常规的经验来判断

图2-12　上海莱佛士广场

一个并非常规的城市发展现象。中国沿海城市 1990 年代的高速发展是特定情况条件下、市场推动的超常规现象，可能是人类城市建设史上前所未有的现象。因为中国的特殊历史原因，我们可能会在 21 世纪目睹更多的、前所未有的超常规城市发展现象，这将是中国城市规划师面临的巨大挑战。

市场经济下的中国城市规划：发展规划的范式

CHAPTER 3

第三章 挑战之一：
缺乏有效开发控制的城市规划

计划经济向市场经济的渐进转型事实上是一个意义极其深远的变革，这不仅仅是经济制度的变革，也是社会制度和文化思想的革命。向市场经济的转型看来是不可逆转的进程。新古典经济学派认为市场经济应该让价格，而且只有让价格决定供需关系。市场经济意味着权力的下放、个人选择的自由、减少计划经济时期政府无所不在的干预。然而，许多实施市场经济制度的发展中国家的城市建设混乱不堪，表面上似乎是市场经济导致城市素质低下，事实上是城市开发缺少有效的开发控制所致。缺少控制而导致的"市场失效"造成城市发展混乱的困境，直接造成城市经济效率的低下。市场经济中的政府应该起什么作用？城市规划作为对土地开发市场的干预应该起什么作用？城市的多元丰富与杂乱无章之间的差别是一个艺术领域内的判断，城市建设的开发控制在掌握这个分寸上起着关键的作用。丰富多彩是有序的，杂乱无章是无序的。开发控制直接关系到城市公众利益与市场个体权利之间的冲突和调解，缺乏有效的开发控制往往是城市建设恶质的直接导因。市场经济制度下，城市规划通过开发控制提供城市建设的"章法"，"章法"是区分优美城市和丑陋城市的关键。

3.1 多元丰富与杂乱无章

3.1.1 规划失控

国内目前的经济蓬勃发展，城市建设如火如荼，人民的生活水平在短期内获得前所未有的提高，增长的速度令人吃惊。据英国著名杂志《经济学人》报道：中国在 2006 年下半年超过美国成为世界上最大的商品出口国；中国 2006 年生产的小汽车数量超出美国的生产量；Goldman Sachs 预计中国的 GDP 绝对值在 2027 年超越美国；但按购买力计算的 GDP 可在四年内赶上美国（The Economist，2007b）。没有任何人会否认中国在赶上，而且是快速赶上。可以认为，我们的国家处于自 19 世纪鸦片战争以来最好的年代，经济快速发展带动民族复兴，城市生活质量日新月异。

经济改革当然也存在许多问题和挑战。在快速城市化过程中，贫富差距扩大、环境质量恶化、粗放式资源利用、就业岗位不足等宏观社会经济问题对城市规划造成了巨大的、史无前例的挑战。新城区如雨后春笋，小区环境优美，新建的商品住宅将有购买能力居民的居住水平短期内提高了几个层次。旧城改造也在紧锣密鼓地同时进行，破旧不堪的街区被毫不犹豫地拆除，狭窄的道路被迅速地拓宽，城市的功能水平显著提升。不少市场经济能力强盛的城市（如上海、北京和广州）的旧城改造更是大面积展开。在高潮时期，"城市面貌日新月异"是个毫不夸张的形容，这些城市巨变却是大都在没有城市总体规划控制的情形下展开的。积极正面的改善不可否认，消极负面的问题还是不少。老城区里的新建筑多了许多，整体建筑环境却是没有显著的改善。原来是低层高密度，现在是高层高密度，经过悠久历史而成长的成熟街区失去了其优良的品质，具有历史肌理的社区素质沦落。

胡俊和张广昍（2000 年）分析了上海静安区 1990 年代的大规模改造后发现：静安区面积 7.62km^2，1992 年年末建筑总量为 944 万 m^2，1993 ~ 1998 年开发建设量达 620 万 m^2，建设了 200 余幢高层建筑，另有拆平待建量近 200 万 m^2。按 1993 ~ 1998 年期间所有 363 个建设项目统计，平均容积率为 4.39，其中商办、办公楼平均容积率最高，均为 6.9，商业含宾馆建筑容积率为 6.2，住宅建筑的平均容积率为 3.5，商办住、商住建筑平均容积率分别为 5.7 和 5.3。静安区的建筑高密度可见一斑。这里有两个值得规划深思的问题。第一，旧城改造规划目标是技术性的，还是政治性的？经过改造，城市提供了更多、更好的居住、办公和商业空间，显然是有利于城市经济的成长；但是上海特有的历史性街区空间的消失令人惋惜。政府、开发商、某些市民、到上海来工作的外来移民可能会赞同前者；规划师、建筑师、另外一些喜欢历史和文化的市民会赞同后者。若能两全其美，就是皆大欢喜；做不到两全其美，却也是有得有失。第二，但是这个旧城改造的结果是不是经过事先的规划和明确的目标选择？恐怕事先的规划目标并没有明确地追求现在我们所看到的状况，今天的改造状况基本是规划失控的结果。

城市发展的规划失控问题由来已久，计划经济时期已经是如此。孙施文和邓永成（1997年）在1990年代做过一个调查，发现上海在1980年代期间的城市建设开发与用地规划在用地性质上不符合的案例达47%。笔者从上海某区1992～1998年城市大规模改造期间260个案例中抽取23个样本，发现经过规划"一书两证"的开发控制过程，样本的四个主要规划指标在控制性详细规划与最后开发结果之间存在很大程度的不符。控制性详细规划与"规划意见书"之间的不符程度分别达35%（土地使用性质）、61%（容积率）、61%（建筑密度）、57%（建筑高度）；"规划意见书"与最后开发结果之间的不符程度分别达9%（土地使用性质）、52%（容积率）、9%（建筑密度）、30%（建筑高度）（Zhu，2004a）。在体制上，计划经济年代时的规划控制城市土地使用的能力应该相当有效，因为"开发商"和规划师是一家，都是政府。事实上，那时的规划控制能力也相当有限。在改革开放所带来的城市建设市场化的挑战下，规划对土地开发的控制就越发不易了，因为大多数开发商只对短期的开发利润感兴趣，不关心城市的总体利益。1990年代的规划控制比以前更混乱，甚至因为巨大的土地利益而使规划腐败。1980年代不符合规划要求的开发项目大部分在城郊结合部，而1990年代的开发项目大部分是在密度较高的市中心区，混乱和杂乱无章从城郊结合部进入市中心区。表面的因果关系显示，无序的土地开发市场导致无序的城市物质形态。深层的认识显示，规划控制是管理有序土地开发市场的重要机制之一。

3.1.2 杂乱无章：开发的无序

杂乱无章是发展中国家城市的通病。各自建造的房屋缺乏相互之间在形式和色彩方面的协调（图3-1）；一个业主为自己的利益独自进行旧房改造，原有的协和被打破，整体环境遭到破坏（图3-2）。在越南河内，违章建筑居然搭建到如此靠近铁路轨道的沿线（图3-3）。窄轨铁路看似无足轻重、像是废弃的支线，实际上这条铁路是越南国家南北铁路从河内站出发的唯一主干线。

图3-1　个体建筑与整体环境的关联，越南河内

图3-2　个体建筑与整体环境的协调，越南河内

图3-3　违章建筑泛滥失控，越南河内

图3-4　河内至胡志明市的火车正通过河内市区

因为干扰，每次火车都必须以极慢的速度通过（图3-4）。杂乱无章不仅使城市显得丑陋，更损害了城市的功能和运行。

改革开放赋予上海前所未有的发展活力，城市正处于1930年代历史上第一个黄金年代以后的第二个更辉煌的黄金年代。上海的经济发展和城市开发引起全世界的瞩目，城市有望成为亚洲的金融中心。然而环境优美新上海出现的同时，老上海（中心城区）的城市环境却在恶化，高楼密布，空间拥挤，当年良好的区位正在失去它的价值（图3-5）。发生在上海老城区的现象并不孤立，这个普遍现象也发生在全国各地许多城市（图3-6、图3-7）。

图3-5 2000年代的上海中心城区

图3-6 2000年代的广州中心城区

图3-7 广州中心城区——高架路从高楼群中穿过

3.1.3 多元丰富：规划的秩序

　　大英帝国的鼎盛时期早就过去了，英国主要工业城市自第二次世界大战以来就处于不可逆转的衰退之中，许多城市的中心城区多年来没什么变化。但是首都伦敦作为全球性城市（global city）却是蒸蒸日上，已经成为名副其实的全球金融中心，城市人口日益国际化，伦敦号称是个具有几百种语言的城市，伦敦在不断发展和更新。新伦敦在出现，然而老伦敦街区的魅力却仍然不减当年，使得城市的历史层次愈加丰富。城市每天吸引成千上万的游客，他们对伦敦的兴趣大多倾注在历史建筑和城市街区。

　　笔者2006年重访英国城市格拉斯哥（Glasgow）时，偶尔在一家百年老照相馆看到数张由该照相馆业主的祖先拍摄留下的格拉斯哥街景的历史照片，觉得分外眼熟，有些街景今天还能在城市里找到。这里是两个景点：市中心火车站地区和大西路。图3-8的市中心火车站地区摄于1914年，图3-9的同一地点摄于2006年；图3-10的大西路摄于1904年，图3-11的同一地点摄于

市场经济下的中国城市规划：发展规划的范式

图3-8　英国格拉斯哥市中心火车站前，
1914年

图3-9　英国格拉斯哥市中心火车站前，
2006年

图3-10　英国格拉斯哥大西路，1904年

图3-11　英国格拉斯哥大西路，2006年

2006年。时间相差一个世纪左右，令人惊叹的是原有优美的城市建筑面貌几乎得到完整的维护，一百年前良好的环境保持至今，没有任何毁坏。如果在中国，一百年前城市与当代城市的差别肯定是天翻地覆，这当然说明中国的社会经济在这一百年间经历了巨大的变化和快速的城市化。但是，我们不能说英国的社会经济在这一百年间没有变化，这只是显示出英国社会对城市历史建筑和街区的尊重和保护。并不是我们从来不强调城市历史建筑和街区的保护，也没有任何人声称历史城市保护不重要，然而历史城市保护的状况令人沮丧。我们历来强调所保护的城市历史物质环境本身，但是我们对保护城市历史环境的机制缺乏深入的认识，结果是新城市建设的同时老城市被拆毁。

一个不可忽视的事实是，大多数欧洲的历史老城和国内的历史文化名城不是规划的结果，历史早期建设的城市没有总体规划指导。对规划师很不利、也很有讽刺意义的现象是：英国第二次世界大战以后完全按照总体规划建设的新城远不如它的历史老城有魅力和吸引力。历史老城充分表现了城市空间的自发

图3-12　法国斯特拉斯堡（Strasbourg）
的广场

图3-13　英国剑桥（Cambridge）的
街景

图3-14　西班牙古城
特雷都（Toledo）

图3-15　意大利
罗马街头

图3-16　法国尼
斯小巷

图3-17　西班
牙古城撒拉蒙加
（Salamanca）

性和多样性（图 3-12 ～图 3-17）。自发的多样性赋予城市魅力，规划的新城
没有吸引力的重要原因是缺乏自发的多样性。然而，当初推动规划新城运动的
社会共识是：没有规划的城市杂乱无章。杂乱无章是许多发展中国家城市居民
的日常生活方式，我们并不陌生。

3.1.4　城市章法：开发的原则

　　丰富多彩与杂乱无章之间的差别在于章法。什么是城市的章法？如果是有
总体规划的城市，章法是规划师和政府的理念，或是城市空间组织的哲学。明
清北京的城市空间结构完整地体现了封建王权绝对中心、等级制度、专制封闭
的政治结构（图 3-18），美国华盛顿的城市空间结构体现了美国三权鼎立、民
主开放的政治结构（图 3-19）。如果是市场经济的城市，章法表现在管制城市
开发的手段和规定，城市开发建设的"游戏规则"。简而言之，"游戏规则"就
是城市规划的开发控制。德国吕京斯堡（Regensburg）古城的红瓦坡屋顶和

山墙沿街，可能是规划当局所坚持的原则，这些原则使得吕京斯堡丰富而有序（图3-20、图3-21）。原则性的开发控制，而不是具体性的规划设计也给予建筑师发挥创造的空间（图3-22）。新加坡城市密度高，为避免混乱和杂乱无章，规划控制偏严，城市景观似乎是秩序有余，多样性不足（图3-23）。广州同样城市密度高，缺乏严格的规划控制，城市景观似乎是多样性有余而显得混乱，秩序不足（图3-24）。

　　完整规划的新城表明了规划实践的巨大进步，但是规划新城出现的种种问题也说明了规划理论还需要自省和发展，主要问题是新城缺乏丰富多彩的多样性和城市应有的活力。市场经济制度下，城市规划的强势主要体现在对土地开

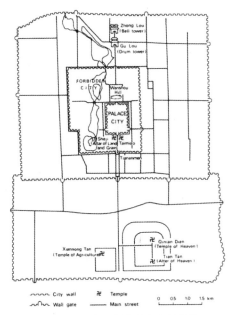

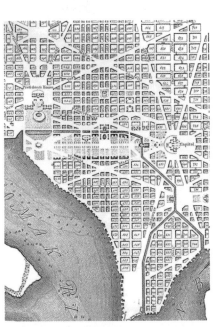

图3-18　明清北京的城市空间结构　　　　图3-19　美国华盛顿的城市空间结构

图3-20　德国吕京斯堡鸟瞰　　　　　　　图3-21　德国吕京斯堡街景

发的引导和控制。城市规划有两大功能：维持城市环境和创造城市环境。由于历史的原因，我们只强调后者，缺乏对前者的充分认识，而前者在发达市场经济国家有悠久的传统。改革开放和土地管理制度更新之后，我们创造城市环境的机制和能力大大增强，然而在城市空间环境的管理机制和制度上却是没有根本性的改善。事实上，市场经济制度很难保证城市建设完全按照总体规划进行，发达市场经济国家的城市大都是规划开发控制的结果。即使没有总体规划，有效的开发控制也能够促成城市的良好运行。城市有总体规划，但是没有好的开发控制，结果往往

图3-22 西班牙巴塞罗那高迪的建筑

图3-23 新加坡"牛车水"街景之一

图3-24 广州北京路地区街景之一

是"规划规划，墙上挂挂"。发展中国家城市发展的通病都是如此，规划的意图和目标得不到实施，城市建设如同没有规划一般。区划之所以必须具备法定性，旨在达到维持城市环境的目的，重点不在创造和更新城市环境。

3.2 城市整体利益与市场个体权利

3.2.1 公共利益是个体利益的总和

市场经济尊重社会个体的选择和需求，现代城市文明尊重市民所选择的生活方式。大城市的优越性在于它的多样性，多样性的生活方式也是促进城市经济发展的重要因素之一。市场经济建立在强调社会个体的自主权，和由此而来的首创性的基础之上。因为城市生活高密度而引起生活空间的局促决定了社会个体相互之间尊重的义务，社区的存在表明了个人选择生活方式的权利与尊重他人生活方式的义务的共存。自古代巴比伦起，法制一直是西方城市生活的关键要素，因为城市是商业中心，贸易需要规章制度。又因为城市居民组成的多样性，共同生活在一个空间里需要共同的行为准则。中国是个有五千年文明历史的古国，可是这个文明史基本上是个农业文明史，那些文明行为准则大都体现在小范围熟识的群体中。在城市这个互不相识的大群体中，随着市场经济所带来的激烈竞争，特别是在资源极度短缺的情况下，温馨的农业文明行为准则可以达到荡然无存的地步。如果没有工业文明行为准则，城市就可能毫不夸张地变成一个没有文明行为准则的地方。城市需要与城市化相关的工业文明行为准则，这个文明行为准则是建立在明确的权利与义务基础之上的。传统道德风尚固然高尚，令人感动，但取决于人们的自觉发扬。道德只能要求自己，法制可以制约他人。我们无法把现代城市生活依赖于没有约束力的道德风尚发扬之上。社会主义全民所有制的计划经济制度下的"人民是主人"是自上而下的意识形态，并不是制度，所以很少有真正的"主人翁"行为。多种形式所有制的社会主义市场经济需要的不是意识形态，而是自下而上产生的"市民社会"制度。"市民社会"是基于市场个人选择（individual choice）之上的集体行为（collective action）。

商品房门禁小区出现之前，公共住房小区的居民可以把各自的住宅单元整理得干干净净，但是公共走廊、楼梯间、小区的环境卫生条件却远不尽人意。这是因为计划经济下居住公共空间的管理机制不完善。居民是个体住宅单元的"主人"，但并不是公共空间的"主人"。商品房物业管理制度解决了这个问题，明确地限定了小区居民／业主对共享空间的权利和义务，小区居民是小区共享空间的共同业主。随着市场经济的发展，具有完整产权的商品房比例日益提高，城市居民和企业对城市空间的权利和义务需要明确界定。不然，在土地资源严重短缺的人口高密度城市会引出无穷的争端。如果一个城市中社会个体的利益需要进行抗争才能得到保障，这个城市不是一个具有现代文明的城市。土地产权是与市场经济下的城市规划极其相关而又重要的课题。

3.2.2　土地产权

对一个物体的产权主要体现在对该物体的拥有权。按照古罗马法的规定，产权主要有四个组成权属：①使用权；②租赁收益权（租赁资产收取租金）；③改变该物体形式和内容的权利；④以买卖双方同意的价格出让以上部分或全部权属的权利。新古典经济学确信经济发展效率的前提是明确产权定义。如果业主对资产的产权是明确的，则资产就具备排他性和可转让性，这两个条件是最有效利用资产的前提，而经济发展的效率是建立在最有效利用所有资产的基础上。产权的内涵与社会经济制度息息相关，产权限定社会个体对所拥有资产的权利和义务。物权法的重要意义在于明确保护市场个体的物权，包括房地产和与之相关的土地产权，这将对城市规划产生深远的影响。

依此类推，土地产权基本上由四个权属组成：①土地使用权；②土地出租及收益权；③土地开发权；④出让以上部分或全部权属的权利。土地交易的实质不是土地本身，而是掌控土地的权利。国内城市土地国家所有制，农村土地集体所有制，没有私人拥有的土地。1988 年城市土地商品化废除了国有土地无偿使用的做法，实行土地使用权有偿出让的新政策。土地使用权有偿出让和买主占有土地一定期限，是事实上的"有限期限私人土地拥有"，因为受让者在期限内拥有土地产权的所有四个权属。土地产权与其他资产产权的不同之处在于：①土地使用权和开发权受到城市用地规划的限制；②土地出租及收益权有时会受到国家政策的限制，如为保障租户居住权利的租金限制等；③政府可以强制收购私人土地。[①] 所以，相对其他资产，土地产权是有限的。规划对土地使用权和开发权的限制特别值得我们关注，这也是物权法将对城市规划有深远影响的方面。

---

① 通常是在为公共利益的情况下，政府强制个人出让土地，如道路建设、公共绿地等。

■ 商业用地　　○ 汉贤基地

图3-25　1987年二沙岛控制性详细规划

■ 绿化用地　　○ 汉贤基地

图3-26　修编后的2001年二沙岛控制性详细规划

　　广州二沙岛案件是一个土地区划改变而影响到业主利益的案例。[①]1999 年 2 月，汉贤国际有限公司获得了二沙岛一块土地的使用权。根据 1987 年的《二沙岛控制性详细规划》，该地块的使用性质为商业用地。2001 年 4 月 23 日，广州市城市规划局发布通知，该土地的用地性质改为绿化用地，理由是二沙岛的开敞空间不足（图 3-25、图 3-26），并于 2004 年收回土地使用权。业主还未来得及开发，政府为了公共利益行使强制征地的权利，业主应该得到应有的赔偿。争议集中在补偿的标准上。汉贤要求的补偿标准包括土地使用权出让金和由于项目拖延引起的损失，然而政府只同意退还土地出让金。汉贤对广州市政府提出了诉讼，为此一直上诉至最高人民法院。争议的起因在于事先没有

---

① 此案例由同济大学城市规划系田莉教授提供，在此致谢。

明确法定的政府征地赔偿标准。2008 年汉贤公司提出"以合法土地置换二沙岛用地"诉求，2011 年广州市拟以番禺南村居住地块与该二沙岛地块进行土地开发权益置换，争议解决花费了 10 年时间（http：//news.dichan.sina.com.cn/2011/12/25/423714.html，2012 年 11 月 17 日查阅）。

土地集体所有制的特点是农村集体作为业主的有限产权。在土地有偿出让制度之前，按照马克思主义的理论，社会主义公有制下的土地被认为是"生产资料"。所谓土地是生产资料，意味着土地是被用来进行生产的，是被使用的。"生产资料"的定义说明土地不是资产。1988 年的土地有偿出让制度之后，经过转让的国有土地正式成为买下土地"使用权"的业主的资产，其土地产权与土地私有化下的土地产权所差无几，差别只在有限的年限（如居住用地 70 年）。中国城市的土地市场由此产生并逐渐发展壮大。但是，没有经过转让的集体土地仍然是"生产资料"，即集体土地是农民主要用来进行农业生产的农地和居住使用所必须的宅基地。所以，村民明确的土地权益仅仅表现在：①家庭承包制下的 30 年土地耕种使用权；②宅基地的居住使用权；③享受其他集体三级所有土地的收益权。

3.2.3　公共区划和土地私利

土地区划决定土地使用性质和强度，从而决定市场供需框架中的土地价值。区划也决定相邻土地业主相互之间的利益关系，区划的改变势必影响到业主利益关系的变化。在城市化快速发展的情形下，城市规划修编不可避免。区划的修改因此涉及许多与土地相关的利益关系被重新安排的问题，形成某些业主"受益"和某些业主"受损"的局面。中国人多地少，城市普遍人口高密度，土地利益更为突出，用地规划可能不得不考虑到规划所涉及的土地利益问题。随着尊重个体产权的物权法的通过，土地利益的协调机制必须及时提出和完善，处理因土地规划变更而产生的土地利益变化问题。公共参与是通过规划进行协调的手段之一，体现了城市建设中的民主价值观。但是公共参与并非灵丹妙药。因为利益相关，任何项目总是会造成某些业主"受损"，"受损"的业主当然会反对，有利于城市整体利益的开发项目往往难以实施。公共参与在人口高密度多元社会的城市也意味着高昂的交易成本。

用经济的手段处理规划带来的"受益"和"受损"可能更为有效。因为规划，某些用地需要被保留为绿地，某些历史建筑需要被保护。由于开发受限制，土地使用强度无法提高，该土地业主的利益受损。美国城市通过"开发权转移"

补偿受损业主的做法值得借鉴。"开发权转移"是指将本该由这些土地所"拥有"的"开发权"转移到其他地块，其他地块的容积率相应提高。后者的业主需要从前者的业主"购买"开发额外容积率的"开发权"。如此，妥善处理利益关系的区划更容易被接受和实施。另一方面，国外也有有效处理因为规划而使业主"受益"的措施。政府的基础设施建设（如：地铁）和公共物品提供（如：绿地）使临近的土地业主受益，土地价值因正面的"外在性"而提高。政府可通过年度的地产税（土地价值提高，地产税也相应提高）收回基础设施投资的部分回报。新加坡政府通过一次性的"开发收费"收回部分因为容积率提高而提升的土地价值。

广州丽江花园是一个典型的由于规划带来的"受损"而缺乏处理措施而引起广泛争议的案例（图3-27）。丽江花园位于广州市番禺区南浦岛的西端，以优美的居住环境著称。曾被科技部、原建设部授予"全国小康住宅示范小区"称号，2000年曾被联合国授予"最佳人居环境特别金奖"。其北面和东面都是珠江水道，南面紧靠小区的，是一条两岸种满桃花、柳树，河中遍布荷花的河道，河道对面是一片苗圃和农田。因为这个优良的环境条件"两岸桃柳，一河

图3-27　丽江花园所谓"规划侵权"案例

荷花"，丽江花园小区南边商品房单元的业主付出了更高的房价。2002 年 12 月，在业主不知情的情况下，在丽江花园南边小区与两岸种满桃花和柳树的河道之间的新南浦路，将原先的 15m 宽变成一条 40m 宽的双向六车道的道路。路修成以后，它最北边的一条车道距丽江花园的房子将不足 10m 远，业主们投资购买的杨柳桃花的视觉环境，将变成一条交通繁忙的城市主要车道。道路开工后，二手房的交易价格显示受影响的住宅价格下跌 1/3。

2003 年 5 月 12 日，丽江花园 41 名业主以侵犯"相邻权"为由，状告广州市城市规划局番禺区分局，案件审理结果以小区业主败诉而告终。"道路规划是为了更多人受益"，这是相关政府及规划部门对道路变更的动机解释。相对于"大局利益"，丽江花园业主就是"小利益团体"。笔者对这个案例的观点是，首先必须明确双方权利的范围。小区内的土地使用权属于小区业主和开发商，小区外的土地使用规划权属于政府，不属于小区业主，"两岸桃柳，一河荷花"是公共资源，不是小区的资源，政府有权规划道路。如果有公众参与的制度，小区的业主应该对相邻地区的区划有知情权和参与权，但是没有否决权。如果确实是为了大局利益，道路还是应该拓宽。至于如果道路太靠近住宅，以至受影响的住宅不适宜居住，政府应该拆毁那些住宅楼，并给予业主赔偿，另外择地安置。至于最初某些业主对具有良好朝向和视觉环境的住宅单元的额外投资，则是没有产权保护的"资产"，只能说是他们无知，或是被开发商误导了。

上海徐家汇附近的某公寓，2007 年中在楼房最顶端出现了"维权到底"的标语，抗议正在进行可行性研究的上海到杭州磁悬浮列车线项目对他们居住环境和住房资产价格的负面影响。因为有消息传出，磁悬浮列车将从他们的住宅区附近穿越。2007 年年初，小区内出现有关动迁公告，但拆迁定在距离磁悬浮轨道两侧各 22.5m 的范围内，该公寓正好坐落在离轨道 22.5m 的距离之外，不会被拆迁。居民的居住水平和房屋资产价格不可避免地受到影响（http：//www.zaobao.com/zg/zg070824_506.html，查阅于 2007 年 8 月 24 日）。尽管拆迁和赔偿标准事先被告知，居民的损失客观存在。城市居住高密度，土地开发"外在性"影响面广，使土地区划所牵涉的利益关系错综复杂。城市快速发展，人口日益增多，城市垃圾产量也日益增高，垃圾处理成为城市政府的一个棘手问题。早期大都采用垃圾填埋方式，后因为容量有限和土地污染问题，垃圾焚烧成为主要处理方式。广州第一个垃圾焚烧厂（李坑焚烧厂）于 2005 年投产（郭巍青，陈晓运，2011）。2009 年广州计划在番禺再建设一个垃圾焚烧厂，结果遭到所在地区居民的强力反对，该垃圾焚烧厂的选点至今尚无定论。

　　甚至在尤其强调私人产权和个人利益的美国，最近一个政府强制收购私人土地的司法争端引人注目。康涅狄格州（Connecticut）纽伦敦市（New London）多年来经济衰退严重，城市失业率高企不下。1998 年一跨国公司药厂（Pfizer）在该市设立研发部门，市政府有意鼓励它继续投资，扩展业务，为城市提供更多的就业岗位和政府税收。于是，一个与政府有关联的土地开发公司提出计划更新临近地区，开发一个综合性中心（包括旅馆、会展中心、居住、办公、商业等）。市政府批准了这个开发方案，并授权该公司代表政府向所在地的福特·菖布（Fort Trumbull）社区征地。该社区占地大约 36hm²，115 个业主。其中 15 个业主拒绝售地，认为这个开发项目是商业开发，不是为了公共利益，向法院起诉市政府滥用强制征地权。此案件最后提交最高法院审定，9 个法官分成两派，4 个站在居民一边，5 个站在市政府一方。多数的观点认为该项目有利于城市的经济发展，创造就业岗位是城市的公众利益，所以这个项目是代表公众利益。这个案例所诠释的公众权利与个人权利的关系，树立了在美国司法史上具有标志性的先例。

　　为了城市的整体公众利益，世界各国都有政府强制收购私人土地、或中途终止所出让土地使用权期限的做法。新加坡政府甚至没有限定在仅为公众利益而强制收购私人土地，政府也可以为城市的商业利益而征地。这种强势政府的做法在土地高度稀缺的亚洲城市有其合理性，毕竟有地的利益集团是少数群体，而无地的公众是大多数。另外一个有争议的问题是：征地价格是按照土地的现状使用（征地前）估价，还是按照土地的潜在使用（征地后）估价？如果土地使用的规划权属于国家，征地价格应该是前者；如果土地使用的规划权属于私人，则是后者。

　　新加坡福德祠的征地案例揭示了两者的区别。福德祠建于 1824 年，属于新加坡广东客家社区所有（图 3–28）。因为所在地区需要改造，政府需要征用包括福德祠在内的所有店屋。1986 年，政府首次提出的征地赔偿价格是 41000 新元。祠堂业主认为价格太低，经过多次交涉，赔偿价格最终提高到 132000 新元。然而，在类似地段同样面积的地块的市场价格是 700000 新元。土地价格的差异在于福德祠是宗教用地，而值 700000 新元的土地是商业用地。政府按照宗教用地的价格征用土地，尽管土地使用性质在征地后可改为商业利用。祠堂业主没有权利要求 700000 新元，也无法在附近地区用所获赔偿再建，最后祠堂被迫关闭。

图3-28 新加坡福德祠

3.3 开发控制与不确定性

3.3.1 不确定性和"外在性"

缺乏有效的开发控制加剧城市建设中的不确定性，不确定性导致"外在性"。市场经济制度下的城市经济发展不需要规划，而其城市土地开发需要规划的根本原因是因为城市土地开发中所存在的市场失效。所以，西方市场经济国家的城市规划源于市场失效。贫民窟的产生是因为市场没有提供低收入住宅（社会物品）的机制；交通拥挤和环境污染是因为市场没有提供基础设施（公共物品）和制约个体开发外在性的机制，因而引起城市开发的经济效率问题。

探索未知是人类社会进步的推动力，因此，风险（risk）是我们在市场经济中必须承担的因素。不确定性（uncertainty）却是有害的、不利于经济发展和效率的因素。风险是在了解一定因果关系前提之下对行为结果判断有利和不利的可能性；不确定性是不知因果关系前提之下对行为结果无法判断的状况。如果参加一个我们了解规则的游戏，我们或多或少知道输赢的可能性和输赢的原因；如果参加一个我们不了解规则的游戏，我们无法知道输赢的原因，更无从判断输赢的可能性。前者是风险，后者是不确定性。城市规划的基本功能之一就是降低城市开发中的不确定性（朱介鸣，赵民，2004）。开发控制的非制度化人为地加剧城市建设中的不确定性，不确定性鼓励开发公司追求短期利益最大化的行为，最后让社会承担成本，受到损害的是城市整体环境和建筑质量。

如果没有土地利用控制规划，土地开发未来的"外在性"就无法估计，土地开发也就充满了不确定性。好的建筑通常持续几十年，以至几百年。如果缺乏法定区划，或者开发控制不力，建筑地块将来的环境情况无法确定，业主在建筑的策划、设计和开发方面不会有长远考虑，只会偏重近期利益，尽量降低建设成本，最终土地资产没有得到最有效的利用。

某市新规划的石油化工工业区的第一个投资者是具有国际声誉的石化企业，对在当地的投资有长远打算，完全按照国际标准和当地的规划要求设计厂房，把工业污染和生产安全控制在标准的水平之下。然而，随后而来的投资企业却不遵守规划要求，讨价还价，千方百计地降低设计水平以降低投资成本。为了吸引投资，规划部门迁就了它们的不合理要求，放弃了事先确定的区划规定。在法定区划缺位的情况下，后来投资者项目的"外在性"影响了第一个投资者的利益，也牵连到它的安全，浪费了它的高标准投资。更重要的是，这个事例传递了一个信息：没有必要遵守规划要求。最后的结果可想而知，只能造成低素质的工业区。"城市建设，百年大计"需要制度的保障。我们的城市这几年有如此之大的房屋建设量，精品建筑和大师建筑却少而又少，缺乏有效的开发控制而带来的不确定性是其中一个重要的原因。

规划限制城市土地使用权和开发权的原因出于土地使用带来的"外在性"，如工业用地对临近居住用地的负面影响。法定的土地区划（西方称为 Zoning，深圳称之"法定图则"）的出现源于此因素，使得区划成为最早期的规划形式。区划避免了不同土地使用用途混杂所带来的"外在性"相互影响。因为区划的出现，土地业主被赋予了土地产权的第 5 个权属：不受相邻土地业主负面"外在性"影响的权利。与之相对称的是：土地业主有不以负面"外在性"影响相邻土地业主的义务。正因为土地使用权和开发权受到区划的限定，区划也就在相当程度上限定了土地业主的利益。区划内容的实质是土地业主的权利和义务。自由主义经济学者反对政府对经济的干预，但是很少经济学者反对区划对土地市场的干预，特别是人口高密度城市的土地市场，因为区划对土地市场的干预有利于提高土地市场的效率。所以，规划会影响到个别土地业主和社区的经济利益，经济利益的协调赋予土地规划政治的内涵。

赵民和高捷（2006 年）讨论了关于享用城市公共空间的权利问题。良好的视觉环境是稀缺的公共资源，没有办法像空气一样让所有人享用，随之而来的问题是谁有权利享用稀缺的公共资源。姚凯（2006 年）调查了上海某商品房开发项目一期与二期之间的矛盾冲突。矛盾和冲突源于相邻楼盘业主各自的权利没有明确的规定和限定，产权的不明确导致利益的抗争。冲突的焦点在于开发公司开发二期地块的权利和一期地块业主不受二期开发所带来负面"外在性"影响的权利。如前所述，权利和义务是由区划限定的。如果事先有区划，在商品房开发项目一期出售时，购买商品房的业主已经明确了解临近地块是居住用地还是空地，业主所愿意支付的公寓价格会反映这个环境因素。如果临近地块被区划成空地，公寓价格会因为良好的景观因素而适当提高；如果临近地块被区划成居住，其开发只是个时间因素，公寓价格会反映未来二期开发而带来的"外在性"（面向公园的视线被挡）的因素。所以，矛盾和冲突起因在于没有事先的区划，享用城市公共空间的权利是由区划决定的。没有法定性的土地区划，只有以非法定性的详细规划和日照间距等规划技术规范管理相邻地快之间的利益关系，是不足以妥善解决因稀缺环境资源引起的产权纠纷的。

3.3.2 "门禁小区"——"外在性"内在化

在社会生活日趋多元化的情况下，为提高城市生活质量，城市规划在协调个体利益和社会总体利益方面起着越来越重要的作用。许多与土地、房屋相关的个体的权利和义务可以由区划规定。宗教信仰的自由不可延伸到把居住公寓改成道观寺堂的权利（见图1-45）。然而在人口高密度的亚洲城市，土地稀缺使得住房彼此靠得太近，不同的生活方式造成屡见不鲜的琐碎日常冲突（图3-29、图3-30）。政府的区划没有办法规范居民日常的生活方式。由于对生活方式的理解和重视程度不一，一些居民并不认为这些矛盾是琐碎的，于是他们自己组织起来提出区划，这就是"门禁小区"（gated communities）的起因。"门禁小区"在美国越来越广泛，它的小区区划由开发商和首期业主组成管理委员会（homeowners association）提出和执行。区划可以详细到：什么树可以种、什么树不可以种；一户家庭最多可以有多少条狗；狗的重量不可超过多少磅等。新迁入业主在购买住房时，那些区划条件是产权合同的一部分。只有接受那些社区所规定的条件，才能加入这个社区的业主团体。

图3-29　土地稀缺造成邻里相互之间的
"外在性"干扰

图3-30 居住区高密度的布局引起邻居琐碎的冲突

注：一户居民挂出风水和内裤等小物件以抵挡紧贴邻居的视线入侵，后者认为是对其不雅的侵犯。

潜在的"外在性"被产权合同的条例内在化了。

规划控制所引起的不确定性和开发公司的企业家行为造就了大规模封闭式商品房楼盘开发。所谓"大盘开发"（占地50hm²以上、建筑面积100万 m²以上，且附带居住区设施的商品房开发）在1990年代中期开始盛行。因为政府规划控制的缺位，开发公司事实上将土地区划私有化了。"从2000年'世纪城'打出'我们造城'的口号开始，北京地区的房地产市场逐渐开始进入了一个大盘的营造时代……目前北京市地区总体供应量中40万 m²以上的大盘数量达到了近170个，总规模超过了4400万 m²，而100万 m²以上的大盘更是超过了所有大盘总量的20%以上"（孙强，2004）。有评论家认为："'大盘时代'的开发确实给城市居民带来了全新的居住理念和居住感受：优美的自然环境、规模宏大的建筑组团、一应俱全的社区配套。人们开始发现，原来开发商建造的不仅仅是一所房子，还在营造一种前所未有的新生活方式。因此，从这个意义上说，大盘在推动房地产开发水平的进步方面功不可没"（李磊，2006）。广州番禺区是个大盘比较集中的地区，许多楼盘被认为是具有世界水平的居住区。

广州番禺的祁福新邨是其中一个规模相当大的商品房大盘（占地将近400hm²）（图3-31）。因为规模经济的优越性，除了各种类型的商品住宅（图3-32、图3-33），祁福新邨开发公司还提供应该由政府提供的设施，如：学校、医院、污水处理厂、公共交通服务等（图3-34～图3-37）。笔者认为，大盘开发的实质是市场自下而上地将土地开发"外在性"内在化的开发模式，如同现代企业模式是降低交易成本的制度安排一样。大盘开发是土地开发和开发控制一体化的措施，或者说开发公司从事将本该由政府做的土地规划和开发控制。这是对因为政府开发控制不力而导致环境质量下降（如：混乱的旧城改造和城市边缘区建设）的市场反应。如果是因为种种原因（如：规划部门屈服于某些开发公司的不合理要求、城市需要快速发展的压力等），规划的开发控制没有

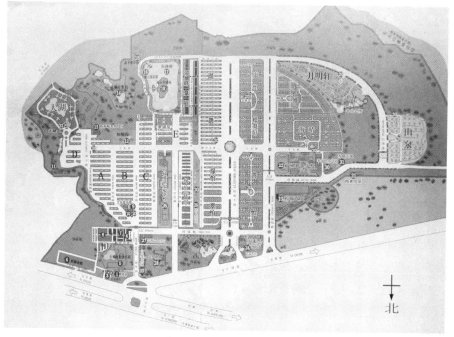

图3-31 祁福新邨平面

图3-32 祁福新邨内的多层住宅

图3-33 祁福新邨内的别墅

图3-34 祁福新邨学校

图3-35 祁福新邨医院

图3-36　祁福新邨开发商提供的
居住区所属交通设施

图3-37　祁福新邨居民的交通车站

办法在短期内有长进的改善，大盘开发也算是一个不错的措施，毕竟优良的居住环境也是市场所需要的。但是因为商品房的性质，大盘需要有一定购买能力的家庭才能入住，许多设施也是商业性的，如私人学校和私人医院。大盘开发所引起的社会阶层空间分离会造成潜在的社会冲突。社会冲突不是市场的问题，却是政府应该关心的问题。

3.4　同样是市场推动、没有总体规划指导，为什么周庄是优美的，而"城中村"是丑陋的？

3.4.1　有序的多样性特质使得城市丰富多彩

我们有许多值得骄傲的、优美的历史文化古城镇，那些古城镇向世界展示中国传统美学，当之无愧地代表中国成为世界人类文化遗产的一部分（图3-38～图3-41）。建筑史学者们对许多古城镇作了不少的记录和空间分析，使我们有机会了解中国历史文化古城镇的空间形态构成，并推测其背后的规划思想（图3-42）。然而，我们很难找到有关文献，研究那些历史文化古城镇的空间形态是如何建成的，是按照什么章法控制建成的，这无疑是个重大缺陷。我们今天只"知其然"，但不"知其所以然"。历史文化古城镇的空间形态可能属于过去的时代，不再适合于今天城市的社会经济内容。但是形成优美中国文

图3-38　周庄

图3-39 丽江古城

图3-40 婺源李庄（一）

图3-41 婺源李庄（二）

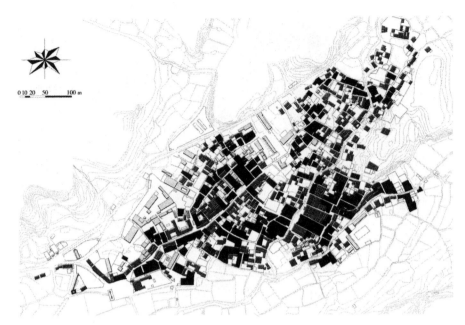

图3-42　安徽西递村平面
（资料来源：段进，2006）

化空间形态的机制却可能在今天仍然有指导意义。同样地由市场推动，我们在
20世纪末发现大量丑陋的"城中村"出现在许多南方城市的中心区。这是文
化的退步，还是建设制度的缺陷？

　　当然，当今城市的开发和使用强度远远大于几百年前城镇所面临的强度，
高密度城市比低密度城市更难以做到优美。新加坡的"牛车水"自开埠以来一
直是低收入居民的集聚地，到了1950年代几乎成了贫民窟的代名词，环境质
量下降的一个重要原因是贫苦居民对该地区高密度和高强度的使用（图3-43）。
1960年代开始的新市镇公共住宅计划促使人口从中心城区向外疏散，"牛车水"
的居住人口密度逐步下降。后期通过对历史建筑的维修和保护，"牛车水"开
始展现出老城区所特有的历史内涵、魅力和吸引力（图3-44、图3-45），成
为新加坡一个重要的历史街区。

　　尽管如此，优美的城市街景有它内在的规律。丰富多彩出于自发的多样性，
杂乱无章也是出于自发的多样性，两者的区别在哪里？笔者认为，关键的区别
在于内在的秩序。有秩序的多样性特质使得城市丰富多彩，没有秩序的多样性
特质使得城市杂乱无章。丰富多彩是有序的，而杂乱无章是无序的。笔者合理
猜测传统乡镇（如周庄）和历史名城（如苏州）不太可能由单个开发商进行整

图 3-43
1950 年代的新加
坡"牛车水"

图 3-44
1990 年代的新加
坡"牛车水"

图 3-45
1990 年代新加坡
"牛车水"的特
色建筑

体建设，它们是如何协调众多的开发个体的？城市建设中众多开发商和个体业主之间的协调可能是依赖于“乡规民约”式的开发控制，长老、乡神、族长和学者等的传统权威性确保乡镇建设的有序展开（图3–46）。然而，“乡规民约”式的开发控制究竟以什么形式进行，还有待于建筑史学者的挖掘研究。

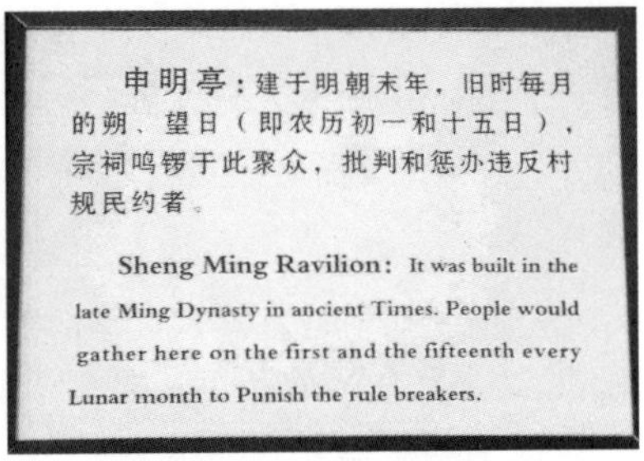

申明亭：建于明朝末年，旧时每月的朔、望日（即农历初一和十五日），宗祠鸣锣于此聚众，批判和惩办违反村规民约者。
Sheng Ming Ravilion: It was built in the late Ming Dynasty in ancient Times. People would gather here on the first and the fifteenth every Lunar month to Punish the rule breakers.

图3–46　村规民约的执行

3.4.2　没有秩序的多样性特质使得城市杂乱无章

优美的周庄和丽江是如何建成的还有待研究，但是我们或多或少了解当代丑陋的“城中村”是如何建成的，根本原因是产权不明确造成环境资源流失和环境质量的低下。没有土地区划对产权明确的界定，负面“外在性”在土地资源高度短缺情况下失控，良好的居住环境作为资源大量流失，居住环境下降。图 3–47 所示的汕头案例揭示了南方城市“城中村”形成的过程。城市的空间扩展，特别是在从 1980 年代开始的快速城市化推动下，近郊的村庄群落逐渐

1950s
1970s
1980s
1990s

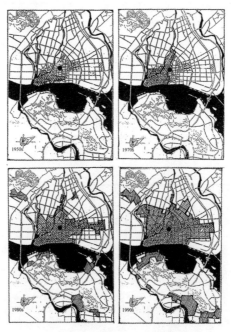

图3–47　汕头城中村案例
（资料来源：中国城市规划设计研究院汕头分院）

被城市用地包围。改革开放之前政府通过征地，安置农民进入城市工作单位，将整个村庄土地城市化。改革开放之后，国营企业经过改革成为独立自主、自负盈亏的企业，政府没有办法提供被征地农民就业机会，于是必须保留农民的宅基地和限量的建设用地，使他们能够继续在城市化的环境中维持生活。"城中村"由此而形成。乡村的某些传统因素还继续存在，如：祠堂、庙宇和以村为单位的社会福利，但是"城中村"的物质形态越来越偏离村庄的形态，其开发强度、居民组成的异质化方面甚至比城市还城市化。"城中村"目前的状态显然不是规划的结果，可能也不是许多村民心目中所希望见到的结果。"城中村"的状态是土地资源稀缺情况下，无约束自由市场发展的结果。

改革开放后沿海城市吸引了大量移民，对住房的需求陡增，"城中村"村民看到了他们宅基地的潜在市场价值。尽管村庄的宅基地和道路格局只适合于低层楼房，为了获取最大利益，村民开始在他们的宅基地上建造多层楼房。宅基地本应自用，容积率应低于1.0，建筑高度低于10m，建筑密度低于40%。尽管"村委会"是管理"城中村"土地使用的行政单位，而"村委会"也确实试图用传统的价值观规范村民的土地开发行为。但是"村委会"不是一个有法律权威的单位，其传统管理模式的约束力在高速城市化所产生的巨大商业利益的压力下迅速瓦解（Zhu，2004b），"城中村"的自治体制也决定了有法律权威的城市土地规划制度被排斥在外。"城中村"土地开发市场成为一个毫无任何约束的完全自由市场。最初建造多层楼房的村民显然是受益的：更多的住房面积供出租；上层楼层享受更好的通风和阳光。相邻低层楼房的村民显然受到损害：房屋的通风和光照条件恶化。这是城市开发中经典的"外在性"，前者的利益建立在后者被损害的基础上。事态发展到如此还不算太坏，只要前者对后者进行适当的补偿，社区的总体利益可以取得平衡。问题是村民住宅不受负面"外在性"损害的权利没有明确规定，其他村民也可以通过建造多层楼房扩大他们的土地收益，负面"外在性"不断扩大和强化，最后整个村庄演变成今天犹如贫民窟的"城中村"（图3-48～图3-50）。

没有规划的制约，容积率高达3.0，建筑密度高达60%～80%。"城中村"只有大约10%的土地用于公共设施、绿化和空地，而城市规划要求25%～35%的土地用于那些用途。形成"城中村"的根本原因是土地资源稀缺的情况下，村民为土地收益最大化、而没有村民不受负面"外在性"损害的产权所造成的。政府作为市场竞争中仲裁第三方的缺位，所形成的"弱势"政府是城市环境恶化（高密度改造开发造成过度拥挤，绿化和空地的短缺）的根本原因。

图3-48　广州石牌城中村平面图

图3-49　广州冼村城中村平面图

图3-50　城中村"一线天"

"城中村"固然在城市化过程中为大量的低收入暂住人口提供了廉价住所，城市经济能够在雇佣低成本劳动力的条件下发展。据1999年的一个调查，深圳"城中村"55多万居民中91%是低收入外来移民打工仔。福田区"城中村"的居住租赁面积占全区总居住租赁面积的68%。"城中村"的问题是在于其居住环境的极度恶劣，达到耸人听闻的程度，与社会主义制度极不相称。与"城中村"相似、与富裕的香港社会形成尖锐对比的"九龙寨城"（Kowloon Walled City），一方面应归罪于资本主义制度对穷人居住状态的漠不关心（Pullinger，1989；Girard，Lambot，1993），另一方面也表明这种居住状态的"供给"也是由城市贫民的"需求"所决定。纽约在20世纪初也有不少高密度、不顾日照通风的贫民公寓（图3-51、图3-52）。同样，"城中村"也存在市场的"供需"关系。土地资源高度短缺的情况下，许多"城中村"的悲剧在于它们因为良好的区位，原本可发展成为良好素质的居住区，土地资源得到更高效的利用。目前的状况完全是既

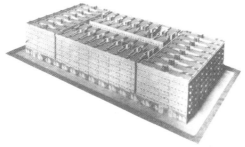

图3-51　纽约的贫民公寓

（资料来源：Peter H., 1988：39）

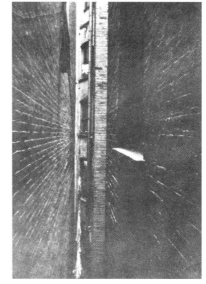

图3-52　纽约贫民公寓的"一线天"

（资料来源：Peter H., 1988：38）

无正式的现代规划控制，也无非正式传统"乡规民约"制约的结果：村民个体各自建设所造成的高强度负面"外在性"的相互影响，物质环境陷入质量下降的恶性循环。如果贫民窟的产生由市场的供需关系决定，依靠市场的运作恐怕难以解决问题，需要政府公共住房政策的介入。

深圳华侨城的开发始于1985年，占地大约500hm²。[①]经过二十多年的发展，该区的空间格局基本形成，居住人口大约6万人。华侨城环境良好，公共设施完备，是个颇具口碑、高质量的生活区。初始期飞地式的开发使华侨城相对独立，但是自1990年代后期起，具有20万人口的周边地区开发开始向华侨城逼近。那些大量小规模"豆腐块"式的小楼盘开发各自为政，无视提供公共物品，采用"只开发、不配套，只盈利、少投入"的经营模式。华侨城区内的学校等公共配套设施、大型商业设施，以及公共绿地和广场等环境景观设施产权上属于华侨城，但由于华侨城本身的开放性，其公共设施和物品被滥用。与华侨城紧邻的白石洲片区北片，以沙河工业区和沙河农场工人的自建违章住宅为主。由于长期规划管理的严重失控，农场工人的自建住宅大部分属于违章建筑，并且住宅区内环境恶劣，具有城中村普遍的痼疾，是脏、乱、差的集中地。华侨城

———————————

① 此案例由中山大学的刘宣博士提供。

与其接壤的界面长，其景观不雅、噪声和垃圾污染、秩序混乱、治安严峻等问题严重影响华侨城区的品质。

城市规划不提倡"门禁小区"，因为这不利于公民社会的发展形成。但是，因为明确的产权，私有"门禁小区"的环境资源管理远比开放小区完善。华侨城面临的问题就是它的不封闭性。图3-53～图3-56所展示的英国格拉斯哥西区早期非完全封闭式的私人居住小区，绿地和道路有限开放，如果公众不当使用，业主有权利干涉。格拉斯哥西区良好的居住环境维持了几百年，至今仍然是格拉斯哥最好的居住区之一。在人口高密度的情形下，面临没有规划的"非正式"居住开发（B）的近距离逼近（说明政府土地开发管理的缺位），商品房居住区（A）如果不采取"封闭式"，小区良好的居住环境无法保证，环境质量下降只是个时间问题（图3-57）。法定的土地区划是实施规划目标的有效工具。因为某些短期的经济利益，国内的许多历史城区保护困难重重，关键是我们没有手段。西方社会历史性城市的保护从来没有遇到我们所面临的难题，保护的关键在于区划，保护地区房屋的产权结构就如此被限定，没有人可以任意地破坏这个产权结构。

我们设想明清古村镇建设可能是建立在一个乡亲族人相互尊重的基础之上，权利相互尊重的制约造就了文明古镇。可是，乡亲族人相互尊重的社会默契属于农业文明的范畴。合乎逻辑的对丑陋"城中村"的推论是当今的城市建设缺乏一个属于工业文明的城市居民相互尊重的制度。中国的工业化和城市化历史短暂，还需要时间建立工业文明，城市化和城市生活需要在5000年农业

图3-53　私有居住小区的　　　图3-54　私有居住小区的　　　图3-55　格拉斯哥西区的
　　　　　绿地　　　　　　　　　　　　有限开放道路　　　　　　　　私人住宅

（图中指示牌说明该道路为私人拥有）

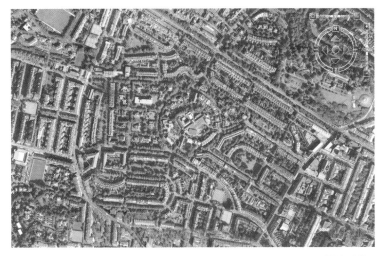

图3-56
居住环境良
好的格拉斯
哥西区

图3-57
"封闭式"居
住区（A）抵
御"非正式"
居住区（B）
的负面"外在
性"

文明基础上发展的工业文明的契约制度。

3.5 总体规划并不能保证城市建设完全按照规划实施，开发控制能确保城市的有序开发

美国的区划（Zoning）可以在社区层面上发挥很好的控制作用。"苏荷" (SoHo)是纽约一个房价不高，艺术家集聚的社区。因为区位好，社区有品位，"苏荷"吸引了不少富有的居民前来居住，房价房租随之上升。不富有的艺术家居民面临被高租金逐出"苏荷"的危险（这已经在另一个社区"格林威治村"发生）。艺术家居民于是联合起来向市政府提议建立"艺术家身份委员会"来审核住在"苏荷"居民的艺术家身份，并将这一条件列入区划的内容之一。这个措施有效地遏制了房价上升，从而阻止了改变"苏荷"社区性质的市场倾向的进一步发展（Nelson，1977）。西方城市的开发控制已有悠久的历史，直到现在仍然发挥很重要的作用。因为在市场经济条件下，规划由政府主持，开发则由市场推动，二者分离。开发控制是实施总体规划的关键之一。

世界上完全按照总体规划实施建设的城市寥寥无几，原因在于代表政府利益的规划和代表市场利益的开发不可能完全吻合，城市建设历时数十年，规划也不可能准确预料今后数十年的经济发展状况。即使在 1949～1978 年计划经济期间，经济计划和城市规划可以做到相一致，我们也没有能够按照规划建设城市。即使在计划经济的体制内，也同样存在个体利益，个体单位不一定服从总体规划的要求。同时说明城市建设没有按照总体规划进行也是因为缺乏开发控制的机制。

自改革开放以来，宏观的经济制度在转型，规划作为所属的制度也在不断演变。这个演变不是主动的，更多的是被动的，被城市建设市场化所推动。1980 年代早期开始的住房商品化间接提供了旧城改造的动力，1980 年代后期开始的土地商品化更是触发了大规模旧城改造的运动。回顾这段历史，我们发现城市规划基本上没有起到作为城市开发"游戏"规则的作用，规划部门在探索如何应对土地开发市场的挑战。挑战来自于城市化的快速发展、土地资源高度稀缺所引起的对空间的剧烈竞争和市场经济发展的不可预测性。规划的"刚性"难以维持，规划的"灵活性"又难以掌握在何等程度。目前的转型政治经济制度决定了城市规划控制的高度灵活性。

深圳新城规划建设国际著名，曾经荣获国际建筑师协会颁发的阿伯克隆比

荣誉奖(2000年)和建设部颁发的"中国人居环境奖"(2001年)，但是新城"老化"的速度似乎也太快了一些，笔者认为规划的开发控制缺位是原因之一。以下的案例可以说明这一点。深圳经济特区1980年代初刚一开放，罗湖口岸马上每天有大量的香港市民过境进入深圳旅游购物。罗湖东门商业区破旧的商铺和狭窄的街道显然无法承受日益频繁的人流,东门的改造从1982年开始(图3-58)。新建筑取代了旧房子,许多老楼房得到改造。改造前的平均密度为容积率2.0,1989年的分区规划规定改造后的平均容积率不应超过3.0。但是,改造后的容积率远远超过3.0,分区规划被视如儿戏,分区规划不严格实施的代价是规划制度权威性的丧失（图3-59）。结果,商业区仍然拥挤混乱,购物环境没有得到明显改善,1998年起政府不得不开始二次改造。当时,改造区内5.7hm²用地正面临开发,其中4.9hm²已经批租给开发商,规划批准已经签发。为了调整偏离规划的程度,降低过高的密度,面积达1.5hm²的6个地块已经批租的

图3-58　改造之前的东门商业区

房屋低于4层

房屋介于4~8层

房屋介于8~18层

房屋高于18层

图3-59　一次改造之后的东门商业区

规划批准必须撤销，而后修改，平均容积率从4.95降低到0.95。为此，政府必须向受影响的开发商作出巨额赔偿（图3-60）。更为严重的是，分区规划不严格实施的代价是规划制度权威性的丧失。

　　事实上，上海虹桥开发区在1982年首次编制了控制性详细规划；深圳市于1998年在《深圳市城市规划条例》中将控制性详细规划进化为有法律地位的"法定图则"（夏南凯，田宝江，2005）。这是国内规划史的一个里程碑，关键在于如何将控制性规划付诸实施。尽管被定位成"法定图则"，执行起来还是困难重重（邹兵，陈宏军，2003）。笔者认为法定图则的基点是提供维持城市环境的法律依据。因为土地开发的"外在性"，法定图则保证了在本法定图则修改之前城市街区／社区特征的确定性，街区／社区不因某些业主不符规划的擅自开发而受影响。法定图则是法律文件，修改法定图则的过程当然也是一个法律过程，不是行政过程。至于深圳城市化仍在进行、经济和人口仍在扩

■ 原规划批准因被修改而撤销

S 所增加的空地

图3-60 二次改造之后的东门商业区

张、城市物质形态尚未定型，城市土地利用规划需要不时修改。法定图则的稳定性建立在土地利用规划的稳定性之上，没有稳定的土地利用规划，强调刚性的法定图则似乎不合时宜。深圳法定图则的困境本质上是城市规划灵活性和刚性之间的矛盾，我们可能不得不在两者之间取得妥协，牺牲一些灵活性（目前的状态是规划太灵活）而获得一些刚性。新加坡在其城市快速发展的1970～2000年期间，控制性详细规划的修改是平均每五年一次。在修改之前，控制性详细规划是唯一的开发控制依据，不存在讨价还价的余地。城市规划的"游戏"规则还有待于确立，笔者认为城市规划的形式，"刚性"与"灵活性"的关系，必须考虑下列因素：土地资源稀缺的程度（以人口密度为指标）、城市化速度、城市化发展阶段。

市场经济下的中国城市规划：发展规划的范式

CHAPTER 4

第四章　挑战之二：
试图推动城市发展的城市规划

改革开放所激发的高速城市化使许多城市在短时期内经历了翻天覆地的变化。面对如此迅速的城市变化，传统的城市总体规划显得措手不及，无法应对。自下而上的城市发展战略规划应运而生，着重于大规模城市空间重构。城市发展战略规划同时也成为城市政府积极推动城市经济和空间发展的纲领性文件。然而，城市的规划与城市的发展之间存在一个巨大的鸿沟。城市规划本身如何推动城市发展？本章从供给和需求两方面分析城市规划如何积极塑造城市。

4.1 规划滞后的高速城市发展

4.1.1 城市化高速发展

1950 年，城市人口占全国人口的 12.5%，1978 年占 19.4%，城市化进程缓慢。1950～1978 年期间，国家重工业得到显著的发展，但是城市基础设施没有相应的配备，生活设施更是落后于实际的需求，这是所谓"实现没有高度城市化的工业化"（Ma，1981）。1980 年代初期的城市生活水平仍然十分低下，中国基本上还是一个农业经济的国家。1970 年代后期开始的改革开放开始了长达 30 年巨大的社会和经济变迁，以 GDP 为衡量标准的国民经济自 1978 年以来平均以每年 9% 的速度增长。前所未有的社会和经济变迁主要集中在城市，许多城市，特别是沿海开放城市，同时也经历了巨大的空间形态变化。1978 年之后的城市化与 1949～1978 年期间的城市化形成鲜明的对比。数据表明，1982～2000 年期间，大约有 2.5 亿人口成为城市居民（表 4-1）。在同一时期，城市也经历了史无前例的空间扩张，2004 年全国的城市建成区面积是 1981 年的 4 倍（表 4-2、表 4-3）。

城市化与城市人口增长 表 4-1

年度	1950 年	1980 年	1982 年	2000 年
城市化水平（城市人口的比例，%）	12.5	19.4	21.4	36.2
城市人口净增数（亿）		0.9		2.5

资料来源：国家统计局，1999；Shen，2005.

城市的空间扩展 表 4-2

城市建成区（km²）						
年度	1981 年	1986 年	1991 年	1996 年	2001 年	2004 年
全国*	7438.0	10127.3	14011.1	20214.2	24026.6	30406.2
东部地区	—	4393.7	6200.4	10303.7	11987.0	16414.5
中部地区	—	4094.2	5666.7	6962.6	8244.8	9288.6
西部地区	—	1639.4	2143.0	2947.9	3794.8	4703.1
城市建成区占区域总面积的千分比（‰）						
全国*	0.77	1.05	1.46	2.11	2.50	3.17
东部地区	—	3.38	4.77	7.93	9.22	12.63
中部地区	—	1.46	2.02	2.49	2.94	3.32
西部地区	—	0.30	0.39	0.54	0.69	0.86

注：* 不包括台湾、香港和澳门。
资料来源：国家统计局，1982，1987，1992，1997，2002，2005.

部分城市的建成区扩张（km², 1986 ～ 2004 年）　　　　　表 4-3

年度	天津	南京	成都	杭州	沈阳
1986 年	282	121	87	61	164
1995 年	339	150	97	96	194
2004 年	487	447	386	275	261

注：这五个城市属于 2004 年十大城市行列。
资料来源：国家统计局，1987，1996，2005.

英格兰和威尔士用了 100 年时间（1801 ～ 1901 年）将城市化水平从 33.8% 提高到 78.0%（44 个百分点）；西欧用了 50 年时间（1950 ～ 2000 年）将城市化水平从 65.3% 提高到 80.5%（15 个百分点）；东亚（不包括中国大陆）用了 50 年时间（1950 ～ 2000 年）将城市化水平从 33.1% 提高到 69.1%（36 个百分点）；中国的城市化水平从 1980 年的 19.4% 上升到 2004 年的 41.8%（表 4-4）。显然，自 1980 年代初开始的中国城市化发展速度比那些国家和地区都快得多，这是城市化进程中典型的、已经被广为认可的"后来者居上"现象（后发展国家的城市化比先发展国家的城市化进展快）（Davis，Golden，1954；Zelinsky，1971）。由此判断，中国的快速城市化发展会持续很长一段时期，直至成为城市化国家。英国 2005 年全国城市用地占国土面积的 14% 左右（http://www.defra.gov.uk/environment/statistics/land/index.htm，查阅于 2007 年 6 月 27 日），中国 2004 年的数据是 0.3%，与成熟城市化国家的英国相比较，中国城市的扩张在不远的将来仍然有很大的空间。

中国的高速城市化主要由两个因素推动：一是全球化经济下外国投资推动的工业化；二是市场推动的城市房地产开发。1978 年以前 30 年对城市投资不足，

中国、东亚、西欧和英格兰／威尔士的城市化进展　　　　　表 4-4

年度	1950 年	1960 年	1970 年	1980 年	1990 年	2000 年	2004 年
中国大陆[1]	12.5	19.8	17.4	19.4	26.4	36.2	41.8
东亚[2]（不包括中国）	33.1	41.0	51.6	59.6	66.0	69.1	—
西欧[3]	65.3	69.7	74.3	76.6	78.6	80.5	—
年度	1650 年	1750 年	1800 年	—	1801 年	1901 年	1951 年
英格兰／威尔士[4]	8.8	16.7	20.3		33.8	78.0	80.8

资料来源：1.国家统计局（2005 年）；2.United Nations（2004 年）；东亚包括中国（包含中国台湾、中国香港和澳门）、朝鲜、韩国、日本和蒙古；3.United Nations（2004 年）；西欧包括奥地利、比利时、法国、德国、列士敦斯坦、卢森堡、摩纳哥、荷兰、瑞士；4.1650～1800 年的数据来自 de Vries（1984：39），至少 1 万人口规模的城市人口；1801~1901 年的数据来自 Law（1967 年）；1951 年的数据来自 Champion（1975 年）。

迅猛的城市空间扩展也是对此"历史欠账"的补偿。表4-5揭示了上海典型的补偿性超常规快速发展，数据说明在 1980 年代，特别是在 1990 年代，上海经历了前所未有的旧城改造和新城建设。虹桥、南京西路、淮海东路、人民广场、陆家嘴办公中心以及浦东新区在这个补偿性超常规快速发展中迅速成型。新上海的规模与旧上海已不可同日而语。

上海的经济发展和空间扩展（1950～2004年）　　表4-5

	1950年	1980年	1990年	2004年	增加量（1951～1980年）	增加量（1981～1990年）	增加量（1991～2004年）
GDP（亿元）	22	312	756	7450	290	444	6694
城市人口（百万）	4.6	7.0	8.6	11.0	2.4	1.6	2.4
住房存量（百万 m²）	23.6	44.0	89.0	352.1	20.4	45.0	263.1
办公楼存量（百万 m²）	2.3	3.4	6.0	40.1	1.1	2.6	34.1
商店存量（百万 m²）	3.3	2.4	4.0	28.6	-0.9	1.6	24.6

时期	固定资产投资占GDP的比例（%）	住房投资占GDP的比例（%）	住房供给（百万 m²）
1953～1978年	8.6	0.4	17.56
1981～2004年	44.6	10.5	269.02

资料来源：上海市统计局，2005a.

城市建成区快速扩张离不开政府的土地供应。自 1988 年以来，广州经历了新城区的快速扩张和旧城区的迅速改造。新城区快速扩张基本上是以商品住宅为主的居住开发，土地开发形式也从零星分散拨地变成成片综合开发。据调查，1979～1987 年期间，平均每年开发土地 441.6hm²，98.6% 的新开发土地来自农田征用。1987～1992 年期间，平均每年开发土地 524.6hm²，58.1% 的开发土地来自农田征用。根据城市建成区（老八区）数据，1992～1995 年期间，平均每年新开发土地 2363.3hm²。又如，郑州作为一个内地工业城市，在经济改革开放之后也显示了强劲的经济发展势头。市区建成区面积从 1977 年的 60km² 发展到 2000 年的 133km²。2001 年，郑东新区概念规划方案进行公开国际招标，日本建筑师黑川纪章的方案获胜（图4-1），规划方案得到确定，并付诸实施。

汕头市在 1949～1977 年期间，城市经济和人口增长缓慢，城市固定资产投资的数量更是微不足道，作为城市固定资本组成部分的城市基础设施与住房显然投资不足，30 年间住宅面积总量几乎没有增长。1949 年时城市建成区只有 3.6km²，1965 年只达5.2km²。从每年的住房建设数据中可以看出，1977 年以前，每年新建的住宅只是抵偿因年久失修而拆毁的住房。改革开放引进了市场机制，市场条件成为城市建设发展的重要因素。汕头因地处沿海具备相对优

图4-1 郑州郑东新区规划设想

越的市场条件而迅速发展。进入 1980 年代以后，改革开放促使城市经济飞速发展（图 4-2）。1981 年 11 月，汕头市龙湖区划出 1.6km² 土地创办汕头经济特区；1984 年 11 月，特区的范围扩大到 52.6km²（北岸 22.6km²，南岸广澳片 30km²）；1991 年国务院批准特区范围进一步扩大到整个汕头市区，总面积为 234km²。全社会固定资产投资亦急速上升（图 4-3），1978 ~ 1998 年期间，汕头市房屋和住宅总面积翻了几番（图 4-4）。在这期间每年住房建设量逐步增长，年建设量超过过去 30 年的年建设量好几倍。汕头市城市建设自 1980 年以来经历了翻天覆地的变化。市区建成区面积从 1970 年代末的 7.8km² 发展到1999 年的 82.9km²，市场经济和特区政策促发了汕头城市建设的巨变。

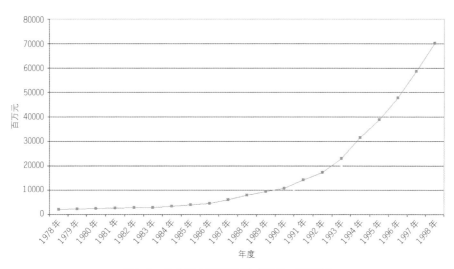

图4-2 汕头城市经济发展（1978~1998年）
（资料来源：汕头市统计局，2000）
注：红线为工农业总产值；黄线为工业总产值

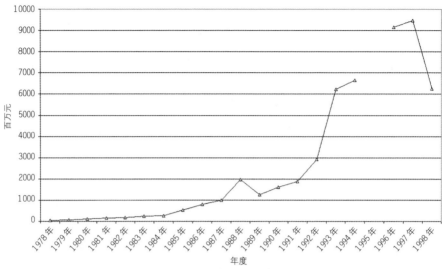

图4-3 汕头全社会固定资本投资（1978～1998年）
（资料来源：汕头市统计局，2000）

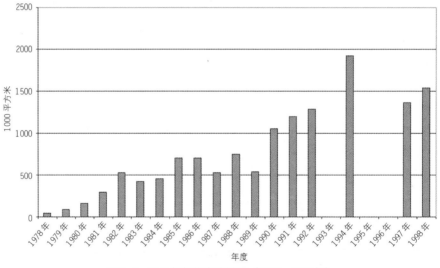

图4-4 汕头每年住房建设量（1978～1998年）
（资料来源：汕头市统计局，2000）

南昌作为一个并无任何显著优势的内陆省份江西的省会，城市经济发展也很显著（表4-6）。从1990年代后期开始，城市开始跨过赣江向昌北地区发展。数年之内发展了几个重大项目：机场扩建、工业开发区、新城市商务中心、政务中心、大学城、八一大桥等（图4-5）。2000年全市建设用地面积125km²；2005年上升至168km²，五年内城市的规模增加了34%。美国《新闻周刊》于

南昌城市主要经济指标 　　　　　　　　　　　　　　　　表 4-6

年度	1949 年	1962 年	1978 年	1985 年	1990 年	1995 年	2000 年	2003 年
城市人口（万）	—	—	306.8	335.3	372.6	395.2	432.6	450.8
国内生产总值（亿元）	1.4	4.3	14.4	32.6	63.2	240.1	435.1	641.0
全社会固定资产投资 （亿元）	—	—	1.2	4.7	10.3	54.3	79.9	235.0
全社会固定资产投资在国内生产总值中的 比例（%）			8.3	14.4	16.3	22.6	18.4	36.7
居民人均可支配收入 （元/人）	—	—	—	639	1349	3591	5734	7793
实际利用外资额（万美元）	—	—	—	155	393	7422	3141	58350
地方财政收入（亿元）	—	—	—	—	—	10.1	19.1	33.5

资料来源：南昌市统计局，2004.

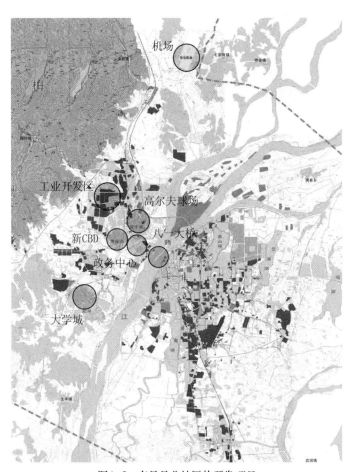

图4-5　南昌昌北地区的开发项目

2006 年 7 月将南昌与世界其他 9 个城市一起，包括伦敦、慕尼黑、拉斯维加斯、莫斯科等，列为世界十大最有活力的城市 (Newsweek, 2006)。

综上所述，一方面，传统的城市总体规划明显地无法预测，因而也无法应付如此快速的城市化发展，经济的快速发展使得城市规划滞后。另一方面，几乎所有的城市政府都没有意图用既定的城市总体规划制约城市的空间发展，相反，城市政府都在极力抓住任何市场机会，吸引投资，推动城市发展。城市总体规划无法积极指导城市发展和开发成为不争的事实。然而，地方发展政体的城市政府还是需要城市空间发展规划作为政府推动城市发展的总体设想。采用城市空间发展规划作为城市发展纲领的一个重要原因是因为国有土地是地方政府唯一重要的财政资源，政府试图通过调动土地资源推动经济发展，城市发展战略规划因而兴起。

4.1.2 城市竞争

城市发展依赖于地方经济发展，权力下放使城市竞争代替了计划经济时期区域的城市合作。中国社会科学院于 2003 年发表了中国城市竞争力报告，城市竞争力由城市的科学技术成就、经济发展强度等指标合成。结果是香港排名第一，上海第二，深圳第三 (http://finance.sina.com.cn/g/20030303/0751316063.shtml，查阅于 2003 年 7 月 16 日)。看到广州排名第六，低于同省份的深圳，广州市市长公开质疑城市竞争力排名的统计是否公正合理 (http://news.sina.com.cn/c/2003-03-09/1402939281.shtml，查阅于 2003 年 7 月 16 日)。各大城市都在争取有国际影响的重大项目，北京获得 2008 年的奥运会，上海获得 2010 年的世博会，广州争取到了 2010 年的亚运会。从 2003 年起，国家统计局每年发表最有竞争力的 100 个中国城市，城市之间的竞争日益激烈。中国社会科学院的 2004 年中国城市竞争力报告将郑州排在第 50 的位置，一年后，2005 年城市竞争力报告将郑州排名上升到第 37 的位置，郑州为此而欢欣鼓舞 (http://www.zhengzhou.org.cn/phpweb/ShowContent.php?aid=48669&tid=2，查阅于 2006 年 4 月 4 日)。

在经济快速发展的情形下，城市必须一直保持竞争力，才能在区域城市之间的竞争中取胜。1990～2003 年期间，长江三角洲和珠江三角洲区域内城市的相对经济实力发生显著的变化。苏州、无锡、宁波和绍兴的地位相对提升，而上海、南通和扬州相对下降。深圳和东莞的经济地位显著提升，而广州、江门和肇庆相对下降 (表 4-7)。

长江三角洲和珠江三角洲区域内城市 GDP 占区域总数的比例（%）　　表 4-7

长江三角洲城市	1990 年	2003 年	珠江三角洲城市	1990 年	2003 年
上海	32.7	28.1	广州	33.1	30.4
苏州	8.9	12.6	深圳	14.1	25.2
无锡	7.0	8.6	珠海	4.3	4.1
杭州	7.8	9.4	佛山	13.0	12.0
南京	7.1	7.1	江门	9.7	6.4
宁波	6.2	8.0	东莞	6.7	8.3
绍兴	3.6	4.9	中山	4.5	4.4
常州	4.2	4.1	惠州	5.1	5.1
嘉兴	3.6	3.9	肇庆	9.6	4.1
镇江	2.9	2.9	GDP 总量（亿元）	965	11484
湖州	2.4	2.2			
舟山	1.1	0.8			
南通	5.6	4.5			
扬州	6.0	2.9			
GDP 总量（亿元）	2277	22223			

资料来源：国家统计局，2004 年、1991 年．

4.2　城市发展战略规划的兴起

　　计划经济制度下的城市用地规划主要是配合国民经济五年计划而提出的经济计划的空间布局，着重于在生产项目、生活设施及基础设施三者之间的空间协调，构造良好的城市空间结构。市场经济制度下的城市用地规划，则是提出空间框架，引导政府公共投资项目（基础设施、公共住房、公共设施）在空间上作合理布局。更重要的是，为以赢利为目的的投资项目开发市场提供规则和秩序。因此，市场经济制度下的城市用地规划具有这样一些特点：①考虑平衡经济发展、社会公正和环境保护的用地空间布局和协调；②为城市发展和土地开发控制提供依据；③根据规划的目标和纲领"消极地"控制城市开发，缺乏积极引导城市开发实现规划目标的机制；④不具备足够的灵活性，拙于应付难以预测的社会经济变化。所以，城市用地规划在推动地方经济发展方面是消极的制约，它的重点主要是社会公正和环境保护。显然，这样的城市用地规划无法成为一个积极推动城市经济发展政府的工具。计划经济体制下成长的城市规划制度对快速发展的城市经济束手无策，终极状态的总体规划蓝图无法应对不确定的市场状况，成为规划部门挂在墙上的装饰，规划的引导作用荡然无存。

当今，无论是中央政府还是地方政府，都在不遗余力地推动经济发展。"发展政体"的政府积极引导市场为人民谋福利。尽管中国的经济制度在走向市场体制，但是政府模式不会在短时间内走向类似西方国家的自由市场经济民主政体，主要以市场"看不见的手"主导经济发展。中国的"发展政体"是一个可行的模式，只是政府的功能不可避免地在发生转变：从计划经济时代的全面主导经济发展，转向市场经济下主持以城市用地开发为主的城市空间发展（因为大部分国营企业基本独立操作，脱离了政府的控制）。1990年代沿海城市的超常规发展验证了中国转型经济中的"发展政体"模式的成功。必须指出，这些城市经济的超常规发展是在下列前提条件下完成的：改革开放前30年来城市发展受到严重遏制；经济体制改革使被遏制的需求在短期内释放，形成强大而蓬勃的市场需求；国家所有制的城市土地被商品化；地方"发展政体"远比中央集权体制能够高效率地提供城市基础设施和土地。例如，1990年代初的上海，市民的区位选择还是"浦东一间房不如浦西一张床"，因为落后的基础设施和生活设施，浦东没有吸引力。而2000年代初的上海，浦东的房价与浦西的房价已几乎相同，大量的基础设施和土地开发使浦东的生活环境与浦西相差不大，显示了市场推动城市发展的成效。消极对待经济发展的用地规划显然无法应付城市超常规的空间扩展，以及地方政府以空间扩展推动经济发展的热切愿望。

于是，自下而上的城市发展战略概念规划应运而生。希望通过空间规划积极推动城市经济发展，迅速扩张的城市经济需要空间结构的支持，安排无数由独立自主开发公司开发的商品房居住小区、工业区、商业中心及其他各种各样的开发项目。城市发展战略的主题经常是很简洁的口号形式，如广州的"一年一小变、三年一中变、五年一大变"；珠海的"大港口、大工业、大发展"；沈阳的"南有广州、北有沈阳"。国内第一个城市规划展示馆将上海的未来直观地呈现在市民面前，激起他们对城市的自豪感。国内许多其他城市随后也建造了它们的城市规划展示馆，作为城市营销工具。

4.2.1 珠海

据笔者所知，珠海在1980年代末编制了可能是国内的首个城市发展战略概念规划，意在大规模地发展它的西部地区(图4-6)。1988年珠海市政府提出：市区的发展逐步向西推进，重点开发西区，同时开发东区，发展两翼，带动全局；实施发展大港口带动大工业，以大工业促进大经济，大经济带来大繁荣的战略。

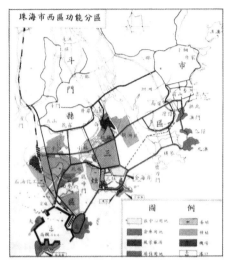

图4-6　珠海城市发展战略概念规划，1989年

图4-7　珠海城市发展战略概念规划，1990年代初

1990年代初，珠海确定了"西区城市发展战略规划"（图4-7），提出"大港口、大工业、大经济、大城市"的西区建设目标。人口规模2000年计划达到40万～45万人，规划在远期建成200万～250万人口规模的特大城市。根据西区城市发展战略规划，珠海随后实施了珠海机场和珠海港的建设。而在当时，珠海的城区还主要集中在东区，建成区的规模远远小于所规划的西区规模（图4-8）。

1992年12月动工，1995年5月30日通航的珠海机场是全国唯一一个由地方政府投资的国际机场，投资总额达60多亿元（图4-9）。

图4-8　珠海1990年时的城市建成区

珠海机场是珠江三角洲四个新建的可起降波音747飞机的国际标准机场之一，其他三个机场分别位于香港、澳门和深圳。珠海机场1995年通航，跑道长4000m，宽46m，拥有40多个机位，已完成的一期工程可承担每年旅客吞吐量700万人次，年货邮吞吐量为40万t。至1997年年底，

图4-9　珠海港和珠海机场

珠海机场已开通 24 条国内航线，通达全国 37 个城市。珠海机场建成以后每两年举办一次国际航展，全称为"中国（珠海）国际航空航天博览会"。2000 年航展吸引了世界 27 个国家和地区的 400 家中外航空航天制造业参展，共接待了国内外观众 30 多万人次，共订了 30 个、价值 64 亿元人民币的合同协议（http：//www.unn.com.cn/GB/channel2/3/14/200106/14/71326.html，查阅于 2005 年 12 月 9 日）。12 年后，来自 39 个国家和地区的近 650 家中外航空航天厂商参加了 2012 年的第九届航展，签订了价值约 118 亿美元的各种合同、协议及合作意向，成交了 202 架各种型号的飞机（http：//www.airshow.com.cn/cn/Article/xhzxx/2012-11-18/19124.html，查阅于 2012 年 11 月 22 日）。

目前，珠海港 8 个港区已建成各类码头泊位 105 个（其中万吨级以上泊位 10 个），已成为华南干散货和油气集散地之一（图 4-9）。依托高栏深水大港的优势条件，珠海临港工业区聚集了以英国石油（BP）为代表的一批石化企业群。2005 年 4 月，珠海港两个 5 万 t 级的集装箱码头在高栏港区动工兴建，标志着珠海港从喂给港逐步向干线港转变。集装箱码头设计年吞吐能力 80 万标准箱，总投资 18.86 亿元。该项目法人为珠海国际货柜码头（高栏）有限公司，由珠海市港口企业集团有限公司与香港和黄港口珠海（高栏）有限公司各出资 50% 组成（http：//finance.people.com.cn/GB/1038/3357457.html，查阅于 2005 年 12 月 9 日）。珠海市政府于 2005 年 4 月与香港和黄（Hutchison Whampoa）签署了《四个 10 万 t 级集装箱码头泊位合作建设备忘录》。2000 年 5 月，交通部确定珠海港是全国沿海主枢纽港之一。根据国务院批准的《珠江三角洲地区港口建设规划（2004 ～ 2010 年）》，除了两个 5 万 t 级集装箱码头建设外，在"十一五"期间珠海港还将建设 3 ～ 4 个 10 万 t 级集装箱码头泊位（2010 年建成使用），从而使珠海港形成 230 万标准箱的吞吐能力，真正成为华南地区的主枢纽港（http : //www.southcn.com/news/dishi/zhuhai/shizheng/200504290238.htm，查阅于 2005 年 12 月 9 日）。

　　珠海发展战略规划的实质是基础设施建设引导城市发展。为此，政府大量的以土地出让为主的财政收入投入到基础设施建设。毫无疑问，基础设施建设提高城市质量。但是，城市发展最终还是必须取决于项目的投资，如商品房、工业、第三产业等，和就业岗位的增加。市场的项目投资取决于市场对该项目是否存在有效的需求。这些因素属于城市市场经济发展的范畴，到现在为止，在如何刺激市场有效需求从而积极推动城市经济发展的领域，经济学家们还没有足有成效的理论和实践。信奉新古典经济学的经济学家只认同让"看不见的手"去推动，即政府的无为而治。显然，"地方发展政体"不信奉无为而治。在不具备市场有效需求的状况下，尽管政府在"西区城市发展战略规划"指导下大力支持西区的发展，珠海东区的市场吸引力似乎更强，其发展似乎更快。图 4-8 和图 4-10 的比较明显显示珠海东区在过去十年较为显著的空间发展。战略规划能否引导、以如何方式引导城市发展尚有待于更深入的研究。

图4-10　珠海2002年时的城市建成区

4.2.2 南昌

南昌的城市发展在历史上一直集中在赣江的东南方，昌北地区只是有一些小工业区和1980年代后期开发的工业开发区，城市的主体在昌南。通过南昌与中部其他主要城市的比较发现：南昌相对吸引了更多的外资（5.8亿美元）；房地产业也发展到了一定程度（房地产投资占固定资产投资的25.5%）；第三产业内的零售服务业和生产性服务业（保险、金融、法律、物流、营销、教育培训、广告、设计、咨询等直接为生产服务的产业）还有发展空间（第三产业目前比重为41.2%，社会消费品零售总额只有201.2亿元）（表4-8）。南昌改革开放以来经济发展的第一个高潮发生在1990～1995年期间，第二个固定资产投资高潮发生在2000年以后，比第一个固定资产投资高潮（1990～1995年）规模还大（表4-9）。

南昌与中部主要城市的比较（2003年）   表4-8

		南昌	武汉	长沙	郑州	合肥	太原
	市场条件						
[1]	GDP（亿元）	641.0	1662.2	929.5	1102.3	485.0	515.7
[2]	人口（万）	450.8	781.2	601.8	697.7	456.6	356.4
[3]	第二产业比重（%）	50.6	44.6	42.4	51.8	50.3	51.8
[4]	第三产业比重（%）	41.2	49.7	48.7	43.7	41.5	44.7
[5]	固定资产投资（亿元）	235.0	645.1	495.0	500.4	255.1	204.5
[6]	其中：房地产（亿元）	60.0	169.5	122.6	74.3	89.7	42.6
[7]	房地产在固定资产投资中的比例（%）	25.5	26.3	24.8	14.8	35.2	20.8
[8]	固定资产投资在GDP中的比例（%）	36.7	38.8	53.3	45.4	52.6	39.7
[9]	吸收外资（签订合同金额，亿美元）	—	—	7.8	4.8	2.5	1.4
[10]	吸收外资（实际利用金额，亿美元）	5.8	17.6	5.0	1.6	2.6	1.2
[11]	社会消费品零售总额（亿元）	201.2	854.0	452.0	479.9	207.4	185.4
[12]	城市居民人均可支配收入（元/人）	7793	8525	8330	8647	7785	8264
[13]	总房屋建筑面积（万 m²）	—	16085.7	6624.9	7816.0	—	—
[14]	当年施工建筑面积（万 m²）	—	—	2245.4	5966.1	1774.0	1163.6
[15]	当年竣工建筑面积（万 m²）	427.8	1433.4	785.8	2212.8	523.0	480.4
[16]	当年房地产施工建筑面积（万 m²）	660.3	1955.5	1102.1	1277.6	932.9	503.1
[17]	当年房地产竣工建筑面积（万 m²）	134.0	682.6	443.2	303.6	325.3	165.1
[18]	[16]在[14]中的比例（%）	—	—	49.1	21.4	52.5	43.2
[19]	[17]在[15]中的比例（%）	31.3	47.6	56.4	13.7	62.2	34.4
[20]	建成区（km²）	—	216.2	—	212.4	148.0	—
	政府财政能力						
	地方政府财政收入（亿元）	33.5	99.7	79.3	72.5	73.1	33.3

资料来源：各城市统计年鉴，2004.

南昌城市主要经济指标平均年增长率（%）　　　　表4-9

	1949~1962年	1962~1978年	1978~1985年	1985~1990年	1990~1995年	1995~2000年	2000~2003年
城市人口	—	—	1.28	2.13	1.18	1.82	1.38
国内生产总值	9.02	7.85	12.38	14.16	30.60	12.63	13.79
全社会固定资产投资	—	—	21.54	16.99	39.44	8.03	43.28
社会消费品零售总额	—	—	16.35	11.53	22.76	14.43	11.69
居民人均可支配收入	—	—	—	16.12	21.63	9.81	10.77
地方财政收入	—	—	—	—	—	13.59	20.60

资料来源：南昌统计局，2004.

　　2000年市政府作出决议，跨江发展红谷滩新区，以此作为大规模发展昌北地区的开始（图4-11），并编制了城市发展战略规划，塑造赣江两岸一体的新南昌（图4 12）。红谷滩新区规划总面积为50km²（图4-13）。首先市政府于2001年整体搬迁至红谷滩，以示发展以赣江为主轴的"一江两岸"城市格局的决心。至2004年年底，48.6km²的农田已经被征用，其中的30.8km²土地已经进入开发状态。政府也在社会公市设施方面花费不少投资：大型喷泉群秋水广场（图4-14）；2006年建造时世界最高的160m摩天轮——赣江边的"南昌之星"等。值得注意的是，经过数年的建设实施，大部分开发项目来自政府（公共设施、政务中心）、公共部门（医院、广播电视）和商品住宅。

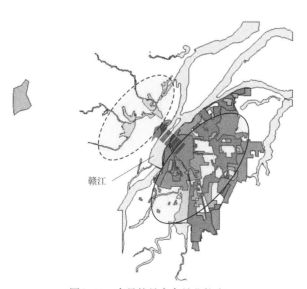

图4-11　南昌从昌南向昌北扩张

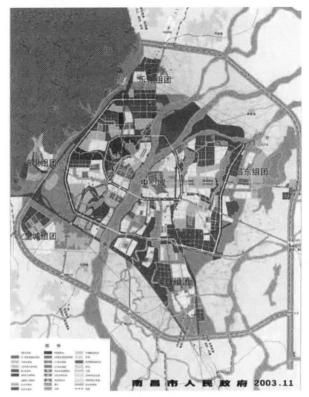

图4-12　南昌城市发展战略规划

图4-13　昌北红谷滩新区发展规划

图4-14　秋水广场

　　根据表 4-10，南昌房地产开发以民营企业为主，民营企业和外资必定注重市场因素和需求。自筹资金和投资者预付款在房地产开发企业的井发融资方面贡献了将近 2/3 的总开发资金，注定这些房地产业以追随市场的需求为主，而不太可能领导市场。因为市场条件的限制，房地产业的开发能力受到很大的制约，限制了类似"新天地"领导市场新潮流开发商的出现。根据南昌房地产开发情况分析（表 4-11），在各个指标方面，住宅占整个房地产开发的 70%～80%，商业店铺占 10%～20%，而商业办公楼只占 2%～3%。从市场条件的角

南昌市房地产业情况（2003 年）　　　　　　　　　　表 4-10

累计完成投资（%）			
国营企业	集体企业	民营／股份	外资
10.1	2.6	61.6	25.7
开发资金来源（%）			
贷款	自筹奖金	其他（集资／预付款）	外资
25.9	30.0	43.8	0.3

资料来源：南昌统计局，2004.

南昌房地产开发情况（2003 年）　　　　　　　　　　表 4-11

	住宅	办公	商业	其他
投资额（%）	74.2	2.3	12.0	11.5
房屋施工面积（%）	83.4	3.1	10.8	2.7
房屋竣工面积（%）	77.4	1.4	18.9	2.4
房屋新开工面积（%）	83.2	0.5	12.9	3.4
房屋实际销售面积（%）	81.0	1.4	17.4	0.2
房屋预售面积（%）	65.5	6.4	27.9	0.3

资料来源：南昌统计局，2004.

度看，红谷滩的房地产今后几年的开发似乎只能以商品住宅和商业店铺为主，办公楼目前的市场需求不足以带动红谷滩的发展，短期内不会出现中央商务区。

4.2.3　广州

　　珠海的第一个战略规划是城市政府发展思路的空间体现，并以此为依据征用农田，征地后的土地使用权出让为城市政府提供了财政资金，可用于基础设施建设。战略规划编制过程并没有经过详尽及广泛的研究。2000年，广州邀请数家规划设计院和大学规划院系参与研究探讨，提出方案，最后综合汇总成为广州城市发展战略概念规划（图4-15）。根据此发展战略概念规划，广州的城市空间将经历重大的结构性变化，城市面积也将有显著的扩展。政府随后实施了大学城、广州新城、南沙科技园等重大项目。据广州市城市规划局的《广州市城市总体发展战略规划实施总结报告》（2003年），南沙将成为中国三大

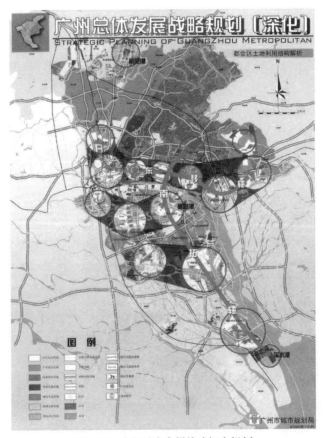

图4-15　广州城市发展战略概念规划

造船基地之一，其他工业大项目也将陆续进入广州。

4.2.4 城市发展战略规划的主要内容

　　笔者分析了国内 2000 年以来 24 个由不同单位编制的城市发展战略概念规划，发现这些概念规划着重于下列要素：城市 SWOT 分析（24/24）；经济发展战略（旅游、物流、产业群等）（24/24）；空间结构构造（24/24）；区域竞争与合作（20/24）；城市形象与营销（11/24）；新区构造（大学区、高新技术开发区、新市中心等）（7/24）；土地资源规划（县改区）（5/24）；社区发展（2/24）。毫无疑问，城市发展战略概念规划的重点在于如何积极塑造城市，强调城市空间结构的重新构造和城市规模大幅度的扩展，所隐含的公认前提是城市经济在今后几年会有显著的提升和扩张。社会分配问题基本上不属于发展战略概念规划的内容。重点是如何"做大蛋糕"，大"蛋糕"才可以给众人分配，经济规模扩大之后再讨论社会分配。可能是因为我们已经经历了 30 年计划经济时期重分配、不重效率的发展，社会分配成为次要的问题。在绝大多数城市发展战略概念规划中，环境持续只是提及而已，不是规划所考虑的重点。

　　一方面，城市发展战略规划为"地方发展政体"服务，运用城市化力量推动城市发展的目标。据报道，到 2005 年为止，大约有 50 多个城市建设"大学城"（http：//www.landscapecn.com/news/html/news/detail.asp?id=29730，查阅于 2006 年 7 月 11 日）；2003 年，36 个城市在规划建设新市中心（http：//news.soufun.com/2003-04-16/150448.htm，查阅于 2006 年 7 月 11 日）；全国规划建设了 3837 个工业区，总共占用 36000km^2 土地（http：//www.people.com.cn/GB/14857/22238/28463/28464/2015058.html，查阅于 2006 年 6 月 21 日）。另一方面，城市发展战略规划被市政府用来调动土地资源，以土地出让获得的财政收入支持基础设施建设。城市发展战略规划有双重目的：使城市发展得到土地供应的支持；土地出让费用于基础设施建设和城市设施。20 世纪 90 年代以来，发达城市的城市基础设施得到显著的改善（表 4-12）。

上海和广州城市基础设施投资占城市 GDP 的比例　　　　　　　　表 4-12

城市	1950 ~ 1978 年		1979 ~ 1990 年		1991 ~ 2000 年		2001 ~ 2004 年	
	亿元	占 GDP 的比例（%）	亿元	占 GDP 的比例（%）	亿元	占 GDP 的比例（%）	亿元	占 GDP 的比例（%）
上海	60	1.7	250	4.5	3100	11.7	2372	9.9
广州	—	—	31	1.8	741	5.6	631	4.6

资料来源：上海统计局，2005；广州统计局，2005.

然而，编制城市发展战略概念规划并不意味着城市发展问题就此解决了，这只是着手解决城市发展问题的开始。随之而来的问题是如何按照规划的目标一步步实现概念规划的理想。编制一份漂亮的规划固然不易，更难的是如何付诸实施而建成美好的城市，城市发展战略概念规划本身并没有提供规划实施的机制。纵观世界城市规划历史，那些基本按照规划实施而建成的城市，如华盛顿、巴西利亚、英国新城、田园城市、堪培拉、美国新城、新加坡等，都具有一个共性：规划与开发两位一体，这样的体制保证了城市开发遵循着规划目标进行。而中国的当前城市建设以及世界上大多数市场经济城市所面临的挑战是规划与开发的相互独立，规划代表公众利益，开发代表个体利益，两者各具不同的利益和目标。并且，市场经济制度鼓励市场个体的积极进取精神，保护他们的合法权益。如何按照规划目标实现概念规划理想的实质内容应该为：政府如何引导市场实现规划的目标。

4.2.5　新加坡和上海

现实的情况是：城市的发展，或规划实施的结果，往往由规划和市场的合力决定，有时规划力大于市场力，有时市场力大于规划力。新加坡1990年代的城市现状就是1971年概念规划的完整实施，说明规划力完全控制了市场力（图4-16～图4-18）；上海1980年代的城市现状与早期编制的概念规划几乎没有关联，说明市场力完全控制了规划力（图4-19、图4-20）。事实上，世界上完全按照总体规划实施建设的城市寥寥无几，原因是规划代表理想，市场代表现实；代表经济利益的市场力往往比代表公众利益的规划力强大。

图4-16　新加坡1958年的总体规划

注：图中实线斜格区域为当时规划的建成区，当时实际的建成区应该更小。

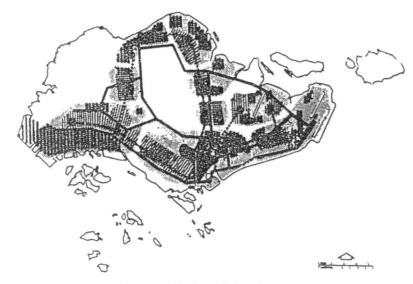

图4-17　新加坡1971年的概念规划

图4-18　1990年代新加坡的城市土地利用现状

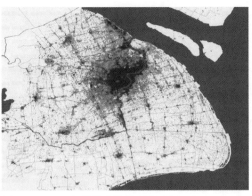

图4-20　1980年代的上海城市建成区

图4-19　1940年代末上海的概念规划

4.3　城市规划的基本功能

　　盎格鲁 · 撒克逊（英美）体系的现代城市规划诞生于 20 世纪初。根据英国当时社会经济背景的分析，催生现代城市规划的主要原因是经济发展中所产生的环境污染和社会公平等城市问题，而城市的经济发展主要依赖于市场经济"看不见的手"的操作与协调。"大英帝国日不落"，国家经济强盛，列世界强国之首，城市规划并没有被赋予推动城市经济发展的责任。尽管规划师从来不否认经济发展是规划所关注的目标之一，但是，城市规划从一开始就不具备直接主动推动经济发展的机制，要求规划直接推动城市经济发展是勉为其难。

　　中国现代城市规划起源于计划经济，土地规划是经济计划的一个组成部分，城市规划被理所当然地当做经济发展的工具。前几年曾经有人提出这样的口号："城市规划是生产力"，将城市规划等同于科学技术。事实上，城市规划不是科学技术。如果说规划能够在经济发展方面起积极作用，也只能是通过解决环境污染和社会公平等城市问题而间接地推动城市经济发展。城市经济如同体育比赛，直接推动体育比赛质量的是球员的技术和教练的战术，直接推动城市经济发展的是企业家精神和企业的竞争能力。城市规划的重要性则如同体育比赛规则，比赛规则保证比赛有秩序地进行，使运动员的技术和教练的战术能够得到表现和贯彻。体育比赛的质量与参赛运动员的质量直接相关，也与遵守比赛规则的行为有关。

现代城市规划是为了解决城市问题（环境污染、交通拥挤、生活质量恶劣的贫民窟等）而诞生的学科和职业。经过多年努力，许多发达国家确实在不同程度上解决了城市问题。表面上看，似乎可归功于城市规划的努力。然而，在许多发展中国家（包括中国），各种城市问题依然严重，尽管那些国家的城市都有城市规划制度和机构。由此可见，城市规划制度并非是解决城市问题的根本保障。城市问题在本质上是因为经济落后造成的，城市问题的根本解决在于发展经济。对发展中国家而言，城市问题在本质上是发展问题。国内南方城市有不少"城中村"，构成了那些城市领导的心病，认为"城中村"玷污了现代城市的形象。"城中村"中的大量居民是没有多少技能的农民和城镇流动人口，他们流向城市寻找工作，而城市却无法提供足够的有体面收入的就业岗位。因此，铲除"城中村"的政策，其实质就是驱赶低收入暂住人口回乡的政策。"城中村"存在的根本原因，在于城市中大量的低收入就业岗位，其低工资无法满足对体面的居住条件的需求。如果政府无法提供廉价公共住宅，"城中村"就是他们的唯一选择。许多发展中国家大量的城市贫民窟就是因为城市未能提供足够的就业岗位，低收入的"非正式经济"（informal economy）造成"非正式"住房（informal housing）。有能力、有责任心的城市政府应该努力提高低收入居民的工资水平，或者提供廉租房，在需求的根本上遏制"城中村"的存在和发展。

中国是低收入、发展中国家，"发展是硬道理"，自 1949 年以来，特别自 1978 年改革开放以来，经济发展一直是政府工作的主要工作内容。因此，笔者认同城市规划应该为城市发展作出贡献。例如，就业岗位本应该由市场提供，然而，争取创造就业岗位已经成为政府公认的责任之一，即使在市场经济国家的城市。城市规划作为政府的功能，也应该在促进城市经济发展方面发挥作用，城市规划"守株待兔"式地消极对待城市经济发展的方式，确实是我们规划师必须面对的一个问题。事实上，城市经济发展也是规划理想能够得到实施的重要条件之一。霍华德的"田园城市"之所以未能得到发扬光大，重要的原因是"田园城市"未能创造出有实力的新城经济，使"田园城市"在经济上可持续发展。如果城市政府财政资源充足，推动规划实施的能力便能增强。然而，几乎所有的城市政府（包括发达国家和不发达国家）财政资源短缺，供小于求，无法有效地解决所面临的环境问题和社会平等问题，使城市规划经常处于"心有余而力不足"的状态。规划师所面临的挑战是如何使城市发展战略概念规划能够推动城市经济发展。

4.4 城市规划如何积极塑造城市：供给与需求

规划如何积极主动地推动城市发展？1960 年代在许多发展中国家盛行"发展规划"（developmental planning）。沃特森（Waterston）认为，城市规划和发展规划属于两种不同类型的规划。发展规划是"政府明确连续地制定政策推动社会经济的进步，并为达到目标而改变不利于进步的制度安排"（Waterston，1965：27）。发展规划的一般形式是国家或地区的 5 年经济发展计划。根据这个定义，发展规划似乎是计划经济的产物。区域规划试图通过控制而减少区域内发达城市的投资额，并将这部分投资转移到落后城市，后者因而得到发展的机会（Wannop，1995），这个区域规划是针对相对落后城市的发展规划。20 世纪中叶流行过"发展极"（growth poles）概念（Friedmann，Weaver，1979），但这是个规范性概念，缺乏实证性论证。

4.4.1 廉价土地供应的城市发展战略

以大量的土地供应，特别是廉价土地供应，刺激城市经济发展，是 20 世纪末 21 世纪初大部分城市政府所采用的发展策略。毋庸置疑，有偿使用土地制度替代无偿使用土地制度的根本目的是促进土地利用效率的提高，使土地能够从低效率使用者流向高效率使用者，土地高效率使用促进经济发展。所以，土地供应必须顺畅，让土地使用者能够方便地得到土地。但是违反土地供需关系的土地供应，扭曲土地市场价格，非但对城市经济发展无助，更是造成国家土地资产的流失。"苏南某县级市巨资兴建的富丽堂皇的'国际会议中心'，由于华而不实，利用率几近于零；某镇气势不凡的商贸区，远看惹人注目，但走近一看，门可罗雀，空置的房子竟占八成左右；苏北某市规模宏大的工业园区，一望无际，杂草丛生，企业屈指可数"（陈君佑，2006：83）。"苏南某县级市两年投入'造城'资金就高达 80 亿元，相当于该市之前 4 年半的财政总收入"（陈君佑，2006：84）。据估计，"全国失地农民约有 4000 万之多，他们'务农无地，上班无岗，低保无份'……成了城市中一种特殊的'边缘人群'"（陈君佑，2006：84）。

1. 广州

广州在 1992～2002 年的十一年期间，已办理《建设用地规划许可证》的土地供应总量为 36872.3hm^2，其中用于商品房开发的土地供应总量为

5925.2hm²，平均每年土地供应量各为 3352hm² 和 539hm²。在同一期间，通过招标、拍卖、协议出让的土地总量为 5375.5hm²，平均每年土地供应量为 490hm²。可是，至 2002 年，未办理《建设用地批准书》的土地（即申请获得后未开发）历年累计供应总量占已办理《建设用地通知书》土地历年累计供应总量的比例达 56.9%。很明显，一级市场土地供应大大超出实际开发的需求。因为基础设施尚未开发或不配套，大量未开发土地集中在新区。

广州土地开发率在最近几年正在逐年提高，这个现象说明政府历年投资的基础设施建设使得土地开发时机逐渐成熟。办理《建设用地通知书》后，平均等待 4～7 年后才办理《建设用地批准书》。一级土地市场的控制权旁落使得已供应土地因基础设施改善的资产增值流失，开发商得益，政府受损。"据了解，1993 年广州市出让土地 296.65 万 m²，实收出让金额 15.79 亿元，每平方米地价平均只有 529 元，若按广州市颁布的基准地价出让土地，政府的土地出让收益应达 104.63 亿元，相当于实际收入 15.79 亿元的 6 倍。而与之形成鲜明对比的是，仅供应 1km² 的土地，香港政府就可获得近 300 亿元人民币的土地收益，新加坡政府也可获得 100 亿元人民币的土地收益"（引自：广州城市土地供应与规划管理策略研究，2000：70）。"据统计，1995～1999 年五年间，政府从土地出让中获得的收益约为 235 亿元"（引自：广州城市土地供应与规划管理策略研究，2000：47）。

土地一级市场供应失控的客观原因是在各方面要求城市快速发展的压力下，市政府缺乏足够的财政能力及时开发和改善城市基础设施，需要用出让土地使用权筹集城市开发资金的方法所导致。希望通过廉价供应土地促进城市开发事实上无法达到推动城市快速发展的目标，结果是非但土地未能得到开发，反而落入开发商之手，政府失去控制土地开发市场的主动权。如果土地供应大于市场需求，土地价格下降，这种土地供应方式既不经济，也不可持续。土地收益让开发商获得，而政府一无所获。

2. 汕头

1990～1995 年期间汕头完成珠池港一期工程、广梅汕铁路、海湾大桥、礐石大桥、深汕高速公路、汕头机场改造工程、广澳港区和国际集装箱码头工程、华能汕头电厂一期工程、500kV 输变电工程、卫星通信地球站、国际海缆登陆站等一批关系大局的重大建设项目，以及林百欣会展中心和金海湾大酒店。其中，许多大项目却不是 1992 年总体规划所预见的，如新增南滨片区的填海工程、新建礐石大桥、新津河口围填、西片区高新技术产业开发区的设立。

1981～1991年期间，龙湖工业区、春源工业区发展良好，而台商投资区和广澳开发区由于种种原因，最终并没有达到规划预期的效果。1992～1997年期间，工业区跳跃式大发展。高新科技产业开发区（东片），保税区于1993年正式运作，月浦南工业区和万吉工业区（原站前工业区）两个市级工业区，及金园工业区、升平工业区、龙盛工业区（原下蓬工业区）、珠津工业区等19个区级、街道级工业区也陆续进行了规划和开发。现状规划区范围的工业用地1362.1hm²，占现状建成区面积的16.4%。可是，20世纪90年代以来汕头的土地开发逐渐变为低效率。由于对市场的失控，商品住宅开发规模过大，其空置量从1992年的3%上升到1998年的37%。与此同时，土地供给也呈现规模过大（表4-13、表4-14）。在土地供应形式方面，协议供地占绝大多数，最终表现为房地产市场失控，市场效率低下。

市区土地总供给数量（hm²）　　　　　　表4-13

年份	行政划拨	协议	招标	拍卖	其他	总数
1992年	12.89	63.77	1.20	—	—	77.86
1993年	157.24	142.13	1.57	—	—	300.94
1994年	213.70	171.96	1.87	1.50	—	389.03
1995年	143.60	185.75	—	—	—	329.35
1996年	68.30	177.89	—	—	7.00	253.19
1997年	133.98	254.09	1.38	—	0.47	389.92
1998年	32.78	276.67	—	12.12	—	321.57
1999年	149.04	408.21	—	0.84	—	558.09

资料来源：汕头市规划局。

市区居住土地总供给数量（hm²）　　　　　表4-14

年份	行政划拨	协议	招标	拍卖	其他	总数
1992年	10.89	25.43	—	—	—	36.32
1993年	1.91	37.40	1.57	—	—	40.88
1994年	16.12	13.94	—	—	—	30.06
1995年	0.71	26.65	—	—	—	27.36
1996年	1.38	73.52	—	—	7.00	81.90
1997年	0.24	53.79	—	—	—	54.03
1998年	0.00	58.26	—	12.12	—	70.38
1999年	62.45	19.65	—	0.59	—	82.69

资料来源：汕头市规划局。

据统计（截至 2000 年），在市区范围，已征未建用地达 33.46km²，其中大部分已批出。已批未建用地是市区建成区的 52.5%，集中在城市边缘和南区。城市土地是城市政府的资源所在，城市土地收入流失是城市政府财政收入的流失。过去 20 年，汕头市政府财政收入占国民收入比例呈下降趋势，从 1989 年的 8% 到 1998 年的 5%（图 4-21）。汕头旧城区大部分建筑破旧低质，改造困难重重。原因是改造后所估计的商业房地产的收益低于改造成本，因为要承担由于人口高密度而带来大量的居民拆迁。结果是旧城区土地价值为负值，即开发商不仅不能为获取旧城地块缴付地价，反而要求政府提供补贴。在目前情况下，旧城改造的市场条件不成熟。因为市政府没有足够的财政能力展开旧城改造，房地产市场也无足够的吸引力推动旧城改造。问题是为什么改造后的商业房地产的收益如此之低？结论是土地过度供应使得商业房地产价格没有达到应有的高水平。

据调查，1998 年汕头全市人口密度为 2025 人/km²，市区人口密度为 12008 人/km²，人均耕地面积为 154m²，不足我国人均耕地面积的 1/2，相当于广东全省人均耕地的 1/3 弱，汕头市是一个土地严重稀缺地区。因为城市与住房发展在 1980 年代以前被计划和政策所抑制，1980 年代土地和房地产开发基本满足了被改革开放所释放的市场需求。在汕头进入 21 世纪之时，市场已无明显被抑制的需求。单纯的土地开发无法带动城市经济发展，就如汕头湾南岸填海地段至今无法吸引高质量的开发项目一样。土地开发只能配合经济

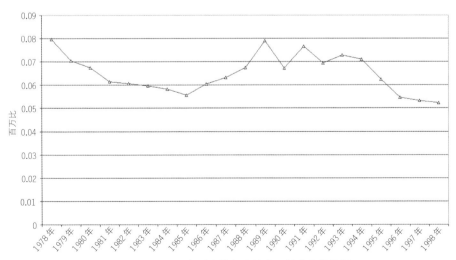

图4-21　汕头政府财政收入占城市国民收入的比例

（资料来源：汕头市统计局，2000）

发展。从城市土地开发的角度和汕头土地供应的现状条件出发，政府必须建立有效引导市场导向的城市开发的能力。土地收入将是市政府重要的财政收入之一。当特区在跨进21世纪，失去了早期的优惠政策时，市政府应及时建立起足够的财政能力，以此驾驭市场，进入经济发展、政府财力、政府引导、城市开发的良性循环（图4-22）。

图4-22　政府政策与经济发展的良性循环

3．珠海

1980年代与1990年代前五年，珠海经济发展迅速。经济发展速度从1990年代中起明显放慢。1978～1987年期间，珠海总的固定资产投资35亿元，其中50%投入基础设施；"八五"期间，五年累计固定资产投资350亿元，也有50%左右用于基础设施方面。1998年珠海大量的空置土地说明土地供给制约已不复存在，标志着基础设施土地供给导向型的城市发展模式已经完成历史使命。至1998年，城市建设用地的空置量为3800hm^2，占全部建设用地（包括利用的和空置的）的32%。值得忧虑的是，土地空置量仍然在提高。2002年的城市用地空置量为4300hm^2，占全部建设用地（包括利用的和空置的）的21%，2005年提高到5300hm^2。说明珠海1998年后的城市发展战略仍然以土地供给为杠杆。

在没有土地供应制约的条件下，土地开发基本上反映了市场的选择和趋势。在2002～2005年期间，中心城区（东区）积极消化闲置的土地，其他地区（郊区和西区）的土地开发量远不如规划所预期的开发量。市场投资还是集中在中心城区和东区。进入21世纪后，简单的基础设施和土地供应已经无法进一步刺激城市经济发展，除了浪费土地资源。在土地充分供应，甚至过度供应的情况下，规划引导的城市结构塑造已经无法达到规划目标了。在这种情况下，应及时调整城市发展战略。

4．筑巢引凤式的新中央商务区建设

很多城市采用"筑巢引凤"的模式，急切地规划和实施新市中心商务区的建设，但是很少城市能成功达到规划所预期的目标。如此结果，是因为对于城

市经济发展规律的无知。现代城市经济大都由制造业和服务业（第二产业和第三产业）构成。服务业可分两部分：低产值的消费性服务业和高产值的生产性服务业。中心城市的服务业在城市化发展中通常经历一个U形过程。发展初期，服务业在GDP中的比例高于制造业；中期，服务业所占比例下降，制造业比例上升；后期，服务业比例再度上升，超越制造业。这是因为，城市从初期的以低产值的消费性服务业为主体的商业中心进化成中期的工业城市，再发展成后期的以高产值的生产性服务业为主体的区域经济中心城市。城市经济主体向生产性服务业转移，此时对中央商务区的需求才会产生。生产性服务业是指为制造业和高科技产业服务的商务、金融、会计、广告、设计、法律等服务产业。生产性服务业的发展取决于城市所在区域制造业和高科技产业的发展和提升，这些高产值产业的相互关联促成在中心地区的集聚，从而形成中央商务区。其发展逻辑是：制造业和区域经济高度发展产生生产性服务业，生产性服务业在中心城市的中心集聚形成中央商务区，低层次的消费性服务业不需要中央商务区。

《广州市城市总体规划（1991—2010年）》把广州规划成三大组团，其中的城市中心区"设有城市旧城中心和天河新城市中心两个区域性都市中心，为双中心的大组团"，并没有提及城市新商务中心。然而，在没有总体规划的情况下，市政府在20世纪90年代初就提出了建设广州新城市商务中心的目标——用地面积约6km^{2}的珠江新城（袁奇峰，2001）。珠江新城是"未来的广州新城市中心，将统筹布局，综合商贸、金融、康乐和文化旅游、行政、外事等城市一级功能设施"（图4-23、图4-24）。珠江新城分东、西两区：东区以居住

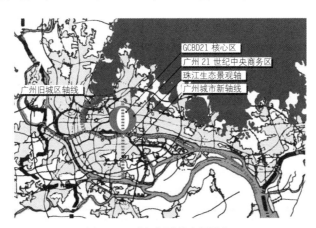

图4-23　珠江新城的布局设想
（资料来源：广州市城市规划勘测设计研究院，2002）

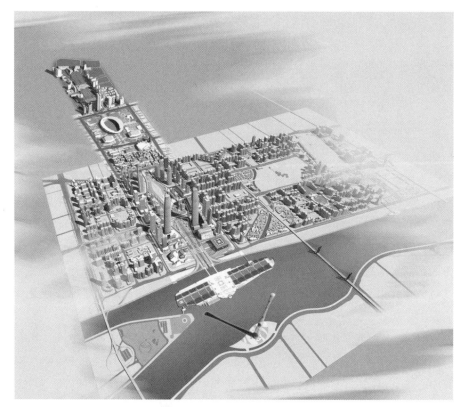

图4-24 珠江新城的空间设计
（资料来源：广州市城市规划勘测设计研究院，2002）

为主，规划17～18万居住人口；西区以商务办公为主，创造30万～40万个就业岗位。截至2000年年底，政府在珠江新城共征用农地5000多亩，已出让的地块面积约506hm²（广州市城市规划勘测设计研究院，2002）。事实证明时机过早，政府投资（基础设施和公共设施）的市场回报（办公楼开发）很不理想（图4-25）。低层次制造业只能产生低产值服务业，低产值服务业只需要低质量办公空间，无力承受高质量中央商务区办公空间的高租金。许多企业甚至利用住宅作为办公而散布在居住区中，以节省费用。一个城市生产性服务业的质量决定这个城市是否有对中央商务区的需求。

5. 结论

因为多年被计划经济抑制的巨大需求在短期内释放，1990年代许多以土地供给导向为战略的沿海城市在城市建设方面得到快速的空间扩展，"筑巢引凤"似乎很成功。但是"筑巢引凤"战略有其局限性：一旦供给制约消失，"凤凰"

图4-25　珠江新城2004年开发现状

（资料来源：广州市城市规划勘测设计研究院，2002）

　　不会仅仅因为此地有"巢"而来，既然有许多"巢"可供选择，最终选择栖身何处将由其他因素决定。一旦市场回归正常，土地供给方面的制约消失，是市场对土地的需求，而不是土地对市场的供给，决定城市的经济发展。许多城市采用低于市场价的价格，甚至免费提供开发商土地，希望能够刺激需求，是极其错误的做法。

　　任何商品的市场价已经说明了此商品的市场供需关系。价格变动会改变该商品的供需活动。价格下降会引起市场对该商品的需求，刺激购买。同样，土地价格下降也会引起市场对土地的需求，土地成交量上升。但是，土地会不会被利用，如工业开发或是办公楼开发，并不主要由土地价格决定。以工业厂房开发为例，是市场对工业产品的需求决定是否需要新建厂房。事实上，土地厂房成本只占总生产成本中的很小一部分，大约7%～10%，重要的生产成本是劳动力和设备。中国之所以能吸引大量外资，主要是因为低廉的劳动力价格和巨大的市场，而不是因为土地便宜。所以，降低土地价格不会直接刺激工业经济的发展。相反，土地的无谓流失使得政府的财政更加捉襟见肘，基础设施无法提升。土地的空置造成负面的"外在性"影响，使真正的投资者无法获得合适的用地。结果是低劣的投资者霸占着土地，优质的投资者望而却步。稍具土地市场经济知识就可得出如下的结论：良好的基础设施有利于经济发展，廉价售地无法促进经济发展。扰乱土地市场只会对经济发展有害，而不是有益。

4.4.2　培养需求的城市发展战略

当前西方城市的发展理论强调，城市发展在于综合地考虑城市发展的能力和资源，认为一个城市发展的潜力在于这个城市的能力与它的资源的乘积。城市资源（resources）包括自然资源、区位、劳动力、资金、企业精神、交通通信、工业构成、技术、出口市场、政府财政等，或者是有利于城市发展的优势因素。城市的能力（capacity）指城市的经济、社会、技术和政治的能力。

1. 资源

一个城市可以挖掘资源，吸引资源。开发良好的自然环境、改善城市空间环境、提高社区安全程度等，这些都是广义的资源。经济不发达可能意味着经济资本（economic capital）的匮乏，悠久的历史和文明体现了社会资本（social capital）的丰富。社会资本是与经济资本同样重要的资源。广东某地区零售饮食服务业甚为发达和具有竞争力，但外资制造业却无法发展壮大，工厂虽可从内地招募到足够的劳工，但是中层管理人员却很不稳定。原因据称是受当地"宁做鸡头，不做牛尾"民风的影响，具备一定管理能力的当地人才宁可自己做小老板，而该地区吸引外地人才的竞争力不如珠江三角洲地区。因此，该地区的社会资本在目前的环境下，不适合于工业化发展。地方经济发展有五个关键资源（5M）。①原料（materials）：土地，房屋，区位，基础设施，自然资源；②人力（manpower）：技术工人，劳动力，教育和培训；③市场（markets）：市场分析，竞争，市场渗透，推销战略；④管理（management）：组织结构，研发；⑤资金（money）：金融机构，融资（Blakely，Bradshaw，2002）。

吸引外资是为了开创本地的资源。传统的吸引外资方法是降低生产成本（生产要素的比较优势），新的方法是提高赢利水平，如：加强劳动力培训提高生产力；促进产业群的形成而提高竞争优势等。这是扩充地方经济发展潜力的有效方法。以产业链的方法形成地方优势产业群（industrial clusters）是一个已经被证明成功的概念。所谓产业链和产业群是指有共同市场、上下游相互联系、享用共同基础设施的相关产业的集聚。美国经济的竞争力有目共睹，它有几个著名的产业群，如由大学、研究中心、风险资金和市场推销渠道组成的硅谷高科技产业群；加利福尼亚纳帕（Napa）葡萄酒产业群（680个制酒厂、数千个葡萄种植业者、支持制酒业和葡萄种植业的企业、广告业、出版业、葡萄酒研究所、州政府内的葡萄酒业委员会、加州大学戴维斯分校（UC Davis）内的世界级葡萄酒研究中心、及旅游业、餐饮业等）；马萨诸塞州的医疗器械产业群（400多家企业提供39000个高收入工作岗位）；曼哈顿和旧金山湾区的多媒体产业群；底特律的汽车工业产业群；纽约的金融产业群等。上海等发达城市也正在试图发展自己的优势产业群，如航天闵行、精钢宝山等。

2. 能力

所谓城市的能力是城市社会能够自己组织起来的能力，城市能力的强化在于政府、社区、公民社会的领导作用。根据布雷克利和布莱德肖（Blakely, Bradshaw, 2002）的理论，地方发展的能力体现在综合性的战略规划。这个综合性的战略规划有五个方面的内容。①地方经济发展：确认地方产业群体发展地方优势产业，多样化的经济和就业结构，地方繁荣指数（工资增长幅度／工作岗位增长数）等；②城市空间环境：规划控制有利于投资、交通和基础设施，加强城市设计使城市更具美感和吸引力等；③企业发展战略：成立科技园和商务园，风险资金金融机构，小企业协助中心，商务信息中心等；④人力资源开发：专业培训，就业计划等；⑤社区发展。

城市政府的企业家精神曾受到广泛讨论，然而我们必须认识到政府的企业家精神和真正企业的企业家精神有所不同，因为前者的主体是城市整体，而后者的主体只是企业。二者的相同之处是使城市对投资更有吸引力和竞争力，体现在这几个方面：①土地资源的管理，因为土地是地方经济发展的重要因素之一；②提高城市的可居性（livability），这是包括生活水平、社会安全、文化丰富等综合性的概念；③土地区划具备灵活应对市场多变的能力，如奖励性区划政策；④简化规划管理，降低交易成本；⑤城市美化，提高居住水平。

综上所述，西方经验对我们的启发是，中国应该同样注重对刺激市场需求的导向型城市发展战略的研究，从而建立起可持续城市理性发展的模式，避免稀缺土地资源的继续浪费。这方面可借鉴政府管理商品住宅市场的经验，通过调节市场需求的手段引导和管理市场，如：按揭政策、贷款利率、鼓励或抑制住房投资、鼓励或抑制外来需求等。尽管政府管理商品房市场的能力还远不够理想，原因是过多的行政干预，而不是通过市场机制的干预。重要的是在商品房市场，政府已经基本退到市场第三者管理的位置，只向社会提供低收入住宅和公共住宅。

4.4.3　城市空间结构的构造和城市发展战略规划实施的审计指标

　　通过政府投资的城市基础设施和公共设施，城市发展战略规划可以有效地塑造城市空间结构。逐渐外延发展所形成的城市结构是市场引导下城市发展的通常模式，如国内某市案例所示（图 4-26）。对 1993～2003 年期间该市居住用地地价时空分布的分析发现有这样一个变化趋势：居住用地地价曲线由 A 向 B 状态转移，再由 B 向 C 状态转移。这说明，早期的中心区（旧区）居住用地密度和地价上升，中期的边缘区（新区）居住用地地价上升，而后期是中心区居住用地密度和地价相对下降，而边缘区地价继续上升。这反映了一个以公交为主要交通工具，随着基础设施和社会设施向城市边缘区发展而居住人口向外迁移的过程。

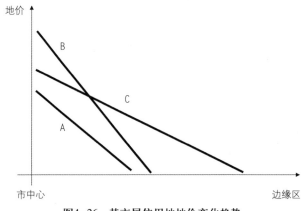

图4-26　某市居住用地地价变化趋势

　　市场经济条件下跳跃式外延发展所形成的城市结构通常是快速地铁交通（新加坡）带动，或私人小汽车普及的情况下产生（美国城市）；前者形成组团式结构，后者成为郊区化蔓延形态。两者往外扩展的要素都是以居住为主，然后带动就业岗位向外迁移。根据笔者对美国城市巴尔的摩的研究表明，郊区化首先以居住人口外迁引起。1900 年巴尔的摩中心城的居住人口占巴尔的摩大都市的 79.6%；1950 年这个比例跌到 71.0%；1996 年继续跌到 27.7%。1950 年巴尔的摩中心城有 949700 人口，1996 年只有 675400 人口。居住人口外迁最后带动就业岗位外迁。就业岗位布局所形成的跳跃式外延发展的先例是计划经济时期的卫星城规划，如上海的闵行、金山卫、安亭等。工业项目的布局由计划决定，但是居住人口的相应布局却无法完全由计划决定，因为居民有选择的自由。众所周知，计划经济时代的卫星城规划不太成功。就业岗位布局带动居住人口外迁而形成有吸引力的新城的战略有待研究，而居住人口自动外迁带动就业岗位布局形成有吸引力的新城的成功可能性则很大。

城市可持续发展对于中国的长期的城市化过程至关重要。考虑到中国城市土地稀缺的现实，及长期可持续理性发展模式的建立，建议设立两个审计城市发展战略规划的指标：①政府投资引进市场投资的比例，这个比例越高，说明政府投资的成效越大，用于审计公共投资的绩效；②土地生产率（GDP/hm²）（表4-15）。这是监督市场导向的城市规划、降低公共投资风险的措施。

城市土地生产率（GDP/km²）指标　　　　　　　　表4-15

	上海	北京	广州	深圳	武汉	郑州	合肥	东莞	汕头
1998 年									
GDP（亿元）	2973	1781	1298	1289	877	271	190	356	423
建成区面积（km²）	550	488	275	129	204	116	120	102	93
土地生产率	5.4	3.6	4.7	10.0	4.3	2.3	1.6	3.5	4.5
2003 年									
GDP（亿元）	6250	3663	3497	2895	1662	1102	485	948	527
建成区面积（km²）	550	1180	608	516	216	170	148	246	191
土地生产率	11.4	3.1	5.8	5.6	7.7	6.5	3.3	3.9	2.8

资料来源：国家统计局，1999、2004.

市场经济下的中国城市规划：发展规划的范式

CHAPTER 5

第五章　经济制度转型中的城市建设制度

规划只是图面上的规划而已，并不意味着未来的城市就是规划图上的远景，规划实施背后有一个重要的城市建设制度。城市的发展与城市建设制度直接相关，城市规划只是这个建设制度的一个组成部分。新加坡"牛车水"改造揭示了城市建设制度是如何与规划共同塑造城市的重建的。中国的城市建设制度正在经历着一场影响深远的变革——从计划走向市场，转型时期的城市建设制度由地方发展政体、二元协调机制、模糊和残缺土地产权、经济利润最大化和政治利益最大化并存组成。农村集体模糊和残缺土地产权对转型时期的城市建设影响甚大，包括正面的和负面的。美好城市建设的关键在于完善的城市建设制度。

5.1 塑造城市的是城市建设制度，规划只是其中之一

5.1.1 规划与建设的二元分离

因为"规划师规划城市，开发商建设城市"的二元关系，对于世界上绝大多数城市而言，总体规划并不在塑造城市的空间形态方面起决定性作用。西方一些经典的规划方案之所以能够得到整体上的实施，如：纽莱纳克、田园城市、英美新城、城市美化运动、邻里单位等，是因为规划与开发二位一体。事实说明，我们对理应按照规划进行的城市开发和建设，即规划实施，没有足够的理解和认识。这方面存在巨大的理论和实践两方面的空缺是造成"规划规划、墙上挂挂"的根本原因。有志向的规划师不应仅仅满足于提出好的规划方案，更应注重规划方案的实施过程，使规划方案成为建设美好城市的主要引导。

经过 20 多年的改革，市场经济的成分在中国已经相当地深远和广泛。英国《经济学人》(The Economist，2004c) 报道说，中国 2004 年进出口贸易量已占国内生产总值的 75%，而在美国和日本这个比例只达 30% 左右，说明中国的经济甚至比美国和日本的经济还开放。在短短不到 15 年的时间，许多沿海城市的住房供应从百分之百的公共住宅转变为将近百分之百的商品住宅，而老牌资本主义国家英国目前的公共住房仍然占住房总数的 20% ~ 30%。市场经济给中国带来翻天覆地的变化，发展的趋势不可逆转。市场经济体制的进入，以及市场经济成为一种生活方式，是对不具备完善的现代开发控制机制的中国城市规划的最大挑战。许多地方规划部门对"规划师规划城市，开发商建设城市"的规划和开发二元分离现象毫无认识，规划方案编制方法仍然犹如在计划经济时代。某市负责城市建设的政府官员希望某一地块开发完全按照规划进行，意欲在土地批租时将详细用地规划作为一个附带条件一起强加给开发公司，而该详细规划在编制时根本没有考虑到开发市场的因素，这完全是计划经济时代的做法。在开发公司还未落实之前，许多政府主持的地块规划设计已经到了很详细的阶段，这种没有市场参与的详细规划设计在新的开发形势下是否还有任何作用？

5.1.2 城市建设制度

城市总体规划应该能够指导政府投资的公共项目和基础设施建设，但它对市场投资的开发项目能有多少引导能力，我们并无把握。美国 1960 年代对总体规划实施进行评估后发现，在指导市场实现规划目标方面，总体规划基本

上是失败的，因为规划没有引导市场开发的机制。曼雷恩·克劳森（Marion Clawson）和彼得·霍尔（Peter Hall, 1973）认为，大多数总体规划的效果相对有限，实施的结果并未如预想那样完美。可以说，在编制规划方案上所花费的大量精力和财力基本上是浪费了，更糟的是，总体规划给人一种假象，这个城市的将来似乎是前途无量。德拉芬斯（Delafons, 1962）评论道，尽管效用有限，政府仍然愿意花费大量的人力和物力编制总体规划，印刷制作精美的宣传材料，因为总体规划已经成为政府的公关工具。这种现象对当今的中国规划师似乎也不陌生，规划方案在某种程度上也成了政府的公关工具，而不是真正引导城市发展的准则。

西方处于城市化后期的城市已经不太需要构造城市空间结构的概念规划和总体规划，美国规划院校协会（ACSP）和欧洲规划院校协会（AESOP）的年度学术研讨会议已经极少提起城市总体规划的话题了。与此相反，中国的城市化目前正处于快速发展期，许多沿海城市发展取得了"难以想象"的飞快速度（郑时龄，2004a）。城市发展需要规划方案，自1990年代起的强劲需求使得做方案的规划师大量短缺，这是规划史上专业发展少见的黄金时代。城市建筑和基础设施大量增加，计划经济所造成的尖锐的短缺问题得到显著的缓解，城市生活质量的巨大长进有目共睹。然而，我们还是要问自己这样一个问题：我们所做的规划是否在积极地建设经济有效益、社会有公正、环境可持续的美好的中国城市？城市建设是否按照规划师所编制的规划方案实施？

如果总体规划能够转化成城市现实，规划理论发展就是一个理论指导实践、实践修正理论的良性循环过程。然而现代城市，无论中外，很少具备这个条件。如果总体规划只能有一小部分得到实施，那么城市很大部分是遵循什么目标进行建设的呢？美好的规划方案与美好城市的建成之间有一道鸿沟：规划实施的过程。之所以称为鸿沟是因为我们至今对这一过程了解其少，中国大学的规划教育也不把它列为重点之一。美国20世纪中期城市总体规划的实践揭示了这么一个基本的错误观念：城市未来的用地规划纯粹是由专家决定的技术问题，编制规划方案是个技术过程。目前中国的许多规划专业也正是如此来训练规划师的。然而，规划实施的过程远远超出技术的范畴，如果编制规划方案必须同时考虑到规划实施，编制规划方案就不是一个纯技术问题。研究规划实施过程后发现，规划实施后面有一个更复杂的因素：城市建设制度（图5-1）。

规划理想与城市现实之间必须搭起一座桥梁。在规划理想与城市现实之间存在的理论和实践方面的空缺就是我们城市规划专业发展的方向。是什么未知

图5-1　城市规划与美好城市之间的桥梁：城市建设制度

因素在妨碍规划方案的实施？对那些未知因素的求知推动了西方城市规划专业从建筑工程向社会经济、公共政策方向发展，从单一建筑学科向多学科发展（陈秉钊，2004）。中国城市规划专业发展今后的方向也势必被这个逻辑所引导和推动。每个国家都有自己的城市发展国情，以及城市规划必须关注的问题。我们城市规划专业发展的方向与所谓一些发达国家时尚的理念没有什么关系。不要把因为美国国情所出现的"睿智增长"(smart growth)和"新城市主义"(new urbanism) 规划概念作为中国城市规划的时尚，那些概念与中国的城市规划毫无关系。事实上，"睿智增长"和"新城市主义"也与大多数欧洲的城市规划无关。美国规划学术界的网上电邮讨论中心将近年来讨论的主要规划议题在2007 年结集发表，题名为"当代城市规划问题"（Chavan，Peralta，Steins，2007）。书中总共提出 26 个课题：7 个关于城市蔓延和睿智增长；5 个关于交通、公共交通和步行街化；5 个关于公共空间和城市设计；4 个关于自然灾害和城市安全；5 个关于城市社区和改造更新问题。这些都是美国当代城市规划所关心的主要议题。中国有自己的城市问题和面临的挑战，必须有符合自己国情的规划理念。

　　什么是城市建设制度？按照诺贝尔经济学奖获得者、制度经济学家道格拉斯·诺思（Douglass C. North）的定义，制度（Institution）是"游戏规则"。城市建设制度就是城市建设的"游戏规则"，城市规划体系和城市开发控制属于城市建设的规则。与规划方案相比，市场经济体系下的城市建设制度在城市建设方面起更大、更重要、更关键的作用。城市建设制度决定规划与市场在城市开发中的关系。这种关系决定：规划是否有引导开发的能力，即"规划是龙头"；规划是否有控制开发的能力，即"规划是裁判"。"罗马不是一天造成的"，但是罗马究竟是如何造成的呢？古典经济学信奉"看不见的手"，市场的机制就是供需平衡以及调节供需平衡的价格。制度经济学则认为，"看不见的手"固然重要，但能够使市场运作的制度是市场经济的前提。市场运作的机制是由制度限定的。市场经济的效率由产权结构和交易费用决定，"看不见的手"在这个制度框架内发挥作用，制度决定经济效率。世界银行和国际货币基金组织一直致力于在发展中国家推动自由市场经济，反对政府干预市场。直到 2002 年，世界银行才认识到制度对市场经济的重要性，发表了标题为《为市场建立制度》的年度报告（World Bank, 2002）。许多市场经济的发达国家之所以富有，是在于市场经济的高效率和激励机制。许多市场经济的第三世界国家之所以贫穷，以前一直认为是政府过多的干预使得市场不自由，价格扭曲和垄断造成市场低效；现在认识到市场低效更多的是由市场制度不完善所造成，而市场制度不完善主要在于政府管制能力不够。

城市建设制度的主要内涵是土地产权的限定，限定土地产权的目标是：①制定确保市场竞争公正的"游戏规则"；②确保城市土地开发的经济、社会和环境效益。城市规划三种形式之一的规划控制（区划）监督贯彻目标1；城市规划另外两种形式（规划方案和规划参与）确保目标2，目标2涉及城市开发中公共利益与个体利益之间的关系，市场物品提供与公共物品／社会物品提供之间的平衡。

5.2 案例分析：城市建设制度中的"公地"与"反公地"现象

土地产权制度涉及经济效率、社会分配和环境保护，并决定土地开发的模式。土地产权的设计和限定体现"看得见的手"的政策目标，推动"看不见的手"向城市可持续发展的目标前进。如果产权没有明确规定，资源会被低效率利用，甚至被掠夺。这种产权状况被称之为"公地"（the commons），所谓"公地的悲剧"（the tragedy of the commons）（Hardin，1968）。没有排他性的产权限定，任何人都可以利用资源，保护资源可持续利用的激励机制不存在，结果是资源迅速消耗殆尽。海洋基本属于"公地"，鱼类资源会被肆无忌惮地攫取；没有污染法控制的天空也属于"公地"范畴，洁净的空气作为珍贵的资源被低效利用。追求个人福利的行为导致整个社会受损的结局，而不是整体受益。与"公地"现象相对称的是"反公地"（the anticommons）现象。"反公地"与"公地"正相反，即资源被多个业主共同拥有，因为无法达成共识而不能共同开发，结果是资源仍保持原来的低效利用状态。如一幢大楼被多个业主共同拥有，因为城市人口增长，大楼所在地块必须提高土地使用强度。土地改造必须得到所有业主的共识才能进行，但是任何业主都可以阻碍改造的实施。因为产权制度上的缺陷，"公地"和"反公地"的产权结构都无法达到资源最佳利用的结果，而使经济可持续发展举步维艰。

所谓城市建设中的"公地"现象是指城市良好环境作为公共资源被无约束

地掠取，没有产权的保护，负面"外在性"不断积累，最后城市环境质量恶化，混乱不堪。"公地"产权结构无法维持良好的城市环境，造成环境日益恶化。"门禁"商品房小区是对城市中不同程度的"公地"现象的市场反应："门禁"小区可以阻止相邻用地业主的不良"外在性"影响，抵制"公地"现象扩散；物业管理条例有效地遏制小区内部潜在的"外在性"影响。城市土地开发领域中的"反公地"现象的典型案例是"钉子户"。"钉子户"拒绝协作而使城市改造项目中途搁浅、前功尽弃，土地资源未能得到更有效的利用。"反公地"现象在人口高密度、土地私有制的发展中国家城市化中普遍存在。人口高密度发展中国家的城市住房短缺大都是由于土地短缺和土地低效率利用所造成。没有规划控制，土地市场会败坏成"公地"，造成低质量的城市环境。土地细碎而无法整合，市民只能进行私人自建住房的建设，土地市场成为"反公地"。

5.2.1 达卡

发展中国家的低收入居民受住房短缺的影响最大。因为贫困，孟加拉国首都达卡 1/3 的居民居住在贫民窟里。令人困惑的是达卡大部分中产阶级家庭也没有能力购买体面的住房，住房价格高昂，只能租赁住房，或与其他家庭合住，市场无法满足他们的住房需求。几乎所有的住房开发要素——土地、建筑材料、劳动力、开发资金——都是当地的要素，其价格应该是相对于当地经济水平的当地价格，而不像进口汽车的价格是国际价格，超出贫穷国家消费者的购买能力。住房价格是当地化和相对的，居民工资低，住房开发要素价格相应也低，住房价格也应该低廉。贫穷国家相对富有居民的住房可以与富有国家有钱居民的住房一样地高质量。为什么达卡的住房价格如此之高？为什么"看不见的手"未能调节住宅市场以满足达卡中产阶级的需求呢？研究的结果表明，在基础设施建设、土地开发、土地产权、规划管理和住房金融方面，因为政府管理无力，一个有效的住房建设制度未能建立，住房供应远远落后于住房需求。

达卡的住房供应结构中公共住房只占 7%，余下的是市场私人住房，私人住房中个体自建住房占了大多数，而不是开发公司建设的住房（图 5-2）。研究表明住房用地的低效率利用，进而引起的人为高地价，是开发公司住房开发的最大障碍，大部分开发商必须与个体土地业主合作开发，后者以土地入股。结果是土地成本占开发成本的比例高达 90%。对 150 个住房开发公司调查后发现，一个开发项目的平均规模只有 21.3 个住房单元，82% 的开发项目的平均用地规模小于 1000m^2（表 5-1）。与其说达卡住房供应是市场失效，还不如说

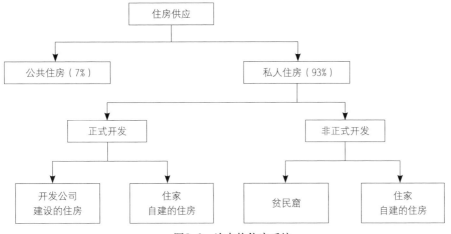

图5-2 达卡的住房系统

开发公司住房开发项目的用地规模　　　　　　　　　　表 5-1

住房开发项目的用地规模（m²）	住房开发项目的数量	比例（%）
<335	13	8.7
400 ~ 670	72	48.0
735 ~ 1005	38	25.3
1070 ~ 1340	25	16.7
1405 ~ 1675	2	1.3
总数	150	100.0

资料来源：笔者调查，2003.

是政府失效。住房价格高昂的主要原因是土地未能高效率利用，造成地价居高不下。据一位访问孟加拉国的世界银行专家观察，达卡市中心的土地价格与纽约曼哈顿的土地价格差不多，但是孟加拉国人均 GDP 只是美国的 3%。

住房短缺是因为政府没有能力建设基础设施，提供更多的土地。现有建成区内的住房用地利用效率没有达到应有的高度。私人地块随着人口增长而越来越细分，地块越来越小，业主越来越多，土地整合越来越难（图 5-3、图 5-4）。土地整合中高昂的交易成本阻碍了高效率的大地块住房开发，有限的土地未能提供更多的住房单元。在人口高密度的发展中城市，支离破碎的私人土地所有制造成大量低效率的住家自建。低效率的住家自建不是一个可持续的建设模式。低效率的城市建设造成低质量的城市环境，并且恶性循环。

达卡有一原本是著名的环境优美居住区达蒙迪（Dhanmondi），后因规划控制管理不严，未能及时阻止某些居民擅自将房屋的居住用途改成商业用途的

市场经济下的中国城市规划：发展规划的范式

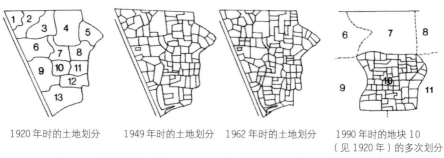

| 1920 年时的土地划分 | 1949 年时的土地划分 | 1962 年时的土地划分 | 1990 年时的地块 10
（见 1920 年）的多次划分 |

图5-3　达卡苏克拉班德（Sukrabad）地区多年连续不断的土地划分

图5-4　达卡苏克拉班德地区，2006年

行为，小区居住环境渐渐恶化（图 5-5、图 5-6）。也是因为土地过度划分造成居住地块细小，住家只能尽可能将居住面积最大化以满足家庭需求，而无暇考虑规划的控制条例，使得这类开发成为典型的没有规划控制的"非正式"开发。一旦失控，很难再回归到原有的良好状态。在住房严重短缺、个体业主自建盛行的城市建设制度下，城市规划无法发挥管控和引导作用，达卡事实上是没有规划的城市。

图5-5 达卡达蒙迪居住区平面图

注：黑色地块为未经批准而改为商业和办公用途。

图5-6 达卡达蒙迪居住区现状平面，2006年

5.2.2 越南河内与胡志明市

越南城市人口高密度，但是越南城市土地利用远远低于其人多地少状况所应有的效率。城市中地块划分普遍细小，各家各自建设，建筑密度极高，但容积率没有达到市场需求所要求的高度（图5-7、图5-8）。究其原因，与其特殊的住房建设制度有关。越南因为连年战争，国家统一前没有机会发展国民经济，城市建设处在非常落后的状态。1954年，河内的居住水平是人均6m²。1994年，河内的居住水平下降到人均4m²，30%的河内居民居住水平低于人均3m²（Boothroyd，Nam，2000）。作为一个社会主义国家，越南于1980年将土地国有化。1980年的宪法规定土地所有权属于国家，但是1992年的宪法和1993年的土地法将"土地国有"改成"全民所有"和"国家管理"。社会主义制度要求城市政府提供廉价公共住房，但是长期的战争耗费了政府几乎所有的财力，无法直接提供城市居民公共住房。

从1980年代中期开始，越南展开与中国改革开放类似的经济市场化运动，让市场发挥更大的作用，住房供应由市场决定，政府不再提供社会主义公共住房。与中国不同的是，越南将居住用地平均分配给城市家庭，以便让居民在"宅基地"上自建住房，只具备土地使用权的"宅基地"可以出租和出售。与中国不同的是，中国只有农村村民有"宅基地"，越南城市居民也有"宅基地"。越南人口众多，土地稀缺，平均分配的结果是每户只分得大约30～50m²左右的一小块用地（3.5～4.5m宽，10～15m长）。名义上国家拥有土地，实际上住户是业主，有合法的土地产权证。1987年的数据表明，全国

图5-7　河内城市居民家庭　　　　图5-8　河内城市居民在家庭居住用
　　　细小的居住用地　　　　　　　　　地上自建住房

图5-9 整个河内城市犹如一个大村庄

大约 64% 的城市住房属于自建。因为是在小地块上自建住房，90% 左右的城市住房只有 1 ~ 2 层。据估计，在 1980 年代后期，超过 80% 的新建住房是居民自建。甚至到 21 世纪的 2001 ~ 2005 年期间，胡志明市新建的自建住房仍然占全市总量的 85%。开发商建设的商品房只占总量的 2.5%，对于一个亚洲大都市而言，专业性住房开发比例如此之低实属罕见。改革开放后，经济发展带动了住房需求，一部分先富起来的居民开始利用土地使用权开发他们的地块，各家各自为政，结果是城市中出现大量类似中国南方城市的"城中村"（图 5-9）。中国的"城中村"建立在集体所有制农村建设用地之上，而越南的"城中村"是建立在国有的城市用地之上。

越南特殊的城市土地制度造成众多细小的地块，特殊的社会主义土地使用权赋予土地使用权拥有者事实上的土地所有权，使得具有一定规模的住房项目开发所必需的土地征用和土地整合极其困难，或者说土地整合的交易成本极高。成本之高以至于无法进行有规模和效率的住房开发。有土地的住家只得自建，而没有土地的年轻家庭没有自己的住房。1990 年代的河内，大约 50% ~ 70% 的新建住房面积属住家自建。因为缺乏土地供应，房地产开发公司建设的住房在住房市场上只占小部分（表 5-2）。住家自建的住房通常两三层高，建筑面

河内新建住房供应的规模和形式　　　　　　　　表 5-2

年度	1990 年		1995 年		2000 年	
	m²	%	m²	%	m²	%
国营开发公司	44341	34.2	9800	3.9	82128	13.7
自建	66550	51.4	165200	65.7	410405	68.7
合资	6010	4.6	66849	26.6	104977	17.6
其他	12587	9.7	9699	3.9	0	0.0
总共	129488	100.0	251548	100.0	597510	100.0

资料来源：河内市统计年鉴。

积介于 80m² 和 150m² 之间。根据 1980 年代一个对六个主要城市（包括河内和胡志明市）的调查，75% 的住房（以面积计）只是一层建筑；90% 的住房低于二层。河内的住房平均高度只有 1.86 层（Trinh, Parenteau, 1991）。很明显，在城市土地资源如此稀缺的情形下，居住用地的利用效率太低。

普遍细小"宅基地"上的自建住房造成两个不良结果。第一，恶劣危险的高建筑密度居住环境。因为地块狭小，为了使家庭有足够的居住空间，只能充分利用土地，违反规章制度而使住房"延长伸高"，在有限土地上住房空间极大化。进深过长的平面造成中间部位楼面缺乏最低限度的日照和通风。居住区内住宅之间的空间狭窄，通风和日照条件恶劣，一旦遇到紧急状态，救火车和救护车无法驶入（表 5-3、图 5-10、图 5-11）。按照基本的规划控制，此类非法居住环境属于强制拆除的范畴。第二，如此之高的居住人口密度，住房形式应该采纳高层高密度，提供尽可能多的居住空间面积，而不是中低层。自发建设的模式造成胡志明市的住房空间严重短缺，人为推高住房的价格和租金，造成城市有"宅基地"家庭与无"宅基地"家庭之间的不平等，有地的现状居民与未来无地新居民之间的不平等。经济改革开放带动城市经济发展和推动城市化进程，吸引大量农村劳动力进城，这使得城市住房空间供应严重不足。高房价与低下的国民经济实力不相称。

胡志明市两个居住街区的土地利用统计　　　　　　表 5-3

街区	规模	空地（包括道路）	建筑密度	地块数量	地块平均面积
A（低收入）	11611m²	1734m²	85.1%	246	40.2m²
B（中等收入）	16778m²	1300m²	92.3%	175	88.5m²

资料来源：笔者 2009 年的调查。

土地低效率利用造成居住空间狭小，城市居民尽可能将居住面积最大化以满足家庭居住需求和投资需求，而将城市规划的区划控制置若罔闻。据调查，河内在 1992 年和 1994 年期间，签发了 2700 个住房开发准证，但在同期却有 13000 个没有准证的开发项目（Smith, Scarpaci, 2000）。"非正式"住房所构成的社区就是没有规划控制的"公地"产权状况。当商品房和公共住房无法满足社会各阶层居民的需求，政府将很难实施严格的规划控制。拆除非法住房（"非正式"住房）意味着将这些居民赶到街上，成为无家可归的城市难民。当然，没有一个政府胆敢这样做，只能任其然，结果造成城市环境质量低下，城市规划无法发挥作用。

图5-10 胡志明市居住街区A的地块图

（资料来源：笔者 2007 年的调查）

图5-11 胡志明市居住街区B的地块图

（资料来源：笔者 2007 年的调查）

5.2.3　雅加达

印度尼西亚首都雅加达与大多数亚洲城市相似：土地稀缺、人口高密度。政府在城市规划和城市建设方面相当弱势。土地私有制在人口众多的情况下，土地划分不断细化。在 1860 ～ 2006 年将近 150 年期间，雅加达的潘士农恩（Pecenongan）地区除了建筑密度大大提高之外，城市结构基本没有变化，也没有出现与城市人口规模急剧扩大相对应的足够数量的大尺度建筑（图 5-12、图 5-13）。建筑密度极高，容积率却不高，大多数的住房仍然是早期的 1 ～ 2 层单体建筑，多层楼房都很少见。土地的使用率没有随着城市人口增加而相应提高。有利的城市形态应该是高层低建筑密度，留出足够的空地作为社会空间。潘士农恩地区之所以在过去的 150 年间没有经历有利于城市总体利益的结构性改造，完全是因为业主之间的土地整合征地的困难，使得有规模的城市改造难以进行。低建筑密度的农业村庄逐渐演变成高建筑密度的"城市村庄"，居住环境日益恶化。个体权益遏制整体利益，造成城市规划"墙上挂挂"。

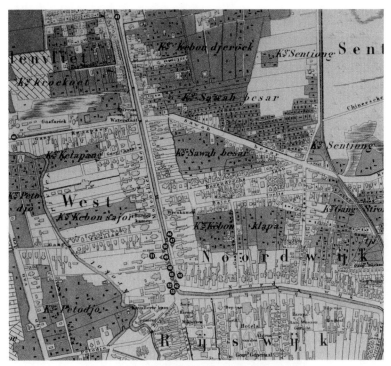

图5-12　印尼雅加达的潘士农恩地区，1860年

注：深绿色块是村庄，被城市居住用地包围。

图5-13　印尼雅加达的潘士农恩地区，2006年

注：深红色块的用地是印尼所谓的"城市村庄"，类似广东的"城中村"，在村庄的用地上发展起来。

5.2.4　中国广东某市

1949年中国南方某县城面积为3.9km²，人口3.9万人。1950年代，以国家重点投资工业建设为契机，大量工业进入市区，城市建设获得了较大发展，城市形态主要体现为中心扩展和飞地生长。改革开放后，城市建设速度进一步加快，1987年城市建成区面积已增至7.9km²，人口为12.5万人。1988年中心城区改制为地级市，市区主要依托旧城沿道路向外发展。1993年后，城市建设以居住区建设为主，市中心城区建设用地范围不断扩大，由1996年的14.8km²发展到了2006年的38.6km²。

该市是一座由县城成长起来的沿海城市，由于当地一直有着住房要"有天有地"的传统观念的影响，私建住宅问题由来已久。尽管政府和单位兴建了一些集体宿舍，但由于县城住房"欠账"太多，不可能完全依靠政府和企业解决干部、职工的住房困难，因此，建私房之风随之而起。1978～1987年期间，据政府机关各部门不完全统计，新建干部职工宿舍4.15万m²，而居民自建住房面积却达33.6万m²，差不多是财政建房的8倍。1988年建市后，由于政府财政薄弱，为弥补政府财政不足，延续了长期以来的土地随意出让的做法，刺激了买地与私建住宅的持续发展。1990年代初期，由于住房政策的改革，政府单位建房的模式基本停止，同时又因为房地产热的影响，政府大量出让城市土地给房地产公司（包括一些国有房地产企业），其中部分土地划块后转给私人；还有一部分被囤积，并希望借助土地升值而获利。然而，进入 1996 年后，受亚洲金融危机和国家宏观调控的影响，土地并未得到预期的升值，房地产公司为了急于兑现，借着市区人口增长的需求，将"囤积"的土地划分为小地块以较低的价格转卖给私人，加上当时市区发展建设方向不明确，使得市区私人自建住宅掀起了新的高潮，私人建房占了很高的比重。同时，用于公共基础设施投资的资金被挤压，使得居住区在文化、体育、休闲、医疗和市政等方面的公共配套严重缺乏。1998～2003 年期间，市区批建的私人自建住宅达 6474 户，住宅基地总面积达 46.3hm²，总建筑面积为 192.7 万 m²，为同期市区商品房竣工面积（73.7 万 m²）的 2.6 倍。2006 年年底居住用地面积为 1894hm²，其中：商品房和单位建房居住用地 265hm²（14%），个体自建房居住用地 1554hm²（82%）（图 5-14、表 5-4）。

经对私人自建住宅（没有规划控制的"公地"）和遵守规划控制的商品房楼盘的分析得出，前者的平均每户占地面积（75.4m²）比后者（52.4m²）多出 44%，前者的平均每户住宅建筑面积（340m²）更比后者（162.5m²）多出一倍多（表 5-5、表 5-6）。因此，私人自建住宅的模式既造成土地经济效益低下，又造成土地利用的社会不公正问题。据对汕头金沙村"城中村"的调查（图 5-15），其容积率是 2.95（代表土地经济效益），建筑密度达 60%（代表环境效益）。而相同地段商品房小区规划所规定的容积率达 3.0，建筑密度达 30%。深圳福田区"城中村"的平均建筑密度 55%；商品房小区的建筑密度一般是 30%。这说明私人自建住宅模式产生的"城市村"的土地经济效益和环境效益都比商品房小区的差，证明土地产权的"公地"现象造成城市发展经济、

建成区各时期住房建设情况（hm²）   表 5-4

	1978 年前	1978～1987 年	1988～1998 年	1988～2003 年	2004～2005 年	合计	比例
公房	—	—	—	10.0	2.4	12.4	1.2%
宿舍，商品房	16.5	4.2	40	73.7	53.5	187.9	18.8%
自建住宅	188.0	33.6	298.4	192.7	88.1	800.8	80.0%
合计	204.5	37.8	338.4	276.4	144.0	1001.1	100%
自建住宅比重	91.9%	89.0%	88.2%	69.7%	61.2%	80.0%	—

资料来源：笔者调查。

图5-14　南方某市各种居住用地的分布

注：蓝色为私人个体自建房用地；黄色为商品房用地；红色为经济适用房和廉租房用地。

1993～2005年私人自建住宅（新建）数量（m²）　　　　表5-5

年度	户数	占地面积	占地面积／户	总建筑面积	建筑面积／户
1993年	260	13500	52	55000	212
1994年	327	20300	62	73400	224
1995年	133	8600	65	32600	245
1996年	266	17900	67	69200	260
1997年	461	32600	71	138000	299
1998年	1724	128300	74	582100	338
1999年	433	27000	62	167100	386
2000年	505	35350	70	173700	344
2001年	1620	124824	77	536500	331
2002年	1101	94400	86	451100	410
2003年	1090	78800	72	386890	355
2004年	347	27895	80	133397	384
2005年	2100	172200	82	730000	348
合计	10367	781669	75.4	3528987	340

资料来源：笔者调查。

具有一定规模的商品房楼盘情况（m²）　　　　　　　表 5-6

	名　称	户数	占地面积	占地面积/户	总建筑面积	建筑面积/户
高档楼盘	××半岛	276	8200	29.7	37818	137
	××花园	1340	56276	42.0	192908	144
	××御筑	440	18148	41.2	54136	123
	××雅苑	480	38300	79.8	119383	248
中高档楼盘	××豪园	446	17373	39.0	43000	96.4
	××名苑	237	7269	30.7	36904	155.7
	××雅庄	410	15679	38.2	52666	128.5
	××花园	553	27000	48.8	90000	162.7
	××旭园	221	65003	218.3	142166	241.4
	××豪庭	274	14293	52.2	36016	131.4
中档楼盘	××阁	264	9749.5	36.9	35960	136.2
	××雅居	220	9607	43.7	22176	100.8
	××名苑	127	5167.5	40.6	17675	139.2
	××湖庭	412	10620	25.8	52800	128.2
	××华庭	188	6007	32.0	23108	122.9
合计		5888	308692	52.4	956716	162.5

资料来源：笔者调查。

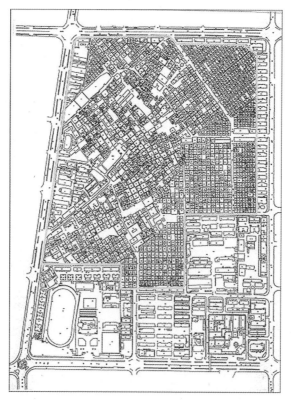

图5-15　汕头"金沙村"城中村

注："灰线内"城中村"中的建筑层数一般在 5~9 层。

社会和环境三个领域的不可持续性。在城市土地资源高度稀缺的情形下，私人自建住房模式下的居住用地利用低效率无法满足社会总体的需求。土地整合中高昂的交易成本阻碍了有效率的大地块住房开发，有限的土地未能提供更多的住房单元。因为土地整合中高昂的交易成本，这个城市建设制度成了"反公地"。低效率的私人个体自建不是一个可持续的建设模式。低效率的城市建设造成低质量的城市环境，并且恶性循环。

5.2.5 "公地"与"反公地"对高密度城市发展的危害

中国国土辽阔，但是人均国土面积却远低于世界平均水平。2005 年亚洲的人口平均密度是世界平均水平的 2.58 倍，而中国的人口平均密度是世界平均水平的 2.85 倍（表5-7）。若计算人均可耕地和人均可居住用地的指标，中国的人口密度可能远远高于世界的平均水平。因此，土地资源贫乏及人口高密度的基本国情决定了城市规划的一个基本要求——土地资源高效率利用。只有土地资源高效率利用，才有城市经济发展的可持续性和社会发展及良好环境的可持续性。建立有利于促进土地利用高效率的城市建设制度应该是规划界必须关注的极其重要的任务。

世界、亚洲和中国的人口密度比较，2005 年　　　　　　表 5-7

地区 / 国家	人口密度（人 /km²）	与世界水平指数相比
世界	48	100
亚洲	124	258
中国	137	285

资料来源：http://esa.un.org/unpp/，查阅于 2007 年 11 月 22 日。

市场制度并不是一个完全所谓"自由"的制度。因为土地市场本质上的低效率，城市建设的市场不能自然而然地产生，而是必须经过社会构造而形成。城市建设市场必然是"看不见的手"与"看得见的手"结合的制度。既然社会主义市场经济是既定的中国城市建设框架，如何通过市场机制实现城市规划目标是中国规划师必须研究和努力的方向。市场经济引进了商品房和土地产权，土地产权制度涉及经济效率、社会分配和环境保护，并决定土地开发的模式。如此，城市规划与经济发展的联系就是：城市规划是限定土地产权制度的重要条件；土地产权制度决定土地开发的模式；有效率的土地开发模式推动城市经济发展。改革开放以来的成功经验正是说明新的土地产权制度比旧的土地产权制度更有经济效率。土地出让提高了土地使用的经济效率，也提供城市政府发展土地和建设城市基础设施的财政资金来源。特定设计的土地开发权释出被社会主义使用权所占据的土地，土地使用得到变更，土地使用效率得到提高（Zhu，2004a）。与土地规划相关的土地产权和有关明确的产权限定，将在通过市场机制实现城市可持续发展中起关键的作用。土地产权的设计和限定体现"看得见的手"的政策目标，使"看不见的手"推动向可持续城市的目标发展。城市规划能够推动城市发展的关键在于构造一个支持城市可持续发展的市场开发的框架。

　　土地市场管理主要是土地产权管理，限定业主和政府权利的土地产权安排是获得土地市场效率的关键所在（Paul，Miller，Paul，1994）。良好的土地产权结构既能保证开发效率，又能保证市场内在的创新机制。将土地开发权控制在政府手里的开发控制区划是有利于土地市场有效率运行的干预。如此，土地市场就有了确定性和秩序（Pigou，1932；Lai，1999；Nelson，1977；Brabant，1991）。无制约开放使用的公共资源的"公地"现象也存在于城市土地开发领域，使得城市环境发展不可持续。所谓城市建设中的"公地"现象是指城市良好环境作为公共资源被无约束地掠取，没有产权的保护，负面"外在性"不断积累，最后城市环境质量恶化，混乱不堪。环境恶劣的"城中村"之所以产生，是因为宅基地业主不受相邻土地使用负面"外在性"影响的权利没有得到明确的限定，而维系传统村庄的"乡规民约"产权关系被快速的城市化所摧毁。"公地"产权结构无法维持良好的城市环境，造成环境日益恶化。"公地"现象在人口高密度发展中国家普遍存在。因为法制管理还没有建立起来，土地的开发控制流于形式，城市建设的规划控制实际上不存在。每个开发项目都为各自的最大利益而尽力，在土地高度稀缺的发展中城市，项目的最大利益通常表现为尽量提高容积率，结果造成对相邻地块业主的负面"外在性"。中国的"城中村"是一个典型的例子。

　　为了持久的城市生活质量，我们必须提高城市土地的利用效率，特别是已经有基础设施和公共设施的建成区内的土地利用效率。人口高密度的发展中国家的城市住房短缺大都是由于土地短缺和土地低效率利用造成的。没有以规划控制为代表的城市建设法制，土地市场会败坏成"公地"，造成低质量的城市环境。没有有效的政府和市场，公共住房和商品房匮乏，市民只能进行私人自建住房的建设，造成经济、社会和环境三方面的不可持续，土地市场成为"反公地"。土地市场中的"公地"和"反公地"形成内在的恶性循环，使城市被

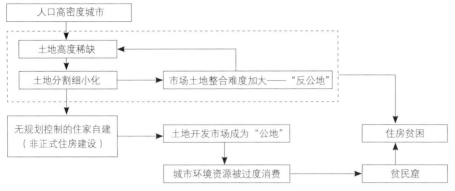

图5-16 "公地"和"反公地"现象造成不可持续的城市发展

永久地锁定在住房贫困和发展不可持续的境地中（图5-16）。

打破这一恶性循环的关键在于：①一个根据供需关系运作的高效率房地产产业；②具备足够财政能力的地方政府；③政府对土地市场和城市建设的有效管治。有实力、有创新能力的房地产产业是建设优美城市的关键；能够有效提供公共物品（如：基础设施）和社会物品（如：公共住宅）的地方政府是建设优美城市的另一个关键；而政府的有效管治能够确保基于市场机制运作的房地产产业为优美城市建设作贡献的"游戏规则"及其监督。对于人口高密度的城市，土地公有制事实上是一个有利的条件，在此基础上的有限土地私有制成为市场经济的基本条件。中国目前还处于城市化进程的中期，城市还在不断地扩展，人口还在不断地向城市移民。在土地资源严重稀缺的情况下，土地市场有效率的运作是城市可持续发展的根本所在。

在人口高密度的发展中国家，土地高度稀缺引发无穷的"外在性"，进而产生巨大的社会成本。政府应该提供的"公共物品"不仅仅是物质设施，还包括法制和秩序。土地市场有效率的运行有赖于明确地对土地产权的维护（Buchanan，1977；Olson，1982）。没有产权保护，市场经济中的个体追求福利的行为无法达到社会总体的福利。有效的政府干预能够降低"外在性"的危害、公共物品的供应不足、信息的不对称问题。防止"公地"和"反公地"现象侵蚀城市开发市场的机制，对于低收入、高密度的发展中国家不陷入城市贫困的陷阱至关重要。

土地的个体产权是双刃剑。在土地稀缺、人口高密度的背景下，没有明确的土地个体权益，城市良好环境的制度基础不存在，所谓的城市整体利益也无从谈起。但是如果土地个体权益过分强势，城市未来的发展会有很大的阻力，建成区被土地个体权益所劫持，形成现状的土地既得利益者与下一代／移民人口的对抗。这个现象在欧美造成两个结果：①城市房价高昂，年轻人住房水平下降；②郊区化和城市蔓延。城市房价高昂是因为现代家庭户型变小，家庭单元相应增多，但是通过城市改造增加住房单元数量的规划，需要与现状的土地业主协商，困难重重。住房供给滞后于需求造成房价上升。既然难于在中心区提供更多的住房，唯一的选择是向郊区发展，郊区化与建成区现状业主自私（"邻避"）的态度有关。

中国的城市化进展将会持续很长时期，大量的人口将在可预见的未来向城市移居，大量的土地将被开发为城市用地，需求推动的土地使用改变不可避免。政府应该具备为提高土地利用率而干预土地个体权益的权利。在新加坡，因为人口的增加，每五年修改一次的区划提高了许多在1980年代以前建造的商品房楼盘的容积率。在土地存量有限的条件下，有利于城市整体利益的建设模式显然是拆除现状低容积率的住宅，按照提高了的容积率建造更多的住宅单元。而不是保留原住宅不变，占用空地建造新住宅，造成绿地和空地数量下降。尽管拆除旧建筑有损于城市建筑历史的积累和延续，不能两全其美也是无奈之举，毕竟绿地在热带城市是保持城市生活质量的重要因素。开发商首先需要与所有的住宅业主协商，达成整体出售的共识，才能获得所在的地块。在理论上，只要有一户业主不同意出售，所在地块就无法被收购，形成所谓"钉子户"。在现实世界中，100%的共识难于达成，甚至有住户为更多的利益而有意刁难。新加坡政府立法通过法令：只要有80%的业主同意，即可整体出售，20%的业主必须服从大多数。如此，改造的可能性大大提高。

中国城市面临比新加坡更严峻的挑战，农村向城市的移民在今后很长一段时期内源源不断，未来城市人口对现状城市人口利益的挑战必将加深社会群体相互之间的利益冲突。笔者认为现状城市人口以"公众参与"的名义强化一己之利，恐怕难以说服未来城市人口的"公众"。我们要有"大公众"的理念，"大公众"包括所涉地区之外的城市居民和将在未来到来的城市居民（下一代人和来自农村的移民），所涉地区内的城市居民只能算是"小公众"。在中国城市化过程中公众利益与个体利益之间的关系将是一个极具挑战性的课题，城市规划必须面对和处理这个难题。

物权法施行后的城市改造面临一个难题：土地被细分成小地块；住房、办公楼商品化而产生许多单元业主。未来城市改造的土地整合会涉及许多业主，业主不愿转让土地的权利使得城市改造难度加大，或者交易成本上升。如果政府出面以合理的价格统一收购土地，土地整合会容易得多。新加坡在城市改造中对土地市场交易的干预即为一例（图5-17）。这个街区急需更新，规划希望此街区整体改造。然而此个案涉及两百多户的业主，达成土地转手的共识难度极高，即便能成，也是旷日持久。政府用强制土地收购法完成征地，然后通过政府售地计划出售给开发商，改造得以顺利进行（图5-18、图5-19）。

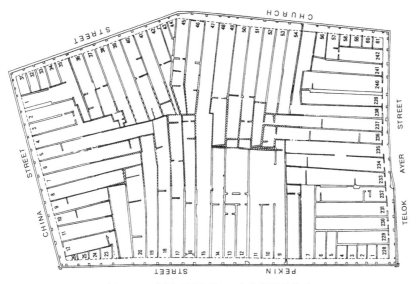

图5-17　街区改造之前200多户店屋的状态

图5-18　街区改造之后的状态（平面）

图5-19　街区改造之后的状态（模型）

　　相对其他资产，土地的个体产权是有限的，政府通过规划干预土地产权毫无争议。因为规划决定土地使用性质和强度，土地价值在很大程度上由规划决定。由此，规划和土地产权、价值、利益紧密相关。规划师必须深入研究城市公共利益与市场个体利益的关系，使土地规划成为建设美好城市的有力手段。

5.3　案例分析：新加坡"牛车水"建设和改造中的城市建设制度[①]

　　亚洲"四小龙"之一的新加坡在1960年代之前是个贫困的国家，经过短短40年的奋斗，新加坡成为一个富裕的城市国家，人均GDP名列世界前茅，成为著名的"花园城市"。新加坡土地极其稀缺，人口密度高。为什么新加坡没有落入东南亚其他城市"公地"和"反公地"的陷阱？以下的"牛车水"改造案例阐述它的城市建设制度如何处置土地稀缺下的土地产权问题。

5.3.1　1950年代前"牛车水"的形成

　　城市建设制度是塑造城市空间形态的关键因素。新加坡牛车水地区改造的案例研究表明，除了城市总体规划和旧城保护规划之外，其他方面的政策和措

① 新加坡国立大学博士研究生刘宣在2004年参与调查研究，在此致谢。

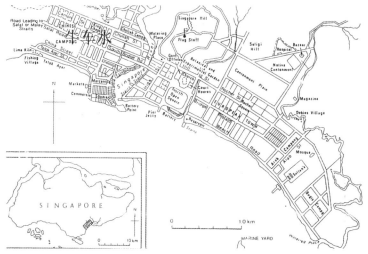

图5-20　1823年编制的杰克逊规划开始了"牛车水"的形成

施在规划实施中起了关键的作用。这个由规划、政策和措施构成的城市建设制度是新加坡建设花园城市的重要机制。1819 年英国殖民者的到来开始了新加坡以欧亚贸易中转港为发展契机的现代城市建设。英国殖民者到来之后的港口贸易和城市发展吸引了大量的移民，城市人口在短短的几年内增长了几十倍。不同文化背景的移民在狭小空间中的集聚（1840 年时的建成区面积仅 1.8km²）所带来的潜在冲突是城市当局首次面临的严重的城市问题，1823 年编制的杰克逊规划（Jackson Plan）采用分而治之的方法，为不同的种族（华人、印度人、马来人、印尼人、欧洲人等）建立不同的居住区。新加坡河南岸的一个地区被定为华人居住区，称为"牛车水"①，新加坡著名的历史风貌区从此形成（图 5-20）。英国殖民市政当局从 1856 年开始了建设控制的制度，执行区划控制。城市中心的商业居住混合的店屋区逐渐形成，规划要求退后 5ft 的人行道形成独特有序的骑楼景观，当地俗称"五脚基"。

　　"牛车水"不久就成为当地华人的居住区和商业中心。除了众多的零售业店屋，"牛车水"逐渐积累了一些由社区和社团提供的公共物品。客家和广东籍移民首先于 1824 年建立了第一个华人庙宇"福德祠"。随着人口急剧增加，目睹"牛车水"拥挤不堪，空间匮乏，一个福建社区的领袖在 1876 年捐出一块私地作为绿地，据说是新加坡历史上第一块公共绿地，后以他的名字命名为

---

① 早期没有城市供水管线，生活用水必须从该地区的水井中汲取，并用牛车运输到城市其
　他地区，该地区故称为"牛车水"。

"芳林公园"。无数按照地缘、方言、宗族和行业组织起来的会馆集聚在"牛车水"，为会员提供殖民政府所忽视的社区服务，一些富有的会馆还承担了学校和庙宇的建设。"牛车水"的第一个学校——萃英书院——由富商捐款于1854年建成。1950年代以前几乎所有"牛车水"地区的学校都是由社区所建设。自19世纪后期起，"牛车水"渐渐成为华人社区中心。第一个戏院"梨春园"建于1887年，为普通大众提供娱乐设施。富商则有他们自己的会所。以上的建设历史揭示，"牛车水"的建设基本上由社区的投资和设想所决定，殖民政府只是提供区划的管理建设功能，在提供社会设施方面没有起到应有的作用。也正因为此，主要由自下而上的社区多方面参与——而非自上而下的政府强势控制——而发展起来的"牛车水"，其"地方感"和"多样性"在它的空间形态上有鲜明的体现（图5-21），日后成为新加坡有显著特色的地区之一。

图5-21　20世纪50年代的"牛车水"

▲—宗乡会馆；1—芳林公园；2—福德祠；3—养正学校（冼星海曾在该校读书）；4—崇福女校；5—天福宫；6—梨春园；7—新加坡土生华人周末俱乐部(Singapore Chinese Weekly Entertainment Club);8—大华戏院；9—华人俱乐部；10—纳哥德卡祠堂(Nagore Durgha Shrine);11—阿尔阿布格格清真寺(Al-Abrar Mosque)；12—詹美清真寺 (the Jamae Mosque)；13—希里马里安曼兴都庙 (Sri Mariamman Temple)；14—萃英书院；15—静方女子学校

5.3.2　1950 年代后"牛车水"的改造

战后的住房高度短缺加剧了"牛车水"的居住拥挤状况，"牛车水"所在的城市中心区只占全岛用地的 1.2%，居住人口却占全市的 1/4（Kaye，1960；Choe，1969）。人口最密集之处居然达每平方公里 45 万人（庄永康，2006）。大部分店屋已经年久失修，考虑到新加坡的岛国状况和有限的土地供给，现状的低容积率和高建筑密度的土地使用形式显然是利用效率太低，消除贫民区和中心城区改造成为新加坡独立后城市建设方面的两大任务，"牛车水"改造迫在眉睫。1960 年以后，"牛车水"经历了重大的社会、经济和空间变化。1957 年，90% 的全市居民居住在质量低下的店屋和临时建筑中（Weldon，Tan，1969）。随着 1960 年代开始的公共住宅建设，这个比例逐年下降到 72%（1966 年）和 56%（1970 年）。大量居民迁移到城市外围新建的公共住宅新市镇，"牛车水"的居住密度大幅度下降，不再是华人的主要居住中心。中心区在 1957 年有 36 万居民，到 1990 年只剩 10 万（Dale，1999）。

尽管大规模的公共住宅区主要集中在城市外围，为了照顾一些与本地有密切工作和社会关系居民的利益，"牛车水"过度破旧的店屋被拆除后，取而代之的是两个高层公共住宅群（见图 5-22 中的"5"和"7"）。同时，人民行动党政府也建造了直落亚逸人民剧院（Kreta Ayer People's Theatre）为居民服务（图 5-22 中的"3"）。因为大量适龄就学儿童的迁移，"牛车水"许多学校被迫关闭，原址为发展新用途提供了空间。1960 年代和 70 年代新加坡经济发展迅猛，GDP 平均年增长率在 60 年代的十年间达到 10.4%（Department of Statistics，1971），经济也从单一的贸易和商业转型为工业、金融、交通和旅游业，对办公和商业中心的需求大增。位于市中心的"牛车水"成为办公楼、旅馆和购物中心的首选。数个现代办公楼和购物中心在 1970 年代建成。其中，31 层高的珍珠坊大厦是东南亚区域第一个现代购物中心，成为日后该区域现代零售业发展的样板。旅游业也渐渐成为新加坡经济的一个支柱，游客数在 1964 ～ 1982 年间达到平均年增长率 21.3%。1964 年的游客数量是 9 万，1982 年达 300 万（STPB，1988）。为满足市场需求，两个旅馆（富丽华酒店和唐城坊）在"牛车水"建成（见图 5-22 中的"15"和"16"）。历史建筑保护从 1980 年代后期开始，一些传统店屋经过维修，被保留下来。高档私人公寓在 1990 年代初出现在"牛车水"，如所关闭的养正学校校址被改造成门禁商品房楼盘。40 年的改造使"牛车水"脱胎换骨（图 5-23、图 5-24）。

市场经济下的中国城市规划：发展规划的范式

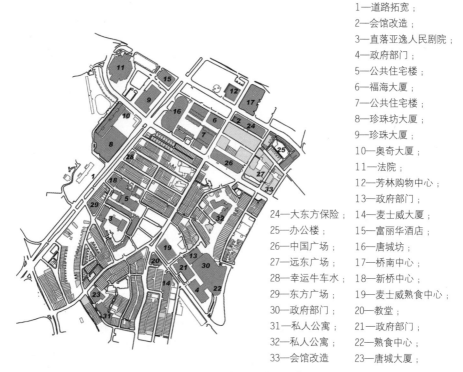

1—道路拓宽；
2—会馆改造；
3—直落亚逸人民剧院；
4—政府部门；
5—公共住宅楼；
6—福海大厦；
7—公共住宅楼；
8—珍珠坊大厦；
9—珍珠大厦；
10—奥奇大厦；
11—法院；
12—芳林购物中心；
13—政府部门；
14—麦士威大厦；
15—富丽华酒店；
16—唐城坊；
17—桥南中心；
18—新桥中心；
19—麦士威熟食中心；
20—教堂；
21—政府部门；
22—熟食中心；
23—唐城大厦；
24—大东方保险；
25—办公楼；
26—中国广场；
27—远东广场；
28—幸运牛车水；
29—东方广场；
30—政府部门；
31—私人公寓；
32—私人公寓；
33—会馆改造

图5-22　2000年的"牛车水"

图5-23　1950年代的"牛车水"鸟瞰

（资料来源：URA，1989：24）

图5-24　2000年的"牛车水"（模型）鸟瞰

5.3.3　"牛车水"改造中的城市建设制度

　　尽管新加坡是自由的市场经济国家，但是"牛车水"在 1960 ～ 2000 年期间的改造远远不只是通过"看不见的手"管理市场供需而完成。政府通过基于市场机制的土地和房屋产权的限定和管理使得城市改造能够按照规划的意图进行。这个城市建设制度由四个方面组成：住宅租金冻结法令、强制征地法、政府售地计划、历史保护规划，其核心是对土地产权的限定。

　　住宅租金冻结法令是英国殖民政府遗留下来的制度。第二次世界大战后住房极度紧张，为了保护租户的利益，政府在 1947 年颁布法令，禁止 1947 年前建造的住房和商业用房业主未经政府批准提高租金，也不容许业主终止租约。在这特殊的历史条件下，业主的产权受到极大的限制，租户的使用权甚至高于业主的产权。人为控制而压低的租金使业主不愿维修房屋，因为更新后的房屋并不能通过提高租金收回投资成本，房屋质量日益下降（图 5-25）。1960 年，只有 9% 的城市人口居住在公共住宅。1980 年和 1990 年，居住在公共住宅的人口分别达 73% 和 87%

图5-25　20世纪90年代后期
"牛车水"衰败的店屋

（Wong，Yap，2004：100）。1970 年，29.4% 的家庭拥有他们的住房，这个比例在 1990 年达到 87.5%（Department of Statistics，1996），公共住房计划已经成功地解决了新加坡 1960 年代住房极度短缺的社会问题。住房早已不短缺，住宅租金冻结已经失去了保护的对象。但是，住宅租金冻结法令还是继续生效，直到 2001 年 4 月 1 日（http：//www.mnd.gov.sg/newsroom/newsreleases/news230201.htm，查阅于 2005 年 1 月 13 日）。政府实际上是利用了这一法令，以帮助弱小租户为名，成功阻止个体业主自发无序的房屋改造，以便政府在适当时机实施集中改造的计划。

人口高密度城市，政府必须具有将数个小地块整合成大地块的能力，以利于土地利用的高效率。所以，土地征用法于 1967 年起生效。值得注意的是其中一个条款的措辞：政府可以为任何居住、商业和工业发展目的而强制征地，有意省去了"为了公共利益"的限定词。如此，政府可以为商业目的而强制征地，转售给私人开发企业。这个法令帮助政府在"牛车水"征下了无数被个体店屋占据的小地块，整合成大地块后出让给房地产开发公司，开发成办公楼、旅馆、购物中心和公共住宅（图 5-26）。而且，征地赔偿价格被定为两个价格中的低位数：1973 年 11 月 30 日该地块的市场价，或被征时当日的市场价。

图5-26　　"牛车水"在1960～2000年期间被征用的私人土地

1949 年，国有土地只占全国土地的 31%。经过多年征地，1985 年，国有土地已占全国土地的 76.2%（Motha，1989）。在 1985 ～ 1994 年期间，私人拥有的 16.8km² 土地被征用（The Straits Times，1995）。福德祠和萃英书院就是在那时被政府强制征地的。政府强制征地大大提高了地块整合的可能性，降低了整合所涉及的交易成本，直接推动了及时的城市改造。

国有土地拥有率上升使政府土地出让成为市场土地供应的主要来源，通过开发公司参与的"牛车水"综合改造与土地出让计划息息相关。政府援引土地征用法强制购买支离破碎的私人地块后，经过整合和规范化，通过招标和拍卖将土地出让给私人开发公司。土地招标和拍卖通常附带一些条件和优惠政策，鼓励开发公司朝着规划所希望的目标进行开发，房地产的市场供给也得到有效的控制。图 5-22 中的福海大厦（"6"）、珍珠坊大厦（"8"）、珍珠大厦（"9"）、奥奇大厦（"10"）、麦士威大厦（"14"）、富丽华酒店（"15"）、唐城坊（"16"）、私人公寓（"31"）就是通过这个模式实现的。

1989 年 7 月，"牛车水"的四个街区（大约 23hm²、1200 栋保护建筑，其中 700 栋私人拥有）被规划为历史保护地区（Perry，Kong，Yeoh，1997：267）。另一个街区"中国广场"于 1997 年被规划为历史保护地区（图 5-27）。

图5-27　"牛车水"的历史保护街区

（资料来源：http://www.ura.gov.sg）

在历史保护地区内，业主可以不受住宅租金冻结法令的制约终止与租户的合约收回房屋，以便按照保护规划进行改造。为确保历史街区及时同步的改造，业主被要求在一年内向政府提交改造计划，并在三年内按照被批准的改造计划动工。如果业主因为种种原因而无法满足这两个条件，他们要在六个月内告知政府。不能满足这些要求的业主的房屋可能会被政府收购（URA，1989）。为了规划的目标，政府有效地限定了业主的开发权。与此同时，详尽而严格的规划控制细则、房屋使用、街区活动也明确地公布于众。

"牛车水"改造的案例说明，尽管采用以私有制为基础的市场经济制度，新加坡的土地市场仍然有强烈的政府干预，"看得见的手"明显地在管理"看不见的手"。1960年代以前的"牛车水"基本上是由自下而上的市场和社区的力量建设而成；但是市场和社区的力量在1960年代以后的"牛车水"改造中被城市建设制度有效地遏制了，尽管大部分土地属私人拥有。33个改造项目中只有6个项目属个体业主自发发起，既没有被强制收购土地，也没有从政府售地计划获得土地，规划只起常规的控制作用。这个城市建设制度的设计是为确保城市改造能够按照规划制定的目标进行。通过公共住房的提供迁移旧城区的居民，从而降低在改造条件还不完善时房屋业主自发改造的压力。住宅租金冻结法令阻止了房屋业主低质量无序的自发改造。强制性征地法有效地降低了大量小地块整合成大地块的交易成本和妥协，政府售地计划提供给市场整合后的大地块，要求开发公司按照所附的规划要求进行开发。"牛车水"改造的形式和时机得到了有效的控制和引导，由此可见，仅仅规划方案本身无法保证规划所追求的城市空间的最后建成。在城市空间形态方面，城市管理（urban management）和城市管治（urban governance）是从城市建设制度的角度着手讨论如何按照规划目标进行城市开发（朱介鸣，2004），城市建设制度显然是重要的关键所在。

5.4 城市建设制度的演变：从计划走向市场

改革开放将市场经济引进了城市建设领域，土地和房地产开发市场似乎在中国的城市建设中起着不可估量的作用，城市化进入一个新的篇章。表面上改革开放后的中国城市建设与西方传统市场经济下的资本主义城市建设有相像之处：市场供需关系与价格决定城市的开发。但是，渐进性的改革决定了在引进新的市场制度的同时，旧的计划制度还在发挥作用，新旧制度的并存产生一个介于两者之间的特殊状况。市场与计划的并存推出了中国特有的城市建设制度。

社会主义计划经济制度从 1949 年中华人民共和国成立之后开始实施，资源分配由自上而下的计划决定，土地等其他生产资料也同时被国有化。土地资源的使用也由计划决定，价格在供需关系方面不起任何作用。城市建设的决定自上而下，政府既负责城市管理又负责城市建设，几乎城市建设的所有方面都由政府投资，计划基本上不关心自下而上的需求。中央计划经济决定了城市化进程和特定的城市结构。

经济改革首先推动权力下放和市场化，城市开发和投资的决策不再是自上而下，并开始受市场推动，而不是由计划决定。自沿海城市从 1980 年代初开放以后，土地的商品化和市场化被提上议事日程，必须根据需求决定土地的发展和房屋的建设。但是因为渐进式的改革，经济体系一直处于转型状态中，作为转型经济一部分的城市建设制度也一直处于转型状态中。

5.4.1 经济体制的渐进式改革

经济体制——无论是封建主义、资本主义，还是社会主义——对生产和社会组织有深远的影响。格里高利和斯迪尔特（Gregory, Stuart, 1992）认为下面四个要素在确定经济体制时至关重要：决策组织、协调机制、产权结构、激励因素。如果决策权在底层，经济体制是分权的；如果决策权在上层，经济体制是集权的。所谓计划经济，经济活动由中央的指令协调及计划推动；所谓市场经济，经济活动由自发的供应和需求协调。市场经济本质上是消费者决定一切，而计划经济是计划编制者的偏好决定一切。产权结构之所以重要是因为资源的分配由业主决定。因为公有制和私有制的目标取向不同，不同所有制下的资源分配方向和经济生产也不同。激励因素将业主的目标与经理和员工的表现联系起来。激励经理和员工的方式——物质刺激还是道德或强制要求——体现了两种不同的经济制度（Gardner, 1998）。

通过确定企业和个人的激励和制约机制，制度在推动生产效率及经济发展方面起关键作用。从这个角度出发，为提高生产率的改革实质上是制度改革，而不是仅仅将一些新措施引进旧制度。中国作为一个悠久的文明，除了正式的社会经济制度外，还在历史发展过程中积累了不少存在于社会中的不成文（非正式）的规则，一般称之谓社会文化。在一个由正式和非正式两种规则组成的框架内，企业和社会个体为了他们的最佳利益而行事（North, 1993）。非正式的规则（文化）可能会有利于、也可能会不利于正式的制度改革，后者体现在正式和非正式规则之间的"寻租"。如此，在渐进式改革进程中，正式的制度变化往往会被现存的非正式的规则所拖累而放慢改革速度（Elaster，1989；Eggertsson，1994）。既然前所未有的渐进式改革是既定方针，从社会主义计划经济走向社会主义市场经济的路程将是充满挑战和不确定因素。许多与计划经济相关的旧制度因素在制订新制度因素的形成过程中，势必使改革过程成为既得利益者势力和改革者势力之间的竞争和妥协的结果。是新的改革措施推倒旧的计划经济制度，还是旧的计划经济制度瓦解新的改革措施，这是一个值得研究的问题（Sachs，Woo，1994；Ellman，1994；Roland，1994）。

决策权下放至国营企业和地方政府是改革初始时的重要措施。生产上的自主权使国营企业逐渐从计划的生产指标控制中解脱出来，开始以市场的需求决定企业的生产。组织地方经济发展的自主权使地方政府开始着重城市的发展。通过政府指令的资源计划分配逐渐被价格引导的市场分配所代替（Aram，Wang，1991）。生产资料的商品化和市场化引发了由市场协调的城市发展，认识到土地和房屋应该是经济资产，由市场决定其价格，而不仅仅是经济发展所需要的生产资料。沿海城市的开放吸引了不少外资，非国营经济开始进入城市经济领域，在民营和合资企业工作的城市就业人口从 1986 年的 4.1% 上升到 1997 年的 18.7%，民营和合资企业的工业产出从 1990 年的 9.8% 上升到 1997 年的 36.4%（国家统计局，1997）。计划经济时期的生产资料不仅国有化，其产权也是集中在中央，地方政府调动资源的权利很小。改革开放将许多国有资产的产权下放到地方政府手中，预算外资金的日益扩大说明了产权下放到地方政府的程度（Wang，1995）。

5.4.2 计划经济时期和市场化时期的城市开发

社会主义原则强调区域的平衡发展，计划经济制度能够通过有计划的工业化达到区域平衡发展的目标，因为中央计划能够有效地控制资源的分配和政府财政的投入。因为缺乏对资源和财政的控制，地方政府往往在地方事务上无能为力。而且，地方首长的激励因素是服从中央的计划，才能在政治生涯上有所升迁。计划的偏好反映在生产性投资和非生产性投资的两大分类。制造业和其他工业生产属于生产性部门，住宅、基础设施、其他非制造业部门属于非生产性部门。国家工业化的最高目标决定了计划投资向生产性部门倾斜的政策（表5-8）。为实现这个目标，所有的资源分配（包括土地）被排除在经济交换机制之外，城市土地被免费使用，以免让"市场力"破坏有计划的工业化进程。

政府投资于固定资产的比例（%）　　　　　　　　表 5-8

时期	生产性投资	非生产性投资
1953 ~ 1957 年	67.0	33.0
1958 ~ 1962 年	85.4	14.6
1963 ~ 1965 年	79.4	20.6
1966 ~ 1970 年	83.8	16.2
1971 ~ 1975 年	82.5	17.5
1976 ~ 1980 年	73.9	26.1

资料来源：国家统计局，1994.

因为这个政策，许多沿海城市和非生产部门没有得到应有的投资，城市住房、第三产业和基础设施被忽视，多年的投资不足使城市住房紧缺成为严重的社会问题。土地免费使用和工业化优先的政策使得工业用地分配得到优先，非生产性设施往往被牺牲。没有土地市场的调节，1949 ~ 1979 年期间的城市用地结构经济效率低下。而且，因为国营企业土地使用者是事实上的准"业主"，土地使用变迁相当困难，形成特殊的社会主义城市结构（Frence，Hamilton，1979）。

自从市场化和商品化进入城市化领域后，地方政府、企业和开发公司获得了极大的自主权。计划经济时期的区域均衡发展被市场化引导的区域非均衡发展所替代，经济效率代替社会平等成为区域发展政策的优先考虑。多种经济成分也进入城市建设领域。1950 ~ 1980 年期间，82% 的固定资产投资来自中央政府，余下的 18% 出自预算外资金（Wang，1995）。1980 年代后，中央政府在固定资产投资中的比例从 15.6%(1986 年)继续下降至 2.7%(1996 年)。企业、外资和地方政府在固定资产投资中的比例越来越高（表 5-9）。市场引导的城市化青睐沿海地区，到 1995 年为止，86.8% 的外资集中在东部沿海地区（国家统计局，1996），外资的作用在开放城市和特区更为显著。自开放以后，大约 20% 的上海房地产投资来自海外（上海统计局，1998b）。

全国固定资产投资的资金来源（%）　　　　　　　　表 5-9

年份	中央财政	企业与地方政府	外资	银行贷款	其他
1986 年	15.6	49.3	3.4	21.1	10.6
1988 年	9.1	54.4	5.7	20.6	10.2
1990 年	8.7	52.4	6.3	19.6	13.0
1992 年	4.3	51.2	5.8	27.4	11.3
1994 年	3.2	48.9	10.8	22.6	14.5
1996 年	2.7	54.2	12.0	20.0	11.1

资料来源：国家统计局，1987~1997.

因为市场化和非国营经济的参与，强调城市土地的商品化势在必行。从1988 年开始，城市土地正式进行出让，房地产也逐渐成为城市经济的支柱产业之一（Zhu，1999a）。在满足市场需求方面，新兴的房地产市场远比计划更有效率。价格也开始反映市场的供需关系，并引导市场的走向。1980 年代和 1990 年代早期的深圳经验说明城市发展已经或多或少受市场力量的左右，市场力量则是社会、政治和经济因素的相互影响（Huang，Mo，1995；Liu，1988）。新的经济制度彻底改变了城市发展模式，与过去计划经济时期的模式相比是天壤之别。"非生产性"的住房和办公楼吸引了大量的市场投资（表5–10）。城市迅速发展，城市人口占总人口的比例从 1978 年的 12.9% 上升到1996 年的 24.6%（PRI／CASS，1997）。

上海的城市发展（1953 ～ 1995 年）   表5–10

时期	固定资产投资占总产出的比例（%）	住房投资占总产出的比例（%）	住房建设（百万 m^2）
1953 ～ 1978 年	8.6	0.4	17.56
1979 ～ 1995 年	40.6	7.4	85.88

资料来源：上海统计局，1996.

5.4.3 转型时期的城市建设制度

改革开放的主要目标是提高经济效率，但是渐进式改革的真谛是提高经济效率不以社会不公和政治动荡为代价。传统的意识形态可能不容许所有制形式的正式改变，非正式不成文的规则却正在务实地改变所有制形式。经济放权和政治激励机制催生了地方发展政体（local developmental state）。在不久以前，国营企业仍然可以援引计划经济制度遗留的软预算制约（soft budget constraints），仍然可以以社会主义使用权强势地占用国有资产，这两个因素扭曲了正在成长的市场经济，导致二元经济的出现。随着企业管理的独立自主，公有制企业产生了业主—代理问题。对国有资产的产权下放和产权在业主和代理之间模糊的划分产生了一系列的非正式的"私有化"。在市场因素逐渐进入和计划因素逐渐退出的过程中，市场与计划及旧的政治利益与新的经济理性之间的妥协和合作中产生了许多不同程度的模糊和暧昧。

1．决策组织——地方发展政体

决策机制从中央政府下放到地方政府是改革开放成功的最重要因素之一（Carson，1997）。1978 年以后，显著的变化是政府由强调阶级斗争和无产阶级专政，转而专注于经济发展。经过 30 年无穷无尽的政治斗争，民意普遍认为政府的政绩在于经济发展，而不是政治斗争，通过经济发展增强政党和政府的合法性。放权和新的激励机制鼓励地方发展，导致地方主义的再次出现。地方政府的角色发生变化：从以前代表中央政府管理地方的被动"代理人"到积极领导地方经济发展的主持人。中央仍然是一个重要的体制因素，地方经济的发展却是更多地依赖于地方政府。

地方政府首先必须制定发展策略指导经济开发，也以此扩充地方的财政收入。后一个目标与前一个目标同样重要，因为政府引导开发的能力与它的财政实力息息相关。市场经济必然带来竞争，城市间的竞争促使地方政府全力推动地方经济的发展。所以，地方政府成为相对独立的"地方发展政体"，将其所辖范围内的企业看做"地方公司"的组成部分（Wang，1994；Solinger，1992；Oi，1995），协调企业的经济活动。推动发展的共同利益将地方政府和企业整合成由政府带动的地方发展非正式的"联盟"：地方政府以种种方式协助企业，通常的代价是少上缴费税，损害中央政府的利益，企业反过来以种种方式"帮助"地方政府。开发企业以协议地价获得廉价土地，部分的利益会以提供本应由政府提供的公共设施而返回政府，中央政府所得的土地收入份额缩小。

2．协调机制——二元体制

尽管改革开放注重经济效率，社会公正仍然是各级政府的政治基石。在计划经济时代，单位不仅仅是中央计划经济的组成部分，贯彻计划生产，单位也是政府提供城市居民社会福利的重要机构。改革开放后，单位的重要性有所降低，但是对于城市中老年职工，单位的重要性依然如故（Lü，Perry，1997）。改革逐渐将单位演变成企业，但始终没有把单位真正变成企业。国营单位仍然肩负许多社会责任：老职工的住房、退休保障、医疗保险等。因为国营单位承担着应该是地方政府所应该承担的社会责任，所以地方政府有义务帮助濒临破产的国营单位。这些国营单位对政府的社会和政治价值高于其在市场上的经济价值，所以对国营企业的软预算制约依然延续，国营企业关心成本和利润，但不负完全责任。如果亏损，政府会以补贴或暂缓偿还贷款出面帮助，其实质是在赢利企业和亏损企业之间政府协调的社会再分配。

市场化兴起和计划经济延续的并存构成了二元体制。城市开发中存在两种二元体制。第一是土地市场的二元体制，所谓二元土地市场：以市场价格（招标和拍卖）出让的土地和以非市场价格（协议）出让的土地。以深圳为例，

1988～1994年期间，批出的45.5km²土地中仅有45.7%是有偿转让，有偿转让土地中仅有1.7%是以市场价格（招标和拍卖）出让，其余均以协议价格出让。第二是二元房产市场：商品房和非商品房。商品房是开发公司在出让土地上开发的房屋，商品房可公开交易，业主有完整的产权。非商品房的土地没有经过出让，所以房屋不能在公开市场上交易，只有使用权。非商品房的比例越来越低，以致在21世纪的第一个十年的中期开始，住房过度商品化导致城市住房的严重贫富不均。

两个市场的价格差产生"经济租金"，获取"经济租金"的动力构成对政府的压力，要求提供更多的协议地价土地。轻易获得的"租金"更加重对政府的压力，结果形成恶性循环。在商品房市场蓬勃发展的背景下，以帮助国营企业的名义提供廉价土地的做法，使大量的土地资产流失。更严重的是，刚刚兴起的土地市场机制被侵蚀和腐败。国营企业土地入股与专业开发公司的"联合开发"是典型的国家土地资产流入土地使用企业的做法。

3.产权结构——模糊产权和非正式的私有化

随着放权的逐步深入，市场机制在经济制度运行中起越来越重要的作用。但是因为政治和意识形态方面的制约，中国的所有制改革并没有与经济制度改革同步进行。尽管一些小规模的国有企业被改制和外资进入（Iskander，1996；Broadman，1995），公有制的主导作用仍然被维持下来。当时的国家主席江泽民表示，"没有国有的工业，就没有社会主义"（CND，1998）。

对国有资产的产权下放使国有企业成为所掌握资产的事实上业主（Su，Zhao，1997；Aram，Wang，1991），尽管名义上的业主还是国家。在这个特殊的产权结构下，国有企业理性地追求利益最大化。在制度改革转型期，国有资产产权在业主和代理之间的划分似乎有意模糊化，对国有资产的管理也似乎有意松懈。按照产权理论，没有明确的定义，资产的"经济权"（economic rights）或是"实际产权"，落入公领域（public domain），业主成为名义上的业主，代理们争夺事实上的产权，如此展开了非正式的"私有化"（Allio，et al.，1997）。魏玛（Weimer，1997:3）认为，当法律制度虚弱和不完整时，正式的产权被非正式的产权替代。

据称，不是政府业主而是占用土地的国营企业，在城市土地从工业用途提升到第三产业用途的过程中（所谓"退二进三"），获取了绝大部分的土地收入（IFTE/CASS，IPA，1992；CASS，1992）。没有经过规划批准，许多商店自发地出现在沿街的地段，商业经营收入没有进入土地业主的口袋，而是进了土地使用者的腰包，后者成了事实上的业主。政策规定，地块改造时，原土地使用者可以得到赔偿。赔偿标准不仅仅考虑到使用者的土地使用受到影响，还考虑到地块的地段市场价值。土地改造的协商有三方参与：原土地使用者、开发商、政府。据调查，原土地使用者通常能获得开发商所付土地出让费的 60% ～ 70%（Wang，Hung，1997）。对土地利益进行分配的谈判过程冗长，反映了土地产权在原土地使用者和政府之间的模糊。国营企业获取土地收入的理论根据建立在社会主义土地使用权的基础之上，社会认知认为国有资产的使用权是产权数个权束中最重要的权束，甚至高于拥有权（Marcuse，1996）。国有企业能够从土地使用权转移过程中获取大量土地收益说明国有土地的产权在悄悄地、非正式地"私有化"。

4. 激励机制——经济利润最大化和政治利益最大化并存

以价格为基准的市场供需变化说明利润最大化的激励机制已经普遍存在，利润追求已经成为调动资源移向市场所需求的部门的杠杆。对土地和房屋的旺盛需求刺激了开发公司的成长，开发公司数量在经济发达城市日益增多，深圳的开发公司数量从 1987 年的 28 个发展到 1996 年的 396 个（Zhu，1999a）。上海的开发公司数量从 1988 年的 95 个，发展到 1994 年的 2099 个，再到 1998 年的 4012 个（解放日报，1998 年 10 月 22 日）。

体制改革带来经济管理上的显著变化，地方政府管理经济发展的实效已经成为中央政府评估地方政府工作表现的重要指标之一。尽管还不是民选，地方政府已经成为相当地为地方事务负责任的政府。但是在放权过程中，中央政府感受到日益强势的地方政府削弱中央的权威的倾向。担心国家目标被地方利益取代，中央对地方的政治控制还必须加强。尽管地方官员的权力显著上升，他们的政治前途和官职升迁仍然被中央控制，因为地方首长还是被上级政府任命和评估。

省长和市长的时常变动造成官员的焦虑感和做出让上级政府满意的政绩的急切感。而且，官场变动越来越频繁（Straits Times，1997，1998）。地方官员急于表现地方经济发展的政绩，甚至采用强化宣传的手段。具有良好视觉效果的公共项目更有宣传作用，地标式建筑能够显而易见地与当地首长联系起来，由此出现所谓"市长工程"。因为地方首长的相对短的任期，城市可持续发展的长期目标在政治上是"不可持续"的，从而导致因为短期效果而牺牲长期质量。经济的放权和政治的收权是目前城市建设模式的制度因素。

5.5　转型中的城市建设制度：土地产权模糊界定

5.5.1　土地产权与城市开发

　　改革开放过程中，城市经历了剧烈的经济结构重组和社会结构调整，城市土地的商品化和市场化取代了原来的土地资产免费分配。但是，城市改革的渐进性对于城市开发和改造产生的影响错综复杂。不断演变的制度变化塑造了新型的社会关系，在此社会关系上形成的市场力量成为城市发展的主导。1980年以前的城市建设缺乏土地市场作为中介，因而没有动力。依据政治计划而不是经济效率分配土地，结果形成不协调、不具效率的城市结构。市场化和商品化推动的土地有偿转让赋予城市建设一个重要的激励因素，城市开发开始被市场机制引导而具备内在的动力。城市土地产权发生了重大的变化。在计划经济体制下，国家既是土地资产拥有者，又是土地资产使用者，土地产权没有任何争议。但在渐进式改革中，城市土地产权的含义和内容发生了变化，产生了对土地资产的激烈竞争。

　　资产的产权内容揭示了国家的经济系统、政治结构和法律制度之间的关系。产权的主要内容是所有权问题（Reeve，1986；Bazelon，1963；Becker，1977）。产权并非存在于社会制度之外，正相反，它是社会在资源稀缺情况下规范人与人之间的相互关系而设计的强迫性的制度（North，1990）。新古典经济学家相信：明确定义的产权在市场经济中能够取得帕累托效益。完整明确的产权所保证的业主的独享性和可交易性，是业主追求资产最高价值使用强有力的激励机制，也能促使资产被最有生产效率的业主获得。如此，资产获得最佳利用，因此而得到社会的经济效率（Alchian，1961；Posner，1973）。追求利润带来革新，明确定义的资产产权是保证发展效率和经济增长必不可少的条件。所以，产权体系直接关系到经济效率和分配公平，并限定和节制市场个体和政府的行为（Paul，Miller，Paul，1994）。

　　亚当·斯密在其《国富论》中阐述道：被"看不见的手"所引导的个人追求福利的行为最终有利于整个社会的福利，这是资源被高效率利用的机制，这也成为市场经济制度的关键理论基础。可是，这个论点是建立在明确产权的基础上。如果产权不明确，资源会被低效率利用，或被掠夺，市场经济制度能够支持高效率经济发展的假设也不成立。巴梭（Barzel，1997）认为，产权有两方面：经济性和法律性。法律性产权是指那些被法律所规定和承认的对资产的权利。经济性产权是指个人对于资产运用权利的实际能力。资产的实际价值是由业主产权的实际掌握能力所决定,而不是根据法律所规定的产权能力所决定。如果产权定义不明确,或界定模糊,产权的某些权束会处于"公域"中,成为公开争夺的对象。[①]

5.5.2 案例 1:1980 年代后的上海城市高速发展

作为中国最大的城市、工业和商业中心的上海,在计划经济时代 30 年间 (1949 ~ 1979 年)的城市建设投资被忽视,城市基础设施落后,居民住房条件严重恶化。自 1980 年以来,上海的建筑业和基本设施建设获得了前所未有的巨大的投资。据英国《金融时报》1995 年 12 月 4 日报道,1990 年代初,"全世界 1/5 的塔式起重机在上海的两万个施工场地上忙碌,使这个城市成为全世界最大的建筑市场"。与 1980 年以前相比,上海 1980 年以后的变化是惊人的,产生惊人变化的最关键因素是市场机制的引进。进一步的分析指出,土地的市场化,即土地产权结构的变化,对上海的土地开发与改造影响深远。1990 ~ 1997 年的 7 年之内,上海建造了 890 万 m^2 的办公楼和 350 万 m^2 的商业楼面面积。以楼面面积而论,1994 年正在建造中的建筑面积数量占全部存量建筑面积总数的 14.7%,这个数值到 1996 年提高到 27.3%。对于一个有 200 多年历史的城市而言,四分之一的建筑面积正在建造中,意味着一个崭新的城市正在从旧城市的结构里脱胎换骨。香港用了 20 年 (1976 ~ 1996 年)的时间建造了 580 万 m^2 的办公楼,1997 年它共有 790 万 m^2 的办公楼面积,仅为上海的 53%。香港是东亚地区已经确立的国际商业和金融中心,而上海仍在争取成为世界级城市的过程中,上海在世界级城市排名中的地位低于香港甚远。然而,上海城市办公楼开发的步伐之大史无前例。从经济学角度看这个现象,其规模之大似乎不可理喻。

据报道,1990 年代后期,上海正面临其有史以来最大的一次房地产过剩 (Haila,1999;The Straits Times,1998 年 1 月 15 日)。1995 年建成的 1032 万 m^2 的商品住房中,45% 未能出售。1996 年,未能售出的住宅面积高达全部新开发住宅面积的 76%(赵民、鲍桂兰、侯丽,1998)。虽然在快速发展的地区,为了满足潜在的市场需求而建造相对较多的房产,自然空置率 (natural vacancy rate) 一般会比发展较慢的地区高一些 (de Leeuw & Ekanem,

---

[①] 以非"门禁"居住区为例,住宅为"私域",居住区的公共空间为"公域"。一支笔是私人物品,主人具备所有的产权权束。这支笔若掉在路上,其产权就处于"公域",任何人都可以"占为己有"。

1971）。上海办公楼供大于求的现象还是很严重。据估计，1997年12月，整个上海城市的办公楼空置率为39%，在浦东为70%。大量的实证证据表明，房地产的周期表现与一般经济活动的周期表现极为接近。已经证明，经济活动的周期发展会引起建筑业的周期波动（Barras, 1987）。事后的经济发展及时吸收了那些空置的楼房，超出常规、巨大规模的土地和房产开发固然是中国城市化快速发展的结果，但是，制度因素在这个事件中起了不可否认的作用。经济转型中独特的土地产权制度促成了这个上海城市建设史上可能是空前绝后的大规模开发。

理论上，城市土地为全民所有，土地使用权隶属于土地所有权。但是由于计划经济时代的土地免费使用，国营企业承担了不少政府的功能，企业作为土地租赁者与国家作为土地业主之间对于土地产权的差别被模糊。国营企业似乎以政府的名义掌控所占有的土地，使得企业和单位成为事实上的土地经济性产权的拥有者，尽管土地法律性产权毫无疑义地属于国家。单位利用沿街的用地"破墙开店"，土地收益占为己有，开发行为犹如他们是土地业主。"退二进三"意味着工厂单位以撤离中心地区区位的地块换取土地收益,似乎业主在"卖地"。"双重激励"是许多沿海城市自1980年以来城市土地改造的根本动力。第一重激励是土地和房屋建设的商品化和市场化，赢利成为房地产开发的驱动力，城市建设因此而欣欣向荣。第二重激励是兑现土地市场中由于产权模糊而掌握的土地价值，调动起了所有相关各方进行开发的积极性。城市土地产权的模糊性以及随之而来的价值兑现,对上海房地产史无前例的大规模发展起了重大作用。

渐进式改革无法支持任何长远考虑的措施，对国营单位享有土地持有权的认可是临时且非正式的，非正式的认可并不能使土地产权臻于完整和合法。不完整、模糊的产权难以保护，也难以转让。在改革的环境里，事实上的土地持有也无法持久。土地租金和价格因为房地产业的繁荣而大大升幅。为了保证收益，并从中赢得最大利益，所有的土地使用者单位都非常积极主动地寻找土地再开发的机会。通过再开发，持有土地的单位将未受法律保护的、临时的、不确定的产权转变为实在的、宜受保护的房地产。房地产是可在市场上租赁和转卖的资产。

一旦土地产权得到非正式的认可，许多处于市区的工厂便积极地四处活动寻找再开发的机会。由工厂出土地，投资者出资本，建立合资企业，通常是开发商品住房和办公楼。届时,该用地单位可望进入利润丰厚的房地产开发经营。工厂通常利用再开发所得收益，在郊区购买较廉价的地块作为新的厂址。统计显示，处于上海市中心的静安区，1993～1996年之间批准总楼面面积为820万m²的改造项目，其中400万m²的项目是持有土地的用地单位提出开发建议。1997年于新加坡、悉尼和墨尔本举行的上海房地产展销会上，仅当时的黄浦区（指未与南市区和卢湾区合并前）就有38个由用地单位持有的地块向外国投资者推销改造计划。许多持有土地的单位受到房地产经营利润可观的诱惑，纷纷加入开发的行列，建立合资或独资的开发公司。

匆忙出让土地进行再开发的结果，造成了土地在市场上供过于求，降低了土地资产的市场价值，却无法获得最大的土地收益。如果产权是明确定义的话（如：业主明确地有偿出让土地），业主应该会审慎地对待土地的出售，寻找最佳时机，以求获得最大利益。自1988年土地供应商品化以来，土地有偿转让已为房地产开发提供了合法、明确的土地产权。但是，在有偿转让土地上进行的房地产开发，仅构成上海商品房总供应的很小一部分。大部分的商品房是在非正式出让的土地上开发的。因为政策因素的土地供应诱发了开发商的过度冒险行为，这种行为又与改革中尚存的国有企业的"软预算"制约结合，促成不负责任的大规模土地开发。

风险本是土地开发的主要因素，冒风险的程度应与开发的利润空间成正比。但是，因为土地产权的模糊使资产价值大打折扣，本是市场警告房地产业谨慎从事的高空置率信号，对于涉及土地开发的地方政府、开发公司和持有土地的用地单位竟不起任何警告作用。制度转变中新生的房地产市场，应该鼓励市场个体对市场需求作出回应。但是，改革本身的渐进性所派生的模糊产权问题，使市场机制生长受到干扰，个体不作有效反应，从而妨碍了土地资源的有效分配。

5.5.3 案例2：模糊产权下对城乡结合部集体土地租金的争夺①

城市化意味着经济、社会和空间的转型。在城市的社会和经济活动向乡村渗透的过程中，城市的空间形式也向乡村侵入。持续的城市化不断地产生城市—乡村的交界面，这个交界面的空间形态在不同的社会经济背景下，被概念化为"郊区化"（suburbanization）、"边缘城市"（edge cities）、城市边缘区（urban fringe）（Adell，1999）或城乡结合部。城乡结合部成为城市和农村之间的转型地段，经常是城市活动和农业活动高度混合，犬牙交错（Thomas，1974）。

① 新加坡国立大学硕士研究生胡婷婷在2005年参与调查研究，在此致谢。

加廖（Garreau，1991）创造了"边缘城市"的概念，认为"边缘城市"是在城市建成区边缘出现的城市组团。"边缘城市"不同于郊区的概念，前者是经济中心——工作岗位多于居住人口，而后者是居住区域——居住人口多于工作岗位。城乡结合部是指一个原先靠近城市建成区的农业地区在空间形态、经济结构和社会肌理方面越来越接近城市，但在本质上仍然是村庄的社区。

1980年代以后的中国城市化进程之快速史无前例，城市化意味着人口和土地同时向城市的转变。这个转变在城乡结合部表现得最为突出，对土地的争夺最为显著。城市化通常被理解为社会、经济和空间的转化，城市化在中国还体现在另外一个维度：土地的集体所有制向国家所有制转化。根据巴梭（Barzel）的说法，如果产权定义不明确、模糊或不完整，产权的某些权束会处于"公域"中，成为公开争夺的对象。土地产权定义不明确的结果是土地租金的流失。集体所有制的土地产权属于模糊产权，争夺遗留在"公域"的土地资产扰乱了土地市场，并进一步影响了城乡结合部的土地利用的空间结构。以下的案例说明在某一城乡结合部的土地资产争夺造就了特定的土地利用空间形态。

土地租金是指土地市场交易时所获得的土地价值，因为土地价格所代表的价值是指所有未来土地租金的总和。土地租金由市场的供需关系和区划所规定的土地利用（农业、居住、商业等）决定，土地的潜在租金指土地在最佳土地利用时的租金，或土地所能实现的最高地价。土地潜在租金与土地在目前土地利用条件下的事实租金的差额构成土地租金差（Smith，1979）。土地租金差是土地再开发或改造的原动力，在谁应获得土地租金差的问题上出现两种不同的观点。一种观点认为土地价值的提高是因为临近基础设施改善而致，所以土地价值提高这部分应归政府，政府有权代表公众获得投资基础设施的回报。另一种观点认为土地价格是土地业主（土地出让租赁者）承担投资风险的回报，土地租金差应归业主（Fischel，1985）。因为种种限制，土地市场不是绝对地由供需关系决定一切。土地租金的获取在特定的产权框架下进行。土地的产权结构在很大程度上决定土地开发的模式，因而决定空间环境的形态。

土地商品化和市场化后，集体土地的模糊产权造成对土地租金的无序竞争。四个主要角色参与竞争：农民、村委会、镇政府和县市政府。中国的政府有多个层次，地方政府与中央政府的利益不完全一致。国有土地产权在中央政府与地方政府之间的划分也是模糊不清，"地方发展政体"的出现使土地租金竞争复杂化。在两重竞争（城市与乡村、地方与中央）的背景下，模糊产权下的土地租金竞争带来了非正式的土地开发。非正式的经济性产权与正式的法律性产权相互交错，决定了为获取土地租金差的土地开发模式。城乡结合部土地开发的物质形态反映了剧烈竞争土地租金的结果。农村的非农业经营和城市的不断扩张构成了农业用地向非农业用地转化的驱动力。

1. 城乡结合部土地租金争夺驱动的土地开发

全球平均人口密度是 45 人 /km² (2000 年)，而中国的人口密度是 133 人 /km²，是世界平均水平的 3 倍 (http://esa.un.org/unpp，查阅于 2006 年 11 月 16 日)，中国的土地稀缺问题的严重性可见一斑。1980 年代以后城市的快速扩张和城市人口的增长更是加剧了城市地区周围的土地稀缺问题（表 5–11）。土地稀缺强化竞争，模糊产权下的竞争又进一步将土地开发问题复杂化。城乡结合部的土地开发充分反映了快速发展、土地高度稀缺和模糊土地产权结合所引起的复杂性，现引用北京某镇的实例揭示集体所有制模糊产权对土地开发的影响（图 5–28）。

中国大陆的城市发展   表 5–11

年度	1981 年	1986 年	1991 年	1996 年	2001 年	2004 年
城市建成区面积（km²）	7438.0	10127.3	14011.1	20214.2	24026.6	30406.2
城市建成区占总面积的比例（%）	0.77	1.05	1.46	2.11	2.50	3.17

资料来源：国家统计局，1982、1987、1992、1997、2002、2005 年.

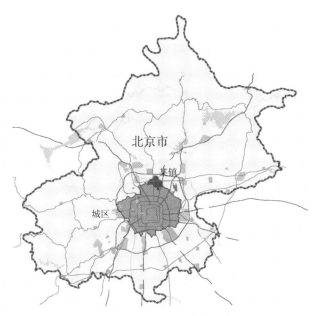

图5–28　位于北京城乡结合部的某镇

该镇由 21 个行政村组成，总用地 60.5km²，自 1990 年起经历了显著的经济发展和人口增长。1990～2002 年期间，该镇的 GDP 从 1.23 亿元增长到 3.55 亿元，平均年增长 9%。1997 年时的人口数是 3.4 万，2002 年时的人口数达 23.2 万，其中 2.6 万当地农民（11%）、12.8 万移居此地的永久居民（55%）和 7.8 万暂时性移民（流动人口）（34%）。根据这些数据，5 年内，外来移民的增加数量将近当地人口的 9 倍。移居此地的永久居民大都是购买商品房的北京城区居民，流动人口主要是从其他地区到北京寻找工作机会而暂住该镇。10 年来，该镇正在经历显著的城市化过程，2002 年农业在该镇 GDP 占的份额少于 20%，89% 的人口是来自外地的非农移民。到 2002 年年底，镇总用地的 39% 为建设用地，余下的 61% 为农业用地（表 5-12、图 5-29）。土地利用的空间布局充分揭示了农业用地与建设用地相互之间的高度混杂，显示了一种没有规划的城市化蔓延的现象。城市化蔓延发生在地广人疏的地区容易理解，因为土地便宜。一个具有理论意义的实证问题是：城市化蔓延是如何在人口高密度（21 个村庄布局在 60.5km² 内）的农业地区发生的。

某镇的土地利用，2002 年		表 5-12
土地利用分类	面积（km²）	占总用地的比例（%）
总用地	60.45	100.00
建设用地	23.52	38.91

	土地利用分类	面积（km²）	占总用地的比例（%）
其中	集体所有的建设用地	10.46	44.47
	其中：宅基地	5.81	
	工业用地	3.42	
	高速公路（国有）	1.93	8.21
	城市居住用地	8.10	
	其中：公共住房	2.66	34.44
	商品房	5.44	
	国有建设用地 *	3.03	12.88
农业用地		36.93	61.09

注：* 土地在 1990 年代以前被国有企业和单位征用。

1）正式的土地开发

两种农业用地转化成建设用地的方式是正式或是合法的。第一种是用于乡村工业、农民的宅基地和公共设施建设，该转化不涉及土地所有制的改变；另一种是城市政府征用农田进行城市建设，土地从集体所有制转成国家所有制。该镇正式合法的土地开发包括农民自用住宅、乡镇企业、1980 年代被国家征用的土地和 1990 年代开发的商品房（表 5-13、图 5-30）。国家征地需要向被征

图5-29 建设用地与农业用地在21个村的分布

正式合法的土地开发项目 表5-13

项目	土地用途	面积（hm²）
1980年代被国家征用的土地	仓库，国家单位	323.0
1990年代被国家征用的土地	高速公路	193.0
乡镇企业	工业	212.9
农民住房	自用居住	626.1
F1	商品房居住	7.7
F2	商品房居住	15.5
F3	商品房居住	30.4
F4	商品房居住	27.0
F5	商品房居住	7.5
F6	商品房居住	183.3
F7	商品房居住	12.1
F8	商品房居住	8.0
F9	商品房居住	9.1
F10	城市居民经济适用房	266.0
总共		1921.6

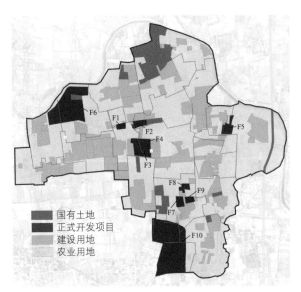

图5-30 正式的土地开发项目

地农民进行失地赔偿，城市政府然后按照土地利用规划向开发商出让一定期限的土地产权（leasehold），并收取土地出让金。按照目前的做法，对失地农民赔偿的标准根据征地前的土地使用状态而定，即农业用地；而不是根据征地后的土地使用性质而定，即城市用地，如居住、商业等。失地赔偿金金额与土地出让金金额的差构成土地租金差。

失地赔偿金在集体所有制各级业主之间的分配揭示各业主的相对产权。但是，失地赔偿金的分配从来不公开，我们也无从了解该镇失地赔偿金的分配。根据温铁军和朱守银（1996年）的一个案例调查，1992年南海市国土局在平洲镇夏北管理区洲表村征地463亩，每亩付征地补偿费2.8万元。征地补偿费在四个"业主"中分配：平洲镇、夏北管理区、洲表村和村民（表5-14）。最接近土地的村民得到21.4%的补偿费，村集体经济组织获得50%。很难判断每亩征地补偿费2.8万元的价格是否合适，因为没有一个正式的农地交易市场。但是，许多失地农民不认为这种征地方式和赔偿是公平的（Guo，2001）。据称65%的农民游行、甚至骚乱是与征地纠纷有关（http：//www.zaobao.com/gj/zg060223504.html，查阅于2006年2月23日）。征地纠纷的核心是土地租金差。根据地方和地点的不同，土地租金差可能是征地补偿费的10～20倍（http：//news.sina.com.cn/c/2006-06-21/233910217416.shtml，查阅于2006年6月22日）。

洲表村征地赔偿费的分配，1992 年

洲表村征地赔偿费的分配，1992 年　　　　　　　　　表 5-14

平洲镇	夏北管理区	洲表村集体经济组织	社员
10.7%	17.9%	50.0%	21.4%

资料来源：温铁军、朱守银，1996.

　　谁获取了土地租金差？处于合法正当位置的城市政府能够通过征地加强政府财政收入（http：//news.sina.com.cn/c/2006-06-21/233910217416.shtml，查阅于 2006 年 6 月 22 日）。据温铁军和朱守银（1996）的估计，镇政府以上的各级政府获取 60% ～ 70% 的土地租金差，村委会得到 25% ～ 30%，农民只得到 5% ～ 10%。很明显，农村集体没有从正式的土地开发中得到他们认为应该得到的利益，而认为城市政府是最大的受益者。不过经常被忽视的关键要点是，征地后的基础设施和公共设施建设需要动用政府的财政。温铁军和朱守银（1996 年）指出，土地出让前政府需要投入平均每亩 12.7 万元（1994 年）的资金用于基础设施建设，这个数字是征地补偿费的 4 ～ 5 倍。

　　2）非正式的土地开发

　　正式合法的土地开发不利于农村集体的土地收益。对土地租金差的争夺因而引起农村集体和城市政府之间的利益冲突。处在"明争"下风促使农村集体采用"暗斗"的手段和措施截取土地租金差，非正式合法的土地开发以各种各样的方式出现。农村集体与城市政府之间对土地租金差的争夺引出了有"创意"的非正式土地开发。与城市政府和开发公司引导的正式土地开发同时进行的是农村集体主导的非正式土地开发（表 5-15、图 5-31），之所以被称为非正式是因为土地开发没有经过城市政府的批准。该镇的乡镇企业自 1990 年代起开始从事土地开发活动，外来资金与当地劳动力和土地的合资企业是合法的商业

非正式的土地开发项目　　　　　　　　　　表 5-15

项目	土地用途	面积（hm^2）	项目	土地用途	面积（hm^2）
I1	商品房居住（乡产权）	6.3	I7	商品房居住（乡产权）	12.1
I2	商品房居住（乡产权）	12.2	I8	商品房居住（乡产权）	62.4
I3	商品房居住（乡产权）	34.7	I9	商品房居住（乡产权）	19.1
I4	商品房居住（乡产权）	10.4	I10	工业	17.8
I5	商品房居住（乡产权）	13.5	I11	农民住房出租	18.0
I6	商品房居住（乡产权）	26.3	I12	工业	21.7
总共					256.5

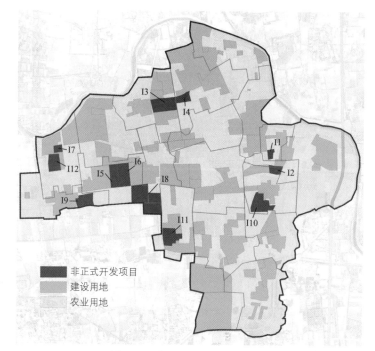

图5-31　非正式的土地开发项目

运作。但是，用于企业发展的土地开发与纯粹的房地产土地开发经营之间的分
界线被模糊了，前者是运用集体的土地使用权，后者是农村集体获取土地租金
差，直接损害了城市政府的利益。

　　镇政府在权力下放过程中获得一定程度的自由裁量权，并以此发挥"企业
家"精神推动地方经济发展。非正式土地开发项目基本上是乡镇企业在镇政府
默认下，以发展农村经济和建设社会主义新农村的名义进行的。村镇利用土地
发展当地经济的做法由来已久，1990年代以来，外来资本与村镇土地结合的
合资企业越来越普遍。问题是村镇与外来资本合作经营企业与村镇纯粹将工业
用地出租给外来资本之间的区别十分模糊，但是前者是合法的，后者是农民集
体非法地（至少在"流转"还没有成为合法之前）掠夺土地租金。该镇的工业
科技园建立于1992年，2003年时已有14个企业在运行，但是这些企业都不
是当地集体所拥有的。1992～2003年期间，镇政府有十次向农民"征地"的
记录，然后由某乡镇企业进行开发，整个过程没有经过上级国土局的土地所有
权转制审批。该乡镇企业向村委会支付每亩1万～2万元的征地补偿费，土地
开发后以25万元／亩的租金和50年租期租赁给外来企业。

在镇政府努力为本镇谋求更多的土地租金差的过程中，村和村民也试图从中分一杯羹。调查表明，在城乡结合部存在土地租金差的双重竞争：城乡竞争和镇村竞争。某村在 2000 年建立自己的工业园，2003 年园内企业数达 13 个。开发商本是一个村企业，随后改制民营化，村委会不再是其上级管理单位，而只是股东之一。作为独立的股份制企业，该企业不再享受集体土地的使用权，更不能开发集体土地。该项目被认为是非正式的，因为集体建设用地不容许为了商业利益而出租。同样，宅基地只能是自建自用，村民不可以为谋求商业利益向市场出租宅基地和住房。

非正式开发的商品房没有市政府颁发的产权证，所以住房单元不可在公开市场上交易。为此，镇政府提出"乡产权"的概念试图将非正式开发商品房合法化。这个概念援引计划经济体制时的国有财产"社会主义使用权"理念，使买家相信具有"乡产权"商品房的使用权无可置疑，尽管其拥有权不具说服力。镇政府给予"乡产权"商品房买家乡镇户口的做法也证实，买家的保障在于他们能够以当地乡民的身份有权享用土地的使用权。因为产权的不完整，"乡产权"商品房的价格只有正常商品房价格的一半（http：//www.focus.cn/news/2005-11-09/164295.html，查阅于 2007 年 2 月 19 日）。

3）介于正式与非正式之间的土地开发

根据国土局的规定，县政府批准农田开发成为建设用地的权限最高为 10 亩／每申请项目。该镇所在的县政府至少审批了 10 个商品房开发项目，项目开发规模超出其所赋予的权限（表 5-16、图 5-32）。这种介于正式与非正式之间的土地开发是县政府与镇政府合作获取土地租金差的行为。通常是镇政府与开发商协商土地出让金事宜，征地补偿费付给村委会后，土地租金差由县政府和镇政府分享，商品房由县国土局颁发产权证。这种开发显示了县政府与市政府之间对土地财政的竞争，超越权限的行为是以发展县经济的名义进行的。

介于正式与非正式之间的土地开发项目 　　　　　　　　　　表 5-16

项目	土地用途	面积（hm²）	项目	土地用途	面积（hm²）
Q1	商品房居住	9.1	Q6	商品房居住	23.2
Q2	商品房居住	10.0	Q7	商品房居住	22.6
Q3	商品房居住	6.0	Q8	商品房居住	33.0
Q4	商品房居住	2.0	Q9	商品房居住	41.5
Q5	商品房居住	3.7	Q10	商品房居住	22.8
总共			173.9		

图5-32　介于正式与非正式之间的土地开发项目

2．无序竞争土地租金差的后果

城市化将城市活动和城市建设用地不断地推向农村地区，动态的城乡交界面一直存在，直至城市化达到稳定的高水平。不同的政府与市场关系决定不同的城乡结合部形态。亚洲人口高密度国家的城乡结合部空间形态通常体现出农业用地与非农业用地的高度混合（McGee，1991）。案例中农业用地与非农业用地的高度混合揭示了该镇土地开发的制度因素：以村为单位的土地利用和管理。"村村冒火，家家冒烟"无疑是在现状农村土地利用制度作用下农村工业化的必然结果。零乱散布的建设项目一方面说明缺乏土地规划的协调，或是根本就没有土地规划；另一方面也说明集体土地的模糊产权所引起的窃取土地租金差的机会主义。村镇的土地开发既是自下而上城市化的基本动力，又是有效阻止其他利益相关方争夺土地的防备措施。所以，土地开发不完全是由市场需求所推动，而更多的是由夺取土地租金的动机所推动。没有正式的土地区划也是城乡结合部之所以混乱的重要原因。如此，土地开发权没有被清楚地确定，不确定的土地产权产生"外在性"。

在一个有效的土地市场中，竞争有利于土地开发质量的提高，短缺的土地资源因而得到高效率利用。是土地业主、还是国家应该获得土地租金差是一个涉及意识形态的大问题，世界各国有它们各自不同的做法（Goodchild，Munton，1985）。因为经济发展的权力下放，中央财政与地方财政的明确分割，地方政府成为"地方发展政体"。中国的城市政府积极推动城市经济发展，通过工业区建设吸引投资，鼓励开发商投资建设商品房，改善城市居住状况，大力扩展城市用地规模。城市政府扩展城市用地规模的另一个动机是通过征地获得土地租金差，并以此财政收入建设改善城市基础设施，提高城市对外来投资的吸引力。农村集体作为集体土地的拥有者同样希望获得土地租金差。对土地租金差的竞争有两个层面：一是在城市政府与农村集体之间；二是在农村集体三个名义上的业主（镇、行政村、村（包括村民））之间。

改革开放实际上是实用的和渐进的制度变革，整个过程是"摸着石头过河"，没有事先制定的政策和方针指导这个史无前例的变革。唯一明确的目标是通过权力下放推动经济发展，地方发展政体积极主动地以"企业家"精神引导市场发展地方经济。但是，真正的"企业家"精神与非法地争夺国有资产的分界线被模糊了。那些非正式和介于正式与非正式之间的土地开发都是以促进地方经济的名义进行，其实质实际是各级政府相互之间争夺土地租金差。在此案例镇，农村集体所开发的土地面积总量为 1095.5hm^2（其中非正式开发256.5hm^2），占总数的 46.6%。农村集体与城市政府的土地开发量总数相仿（表5-17）。竞争有利于发展和提高质量。但是，没有明确规则的竞争造成资产的流失，集体所有制土地模糊产权下的竞争引发机会主义式的土地开发。明显的例子是"乡产权"住房的价值只是正式产权房的一半，造成土地租金的流失。在没有正式土地区划制度和集体所有制土地模糊产权的城乡结合部，伴随着人口高密度的国情，无序竞争盛行，出现一种"公地"现象，建成区环境素质下降。

三种土地开发模式和三个土地利益相关者 · 表 5-17

总建设用地	正式开发	介于正式与非正式之间的开发	非正式开发
2352.0hm^2	1921.6hm^2	173.9hm^2	256.5hm^2
	81.7%	7.4%	10.9%
	农村集体	县	市
	1095.5hm^2	173.9hm^2	1082.6hm^2
	46.6%	7.4%	46.0%

此案例镇的调查研究结果表明：中国的"村庄城镇混杂"的状况是由在人口高密度背景下的集体土地产权的模糊性和不完整所造成的。集体土地产权的

模糊性和不完整引发了对土地租金差的无序竞争。大量以发展农村经济为名义的、非正式合法的土地开发证明，土地租金差无序竞争直接导致了土地的无序开发。在无序竞争和无序开发的市场制度下，以村为基本单位的建设用地开发造成农用地与建设用地犬牙交错的状况。无序争夺土地租金差引起 21 个村在 60km^2 的镇域内机会主义地"先发制人"式的土地开发。为开发而开发的结果必然是无谓的开发，土地无法达到"最高和最佳利用"而使土地租金流失（"小产权"房是最有说服力的例子），土地利用效率降低。这与土地高度稀缺情况下土地必须高效率利用的原则背道而驰。

此镇的城市化过程揭示了人口高密度和土地高度短缺所造成的严峻挑战，土地租金差的无序竞争造成土地的无序开发，杂乱无章的土地开发模式使城市可持续发展的理念停留在规划图上。没有总体规划指导的城市化发展造成布局混乱。土地规划控制对于人口稀少、土地利用以农田耕作为主的农村集聚地可能是多余的，但是对于城乡结合部的人口高密度乡镇地区，缺少土地规划控制极易产生灾难性的环境恶化，南方城市中的"城中村"已经证明了这一点。没有土地规划控制，居民被剥夺了不受负面"外在性"影响的权利。没有规划控制的开发在村庄社区中产生负面"外在性"，如居民住房建设超高等。居民住房建设超高对该居民有利，多余面积可供出租，赚取租金；但是邻居的利益受到损害，日照和通风恶化。理论上，这被称为"租金转移"：前者所赚取的租金事实上来自后者，因为后者住房的租金水平下降了。"租金转移"并没有到此为止，因为没有成本因素，其他居民也都会"寻租"。负面"外在性"不断积累，村庄的环境资源被过度消费，环境水平日益下降，租金日益流失，村庄成为"公地"，最后沦落为贫民窟（朱介鸣，罗赤，2008）。受城市化趋势推动的非农用地开发改变了城乡结合部地区的社会和经济结构。在低收入、土地严重稀缺的发展中国家，无序和无协调的城市开发使得城市化不可持续。农业用地与非农业用地相互之间的高度混合和犬牙交错既不利于农业生产，也不利于城市生活。城市建设制度亟待完善。

5.5.4 案例 3：成都拆迁征地冲突

1996 年，成都市金牛区天回镇街道金华社区（原金华村）4 组私营企业主胡某某，支付 4 万元青苗补偿费、1 万元建房占地款后，以租地的名义与金牛区天回镇金华社区（原金华村）签订了《建房用地协议》，在一直未办理《规划建设许可证》及用地审批手续的情况下，违法修建了面积约为 1600m^2 的砖混结构及简易结构房屋，用于企业经营。2007 年 8 月，成都市为推进全市四大污水处理厂之一的城北大天污水处理厂配套工程建设，决定实施连接北新干道和川陕路的市政道路金新路建设，胡某某的建筑就处在这一重要市政建设工程规划红线以内。 金牛区城管执法局要求胡某某自行拆除，2007 年 10 月依法下达了《限期拆除违法建设决定书》。

金牛区政府拟参照当年土建成本给予适当的补偿。胡某某的违法建筑建于 1996 年，当年的建筑成本包括装修在内，按最高标准不会超过每平方米 1000 元，胡的房子大概 1600m²，总补偿价约为 160 万元。但胡某某提出了高达 800 多万元的补偿要求。争执的焦点在于此建筑是否具备合法的产权，800 多万元的补偿要求可能是建立在完整产权概念上的市场估价。事实上，集体所有制土地没有经过土地出让就不具备完整产权，此房屋是所谓的"小产权"建筑。

5.6 美好城市的建设在于完善的城市建设制度

城市建设的质量和效果取决于城市建设制度。从这个角度分析，市场经济体系下的城市规划实际上是城市建设制度的组成部分。城市规划在城市建设制度内所占的地位因国情不同而不同。根据笔者在海外生活的体验判断，在英、美和新加坡三个国家之间，城市规划的地位在新加坡最高，英国次之，美国最低。可以说，新加坡的城市建设基本上是按照总体规划实施的结果，而在美国城市建设中，市场力量起的作用远远超出规划的力量。自 1990 年代以来，每年有众多的中国城市政府官员代表团访问学习新加坡城市规划与建设的经验，了解不少关于城市结构、公共住房、交通运输、绿化设施等各方面的内容和现象。殊不知在那些现象背后有一个城市建设制度在起作用，没有那个城市建设制度，就没有今天按照规划目标建设的新加坡城市（Zhu，1997；见 5.3"牛车水"案例）。

中国城市建设制度的大背景是改革开放所推动的从计划经济向市场经济的转化（Zhu，2000）。一方面，特殊的转型经济形成两种制度和两种激励机制的并存，此消彼长；另一方面，"发展是硬道理"，通过快速发展减低因利益分配重组所带来的社会冲突的机率。城市建设制度作为转型经济体制的一部分，出现了"二元土地市场"（dual land market）和"土地模糊产权"（ambiguous land rights）的制度安排（Zhu，1994；Zhu，2004a）。"二元土地市场"在维持现状土地制度的同时引进了商品化土地批租，促使房地产市场自 1949 年后重新在中国城市中发挥作用，城市开发蓬勃展开，成就前所未有。正如单位制度的渐变对住房市场商品化同时产生了正面和负面的作用（Zhu，2000b），"双重土地市场"和"土地模糊产权"的负面结果是产生了广泛的"寻租"现象，土地低效开发，成为滥建"开发区"、房地产市场过热的主要罪魁祸首之一（Zhu，2002；城市规划汇刊编辑部，2004a）。据统计，目前全国已有各类开发区3837家，开发区规划面积达到3.6万km²（http：//www.people.com.cn/GB/14857/22238/28463/28464/2015058.html，查阅于2002年9月10日）。中央向地方分权的政策使得地方政府成为"地方发展政体"，城市规划和城市发展因而成为地方政府经营地方经济的工具（Zhu，1999b）。随着"地方发展政体"能力的加强，其城市开发的掌控能力显著提高（Zhu，2004b），从"土地使用权"向"土地开发权"的转移完成了土地市场商品化的转型过程（Zhu，2004a）。这就是我们的"市场现实"，不了解这个独特的转型期间的城市建设制度，就无法深切地了解当前中国城市的发展状况和特点。规划作为"龙头"，就要了解"龙身"。如果"龙头"是"规划理想"，"龙身"就是"市场现实"。不了解"市场现实"的规划师只能使他的"规划理想"与"市场现实"完全脱节，毫无关联。

模糊土地产权和因为没有土地区划而使土地开发权缺乏明确限定而构成的城市建设制度，已经引发了非正式的土地开发（informal development），通常是非法的、或是介于合法与非法之间。开发者一般短线操作，开发目标是尽快获取土地租金差，以免夜长梦多，或土地开发的机会被他人夺取。开发项目往往是匆匆上马，能力不够，造成粗制滥造，结果是土地潜能没有被充分利用，国有土地资产流失。非正式开发项目土地利用效率低、建成环境差，是没有规划的城市化和城市开发。如果非正式土地开发渐成气候，日后与主流的正式土地开发抗衡，将对中国今后基本以市场推动的城市化正常发展极其有害。尽管在许多沿海发达城市受到政府的遏制，但是"小产权"住房已经在不少城市出现、存在并有不同程度的壮大。这种非正式开发将会成为今后的"城中村"，低收入居民积聚形成事实上的社会阶层在空间上的分化。而为了避免非正式开发建成区对居住环境的负面"外在性"，开发商的正式开发会更加强化商品房楼盘的"封闭性"，甚至开发"门禁"大盘，使社会阶层的空间集聚更加明显，两极分化。这就是我们所担心的城市化进程中的拉美化，即扩大的社会贫富差距同时也反映在城市空间结构上。巴西圣保罗大面积非正式开发的贫民区与高收入的商品房小区同时并存，彰显了市场经济的严重社会不公，也充分显示了

政府低弱的管治能力（图5-33～图5-35）。中国城市发展中的拉美化不是耸
人听闻，已经在某些城市出现端倪（图5-36）。强调政府提高通过市场手段对
城市化进程的调控能力已经是刻不容缓。

图5-33　圣保罗的高收入住宅

图5-34　圣保罗高收入住宅区之间的一贫民区鸟瞰

图5-35　圣保罗某一贫民区内部

图5-36　中国某南方城市"门禁"大盘居住区与非正式开发居住区的并存
注：红线所围的地块是正式的商品房大盘，黑线所围的地块是非正式的住房开发。

　　除了经济水平和科技水平之外，发达国家与发展中国家的区别在于社会管理的水平。发达国家管理有序，能够有条不紊地组织起来解决问题；而发展中国家却是组织能力有限，产生许多混乱和无序。国家的进步不局限于经济水平和科技水平的提高，也在于管理组织解决问题能力的提高。如何提高建设优美城市的能力是中国城市规划理论发展的根本方向。转型经济下的城市建设制度促成了史无前例的高速度城市发展，但也出现了许多严重问题。居住区大盘开发的本质是开发商取代了政府提供公共物品、遏制房地产开发外在性的功能，但开发商不负责更大范围城市功能的空间协调；"城中村"是市场提供的没有安全保障的低收入居民住房，因为目前政府社会再分配的能力有限；外商工厂业主提供的工厂宿舍是将低收入住房企业化，而非社会化。可以说，那些不尽人意的城市开发现象与政府的城市管理或经营能力有关。规划师要参与到城市建设制度的转型过程中，充分利用"提高执政党的执政能力"——国家走向正式制度的象征——的趋势，争取城市规划在城市建设制度中的领导地位。土地资源极其缺乏、人口高密度的中国城市无法采用充分以市场为主导的城市开发模式，而只能采用以规划引导市场的城市开发模式。前者如美国，后者如大多数欧洲国家和新加坡。在规划能够成为"龙头"之前，至少先要成为城市开发的"秩序"，保证城市建设有序展开。城市土地资源的"睿智"管理和适合人口高密度特点的规划方案，应该是规划理论必须重视的两大要点。

　　西方社会从愚昧走向文明的重要里程碑是启蒙运动和文艺复兴，由此奠定了西方走向现代化、成为经济科技强国的基础。文艺复兴颂扬人文价值，以人为本。值得重视的是，与文艺复兴运动同时展开的还有理性主义运动（rationalism）。城市规划应该强调以人为本（赵民，2004），城市规划也更应该强调理性主义。现代化（modernization）就是人文价值和理性主义，两者缺一不可。相比较，我们似乎更缺乏理性主义（城市规划汇刊编辑部，2004b；郑时龄，2004b）。规划当然要有理想，那些西方的经典规划方案理论充满令人感动的人文关怀的理想。我们更要有理性，要理性地建立从市场现实通向规划理想的桥梁，建立通过市场实现规划理想的机制。1980年代我们错过了对"规划规划，墙上挂挂"现象的研究认识，今天我们不要再错过对如火如荼而不尽人意的中国城市发展，及限定城市发展的城市建设制度进行深入研究和认识的机会。规划师的最终职业目标是在解决当下城市问题（住宅短缺、交通拥挤、环境污染）的前提下，建设有经济效率、社会公正和环境可持续的理想城市，而不仅仅是局限于做理想的方案。至于规划方案本身，我们要积极地面对市场。过去的规划确实只注重自上而下的理想秩序，而忽视了日常生活中"看不见的手"所调节的自下而上的供需关系。规划往往无法提供市场能提供的灵活、及时对需求的反应及选择的自由。规划应给市场留有余地，好的规划是理想秩序与市场调节之间的平衡。若是如此，城市开发的市场调节部分将凸现出开发控制作为城市规划第一形式的重要性。市场体制是经济民主，市场经济下的城市规划也必然会被民主所推动。由此来看，规划过程迟早会提上议事日程。

CHAPTER 6

第六章　规划通过市场机制
建设美好城市：新加坡经验

改革开放所形成的市场经济将会对中国城市规划产生深远的影响，因为近代中国还没有经历过完整的市场经济，整个社会正在学习如何应对市场经济的挑战。在城市规划尚未能建立起健全的新体制的情况下，城市化却已经以前所未有的速度在全国各地席卷而来，这对城市规划的挑战之巨可想而知。规划师必须深入认识城市规划的载体——土地市场，充分理解新经济体制下城市建设过程中政府与市场的关系。市场经济的真髓是产权充分限定下的自由竞争，从这个角度出发，城市规划是通过限定土地产权的方式引导市场推动的城市发展。对于规划而言，市场的挑战是巨大的。新加坡是规划与市场结合塑造优美城市的典范，市场提供私人物品，而规划提供公共物品和社会物品，两者相得益彰。在城市空间概念规划之前是经济发展和社会发展的宏观战略，后者是前者的发展机制。

6.1 政府与市场之间的关系

6.1.1 深入认识土地市场

　　土地市场投资与其他实业投资不相同之处在于它的不动产特性。如果投资环境恶化，实业投资可以撤资，但土地投资无法撤资，土地投资有明显的经济"外在性"。因此，房地产投资非常关注房产所在社区的自然、社会和经济环境，因为个体投资的利益与整个社区，乃至整个城市的利益直接相关，城市的发展与否会直接影响土地房地产的市场价值。房地产投资因而关心城市的政治稳定和经济繁荣。如果每个市民都拥有他们的住房，关心他们的房产利益使得他们直接关心并贡献于城市的发展和稳定，城市因此而走向市民社会。

　　土地有双重价值：使用价值和投资价值。使用价值指土地的空间利用，投资价值是土地的资产效用。城市经济和人口快速增长时，对土地和空间的需求往往超过土地的供给，因为土地开发、基础设施建设的速度总是慢于经济和人口的增长速度。土地的投资价值源于土地的稀缺性、永久性，及拥有权与使用权分离的特征。稀缺性不仅是指有限的土地总量，也指特定区位土地供应的有限总量，如市中心有限的土地总量。土地的永久性不言而喻，除非靠近海边的土地沉入海中。拥有权与使用权的分离使业主可以租赁土地，收取租金作为土地投资的回报。许多城市房地产投资经验证明，投资房地产可抵消通货膨胀对现金储蓄的侵蚀。房地产价值与通货膨胀率通常呈正相关关系。

　　当城市蓬勃发展时，土地需求大于供给，土地价值因此上升。因而在房地产投资时，投资者会有一个期望：土地价值会上升。投资者所预期的回报是租金收入加上土地升值。如果这个期望值很大，房产租金与房产价格的比例会下降。这个比例下降的过程也正是房地产升温到过热的过程。因为房地产可用于抵押申请银行贷款，过热的房地产因此而加重了对于资金市场的冲击，加重市场崩溃的危险。因为土地的双重价值，使政府的宏观调控必不可少。土地的价值与市场的资金流向息息相关。如果大量资金流向实业，土地价格将趋稳定，因为投资需要稳定。如果因为某些原因，资金流向房地产，则投资需要推动土地价格上升，这一点在中心城市比较显著。因为有良好的居住水平和教育设施，中心城市往往是吸引区域投资的中心。在经济高涨阶段，房地产开发经常由投资资金推动，而不是由使用需求推动。

　　房地产开发最重要的因素是区位。区位的重要性缘于可达性，即交通便利，出行方便。对于零售业而言，区位决定"人气"，从而决定商业利润率。城市土地使用结构基本上由土地的价格决定，而土地价格基本上由土地区位决定。交通安排和中心位置是城市土地价格分布的两大重要因素。交通条件的变化和次中心的出现引起城市土地使用结构的变化，同时也引起土地价格分布的变化，有些区位价格上升，有些则下降。这引出了另一个重要的课题：土地区位并非一成不变。对区位的需求会上升，也会下降，从而区位条件会变好或变坏。这方面的例子不胜枚举。上海在 1990 年代之前曾有"宁要浦西一张床，不要浦东一间房"的说法，反映了当时上海的居住区位模式。现在，浦东的一间房与浦西的一间房几乎是同样价格了。上海虹桥开发区在 1990 年代初曾经是一流办公区位，而现在的一流办公区位已经东移至淮海东路和陆家嘴一带。

土地价格随经济发展而上升，随经济衰退而下跌。土地资产价值似乎在城市经济总产值中占一定比例。房地产经济为城市经济的一部分，两者紧密相关。市场经济发展有周期性：高涨、低落，周而复始。经济发展周期造成房地产市场的周期性。这种影响是通过使用需求和投资需求而传递的。经济高涨，对于房地产的使用和投资需求便强劲；经济低落，对于房地产的两大需求便疲软。问题是这两个周期并不完全同步。经济高涨期间有大量的房地产开发，因为开发的时差，当这些房产施工完毕等待出售时，经济已进入低迷期，结果造成大量房产空置。而当经济从疲软走向高涨时，房产需求又往往大于供给，新开发的房产无法及时供应市场，结果是房产价格和租金猛增。有个作者引用了两个真实事例说明房地产价格的周期性。纽约曼哈顿一处排屋 1975 年价值为 75 万美元，12 年后的 1987 年，屋主以 430 万美元售出。芝加哥边上一个小镇，一英亩农业用地在 1836 年价值为 1.1 万美元，4 年后，即 1840 年，开价 100 美元竟也无法脱手。

6.1.2 市场的作用和政府的功能

市场经济强调个人的进取和竞争的重要，这一价值观深深根植于欧美资本主义国家的文化基础之中。这一价值观也正在影响着中国。该价值观有广为人知的如下要点：①自由市场所肯定的经济民主犹如政治民主一样的重要，是人类不可缺少的基本权利；②个人的幸福取决于个人愿望的圆满完成与否；③每个人都应享有独立地寻求幸福的权利；④民营企业遵循市场机制而行动，比国营企业更具活力和效率；⑤民营企业在交付产品和提供服务方面，比国营企业更迅速有效；⑥规划师的决策并不能保证一定比市场决策更为明智；⑦规划决策是在比个体市场决策更大规模上作出的，影响范围也更大，因此规划师的错误可能比个体决策者的错误带来更大的危害；⑧市场是资源分配的最佳仲裁者，按市场规律行事，资源才能得到合理有效的使用，推动经济的增长；⑨市场效益是制定政策的重要衡量标准之一。

　　大多数西方工业发达国家都是以自由市场的体制取得引人瞩目的经济成就和社会进步的。然而，完美无缺的自由市场只存在于书本的理论之中，现实里的所谓自由竞争体制有着先天的缺陷，市场垄断即是最有力的明证。市场运作以追求利润最大化为基本动力，注定这一运作的短期利益性，倾向于尽量利用自然资源，而不问对于环境可能造成的危害、下一代可能必须付出的巨大代价。一个彻底的自由市场只有利于富人，而不利于穷人。穷人无力量调遣市场资源，如果没有国家的干预，自由市场经济必定导致社会的两极分化：富者愈富，贫者愈贫。随之而来的，轻则犯罪率增长，重则大规模社会动乱，自由市场机制不具备减少社会成本的安全措施。大多数的城市开发总是会让一部分人受益的同时令另一部分人受损，没有规划的干预和仲裁，那些城市开发计划会引起社会冲突。

　　分析了计划控制和市场引导两大体制之后得知，要在这两个协调机制之间作出不受意识形态影响的选择，是不现实的。但是，参照国家的发展目标和此时此地的社会经济背景，我们仍可以现实主义的态度选择一种模式。中央计划经济体制过分强调社会平等及由此引起资源分配低效率，所以发展经济成为改革开放的首要任务。经济改革与其说是如它表面上呈现的自上而下的政治决策，倒不如说是自下而上的社会要求。但是，社会变化对于隶属其中的人民而言，或多或少是对他们生活的一个冲击。剧烈的变化有可能导致社会动乱。随着渐进的经济改革不断深化，随着越来越多的市场因素的引进，政府与市场的合作无疑会成为管理经济和城市发展的必然形式。

　　自1970年代起，第二次世界大战后欧美国家的经济蓬勃增长已成过去，经济结构的变迁加深了社会结构中的两极分化，造成经济的危机和社会的分化。规划与发展之间的冲突也随之加剧，严格的规划管理究竟是有助于、抑或有碍于地方经济的发展？争论的焦点在于，社会公平（诸如财富的合理分配、低收入群体的社会福利）还是经济效益，何者应被视为政府的头等大事而给予优先考虑？社会公平当然重要，但是主张社会公平优先的考虑引出另一问题：现有的国家经济能力，能否满足人们对于社会公平的要求？而主张经济效益优先考虑者，则把市场的供需规律作为社会关系的决定因素。这个尖锐的与意识形态有关的政治问题只有置于社会文化和历史的背景之下考察，才可能得出有意义的结论。

6.1.3 政府引导市场的机制

改革开放进程中政府引导市场所要达到的基本目标有两个。第一是鼓励民营企业参加城市建设，民营企业和资本是市场经济不可缺少的角色。政府过去一直是城市建设的唯一投资者，所能提供的建设资金远远不足。第二是政府的规划必须灵活而具备市场的意识，有能力积极地引导市场实现规划的目标，让市场个体利益符合城市整体利益。

政府如何引导市场？在怎样的前提下引导？无论是对于政府还是市场来说，这些都是亟待回答的基本问题。经济大气候是决定政府与市场之间关系的前提。当某一城市经济在增长之中，或有迹象表明它将有较大发展时，开发商受着比较明确的市场需求的推动，会积极提出各种开发计划。相反，当某一城市经济发展缓慢乃至于衰退时，生产率下降，房地产空置率上升，银行利率上升，种种的不利因素都会令开发商裹足不前。因此，民营资本在房地产业中的参与程度显然取决于城市经济发展的趋势。经济越是发达，越易于吸引投资者；市场越是波动，越不容易吸引投资者。

然而，政府的责任却应当同市场反应相反。当市场形势不佳时，它必须努力去扭转局面，促使经济向好的方向发展，因为政府是为大多数人的利益服务的。就房地产开发而言，政府必须将开发活动维持在适当的水平。这样做，一方面是为了避免建筑行业劳动者的大量失业，更重要的是为了及时更新城市建筑以满足经济活动的需求，并帮助恢复市场的信心，冀以引起良性循环。简而言之，当城市经济健康发展时，政府可退而为管理者的角色，以开发商为主从事城市开发活动，政府则指导和控制发展的进程。当城市经济不景气时，开发商不再积极参与投资，甚至于开始撤出资金，此时政府就必须增加预算，投资开发，以填补私人开发商撤出后留下的空白。

在一个正在增长的经济中，房地产开发可获取高度的商业利润，市场竞争自然激烈。开发商便不得不放弃一些利润，作为取得政府批准开发计划的代价。政府则处于有利地位，从开发活动中得益。英国政府得益的形式有以下两种。①税收：政府可以征收土地增值税。当需求高涨而土地供应下降时，土地价值就会飞涨。高昂的地价源自经济的发展、区位的优越和政府对于基础设施的投资。政府还可以征收基于房地产价值的税种，如英美城市政府财政收入的主要税种——房产税。②规划得益（planning gains）："规划得益"是英国规划界的术语，指规划部门在处理规划申请时向申请者征收的费用，或他种形式的收益。定义如下："规划得益是地方当局要求开发商提供项目之外的各种便利设施。"规划得益只有在开发高度竞争的形势之下才可能取得。因为只有在此情况下，开发商才可能愿意提供商业利益较少而社会利益较多的设施，如割出一部分土地，作道路、基础设施和环境工程之用；或者在一个商业项目里包括进一些低收入住宅单元的建造。但是在极不稳定的或衰退的市场形势下，政府的首要任务便转而为调动公共资源来扭转市场的不景气，给予房地产开发以种种优惠政策，以求刺激暂时呆滞的市场。刺激的手段包括：①财政资助；②简化审批手续；③政府投资。由以上分析可知，政府与市场的关系，建立在市场的条件之上。

没有政府管理的市场运行，注定是无法达到社会发展的目标；政府干预若缺乏对于市场的理解，也根本无助于问题的解决。唯一的选择是将公共目标与市场利益统一起来的合作。笔者构造了一个模型，描述土地开发市场与政府干预政策之间的功能关系(Zhu,1997；图6-1)。开发公司根据对市场需求的判断，提出开发计划，汇集所有生产要素，开发市场所需要的产品。整个过程是追求

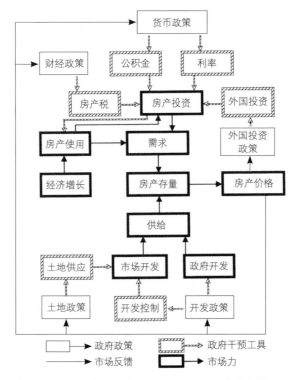

图6-1　土地开发市场与政府干预政策之间的功能关系

最大利润的商业过程。金融市场和土地市场有它们各自内在的市场运行规律，与房地产开发市场相互作用。政府的行为在于如何修正开发市场的运作，使之为社会利益服务。与开发有关的所有部门都包括在这一框架之内。除了常规的规划控制之外，财经政策、土地政策、货币政策和税收政策都可以用来干预市场，刺激或抑制土地开发。只有在理解市场机制的基础上，政府才能有效地实施有关的公共政策。

6.1.4　西方经验

自由经济国家没有土地供应政策控制土地供应，因为是土地私有制，只有规划控制。英国的开发控制（development permit）制度是实施土地利用规划的最重要工具。大多数房地产开发需要经过规划批准。1990年一年中，英格兰和威尔士地方政府处理了将近548000个案例。开发的定义首先必须明确，开发定义由规划法决定。任何使土地与房屋有实质性改变的行为称为开发，从而必须经过规划批准，取得开发准证。房屋建设当然属于开发，改变房屋使用性质，如在居住用房内办公经商，也属于开发，必须经过规划批准。开发控制制度只适用于市场开发，政府开发不需要经过开发控制申报批准的过程。规划申请的结果不只局限于批准或否决，还有第三种可能是有附加条件的批准，例如：特殊收费，承担一个公益项目等，称为公共利益的"规划受益"。如果规划申请被否决，申请人有权上诉。

英国在20世纪60年代和70年代实行工业开发准证（industrial development certificate）及办公楼开发准证（office development permit）制度。当时，市中心拥挤，工业集中在一些大城市，工业开发准证和办公楼开发准证制度用来达到规划引导城市开发的目的。除规划用地控制的功能外，工业和办公楼开发准证制度将开发项目引导到某些特定地区进行。如对于一些不缺乏工业项目、就业率高的地区，政府可以暂停颁发工业开发准证，而将准证给予在失业率较高地区从事工业开发的项目，贯彻政府的工业分布政策。办公楼开发准证主要用于在大城市中疏解办公就业岗位，以改善和防止市中心过度集中、交通拥挤等现象。英国进入1980年代后，因经济衰退，开发量下降，工业和办公楼开发准证制度被取消（Cullingworth，1982）。

1984年以前，马来西亚"国家土地法"（National Land Code）对外资进入房地产无任何限制。1980年代房地产蓬勃发展，地价飞涨，迫使政府在1985年修改"国家土地法"，规定外国人不得拥有农业用地和建设用地。但随后马来西亚即遭受经济衰退，房地产市场空置率上升。政府不得不再次修改土地法，允许外资投资旅馆和旅游设施（条件是开业 5 年后，马来西亚人必须拥有 49% 的股份，其中马来人占 30%）。于是大量外资涌入，尤其是来自新加坡和中国台湾的资金。1992 年再次修改土地法，要求外资投入房地产必须经过批准。1995 年又增加了一个条件，即外国人买卖房地产需交纳交易税 100000 令吉。1997 年亚洲金融危机发生，马来西亚房地产遭到重大打击。1998 年，针对外资的房地产交易税再次取消。因为马来西亚房地产在东南亚区域较有吸引力（生活费用低，居住环境好，不少日本人退休后愿住在马来西亚等），有效控制外资需求，可调节国内房地产市场运作。

6.2 城市规划引导市场达到规划目标

在市场经济制度条件下，城市规划能否具有主导城市开发的能力是对规划部门的一个挑战。规划师必须具备新的观念，探索如何通过市场机制实现城市规划的社会和环境目标。

6.2.1 规划的市场观念

"罗马不是一天造就的"，然而罗马也不是千百年来每一天都不间断建造的结果。因为经济发展的周期性，城市发展也呈周期性。玻尔（Ball，1996）考察了 19 世纪和 20 世纪的伦敦，发现伦敦的发展并不是每年连续平稳地进行。其城市结构与周期性土地开发有很大关联。伦敦的郊区化扩展是经济发展高涨期的结果。了解城市发展的周期性可增强对城市开发的认识。经济发展周期性是市场经济不可避免的特征之一。建立城市规划的市场观念有助于深化对规划客体的认识，从而改善规划主体的质量。市场由供需关系及随之而来的价格体系决定，城市规划作为对土地市场的制约无法创造市场，只能引导市场。有效的市场引导取决于市场的状况和针对市场状况的规划引导能力，牵涉规划与市场合作的形式。

规划引导市场的形式取决于市场经济气候（Brindley，Rydin，Stoker，1989）。经济高涨期，需求大于供给，房地产价格上升，土地开发活动增加；经济低落期，需求下跌，房地产空置率上升，土地开发的风险提高，开发活动停滞。市场各方在城市建设中的参与程度显然取决于城市经济状况。市场需求越是肯定，就越易于吸引投资，市场需求越不肯定，就越不易吸引投资。在经济高涨期，规划能够积极地引导城市开发达到设定的规划目标，规划控制承担着纯粹的城市开发的管理作用，选择批准有利于城市总体利益的开发项目。此时，城市规划应能达到规划目标——创造具有经济、社会和环境效益的、可持续发展的城市环境。

困难的是如果地方政府财政能力不足，规划应该如何应付低迷的市场经济？这是一个无论是发展中国家还是发达国家都面临的问题。西方发达国家所采取的做法大都是通过减税促进地方经济发展、中央财政专用拨款用于城市振兴，如英国中央政府针对衰退的工业城市更新所执行的财政资助（Derelict Land Grant、Urban Programme、City Grant 等）（Healey，1991）。这些计划或好或坏，收效不一。总体来看，这些计划与其说是促进衰退城市的经济发展，不如说是社会再分配。毫无疑问，在市场经济低迷、政府财政能力不足的情况下，规划引导市场的能力大大降低，只能起消极的控制作用。规划如何起积极引导的作用？这是一个在世界各国都属学科前沿的研究问题——如何通过市场实现公共目标。已经采用的做法有："旗舰"项目，政府与市场合作开发，社区参与等。"旗舰"项目（flagship projects）指由政府主持的大型项目，期望会带动市场"舰队"（Bianchini 等，1992）。政府与市场合作开发（public-private partnership）是指公共目标和市场利益的结合，公共投资带动市场投资是关键所在。城市如何吸引外来投资？研究证明，良好的城市基础设施是重要的因素。价格低廉当然也是重要的因素之一，这就是发展中国家能吸引外资的原因。所谓价格低廉是指劳动力、土地和其他生产资料的市场价格。土地成本通常只占制造业生产总成本的 7% ～ 10%，远远低于劳动力成本所占的比例。许多城市试图通过土地使用权廉价转让（低于市场价）来吸引投资，这是一个不明智的政策，因为土地低成本不是一个重要的因素。与其廉价售地，还不如用地价收入改善城市基础设施来吸引投资。

6.2.2　规划的经济观念

在资源和财政有限的条件下，规划应该提高政府公共投资的效益，使公共项目具有"旗舰"效应，带动市场对城市的投资。政府投资额与市场投资额之比是一个评判市政府政绩的指标。美国巴尔的摩中心城改造被认为是这方面的成功之作，成为美国旧城改造的典范，也因而成为一个旅游景点。因为有这个政绩，巴尔的摩市长成功竞选上马里兰州的州长。在资源和财政有限的条件下，规划应该通过开发控制的手段使三级市场的土地增值归于社会。三级市场土地的使用权已经归业主所有。因为城市快速发展，土地仍有可能在使用权有效期限内得到再开发。土地转手时的土地增值应归谁所有是一个有争议的问题，但规划师普遍认为土地增值应归于社会。因为土地之所以增值是因为社会在整体城市基础和公共设施上的投资所致。在新加坡，如果土地因为改变使用性质或因为改变使用强度而增值，开发商必须交纳一定的"开发费"（development charge）。征收"开发费"的另外一个依据是由于土地改变性质和强度，政府必须投资扩充城市基础设施容量，因而这个与土地增值相关的收费是合理的，收费的比例多少取决于市场情形和规划干预的程度。英国规划部门曾经采用规划收益（betterment levy、planning gain 或 planning obligations）的方法，在处理开发申请时，要求开发商提供项目之外的为公共服务的设施（Healey，Purdue，Ennis，1995）。规划收益的方法只能在开发市场高度竞争的形势下施行，开发商为争取得到规划批准，才可能被迫放弃一些商业利益来提供公共设施，如低收入住宅、公共绿地、托儿所等。这个规划收益最终源于土地增值。通过市场竞争和经济手段，规划能够得益于土地市场的提升和发展。

6.2.3 规划的法制观念

规划是土地开发市场的秩序。市场经济下规划的实施体现在开发控制的阶段，巨大的土地利益使得城市开发控制成为一个极其重要的环节。开发控制如果没有法制基础，就没有监督，因而容易成为"寻租"的工具，贪污腐化的温床。据报道："1999 ～ 2002 年，全国立案查处土地违法案件达 54.9 万件，涉及土地面积 12.2 万 hm^2……对土地违法责任人给予行政或党纪处分的 3433 人，刑事处罚的 363 人"（http://www/people.com.cn/GB/2014899.html，查阅于 2003 年 9 月 24 日）。开发控制必须有法律依据，才能使得城市规划真正成为土地开发市场的秩序。通过明确的开发定义，城市开发控制才能有效地引导掌握土地市场。例如，改变房屋使用性质如果被定义为"开发"，就必须经过规划批准。现在许多城市不少住宅被业主用作办公，办公费用低廉对业主有利，但对周围住户不利，破坏了良好的居住环境。这是一个典型的城市环境"外在性"问题。其实，许多热衷于建造中央商务区的城市首先应该控制非法改变住宅使用性质为办公，中央商务区的塑造才有可能得到市场需求的支持。

6.2.4 规划的供给导向：英美案例

英国传统的城市规划体制是基于对土地开发的控制，从公共利益出发对土地开发市场进行制约。1960 年代以来，全球化和经济结构重组，使许多发达国家城市面临挑战。制造业向发展中国家迁移，金融、保险、跨国公司总部向重要城市集结，许多原先重要的工业城市继续衰退，吸引市场投资的能力大幅下降，就业岗位萎缩、专业人士流失、政府税收下降、城市环境恶化、城市经济进入恶性循环。然而，全球性城市如伦敦、巴黎和纽约，则仍然极具吸引力，经济蒸蒸日上。发达国家的城市经济陷入两极化，面临复杂的市场经济形式，一成不变的规划体制遭到批评，认为以开发控制为主的规划体制对衰退的工业城市的振兴非但没有起到积极作用，反而对其土地开发市场的活动过度管制，起了消极作用。因为经济形势的变化，规划体制的方法和作用必须有所改变。据英国研究人员（Brindley，Rydin，Stoker，1989）的总结，英国自 1970 年代以来，已经发展出在不同市场情形下不同的规划做法。在繁荣的市场状态下，传统的开发控制规划仍然有效。当市场开始低落，市场投资下降，或市场状态不佳，市场资金裹足不前，规划应该利用公共投资刺激市场投资。此时，规划师需要理解城市经济，特别是城市土地经济的操作。在衰退的市场状态下，城市不仅不能吸引投资，市场资金反而撤离，规划只能利用公共投资达到规划目标。可以看出，除了在繁荣发展的市场状态下，城市规划需要与市场运作有一个互动机制。

在这种情况下，规划被要求承担一个重要的责任：促进城市发展和更新（"发展是硬道理"），因为在这种情况下，发展成为公共利益。城市要发展就必须吸引市场投资，"简化规划区"[1]（Simplified Planning Zones）、"企业开发区"[2]（Enterprise Zones）、"旗舰项目"[3]（Flagship Projects）等着重于开发的规划做法在 20 世纪 80 年代的英国应运而生。因为城市太衰落，格拉斯哥东区的改造基本来自政府投资。1976 ~ 1987 年期间，政府投资了 3.15 亿英镑用于住宅区更新和工业区改造。中央政府设立专项拨款以刺激市场经济来帮助衰落城市更新经济，如"城市计划"（Urban Programme，政府提供 75% 的资金，DoE，1981b）、"城市拨款"（City Grant，政府补贴私人开发商的旧城改造项

---

[1] "简化规划区"赋予地方规划部门权力简化通常相当繁琐的规划审批过程，以此鼓励促进市场投资（DoE，1984）。

[2] "企业开发区"提供免税以此鼓励企业投资，刺激经济发展。许多税项与土地开发有关，如：房地产税、土地开发税（DoE，1981a）。

[3] "旗舰项目"是指通常在经济衰退城市由政府投资的大型城市改造项目，以期吸引市场投资跟进。

目，DoE，1988）和"开发城市废弃地拨款"（Derelict Land Grant，政府补贴50%～100%的资金，DoE，1992）。政府拨款的目的是引进市场资金。

因为世界航运体系的变化，伦敦码头区的许多码头从20世纪60年代起逐渐关闭。1967年，东印度码头首先关闭。至1981年，伦敦码头区基本完全关闭。码头在1967年雇佣23000工人，1981年只有7000个工作岗位。结果，码头区的失业率在1981年达18.6%。伦敦码头区开发公司（London Docklands Development Corporation，是一个政府所属的公共部门）于1981年9月成立，负责码头区内5120英亩范围的改造任务。其主要任务是利用起始期的政府投资（用于土地整治、基础设施建设）引进市场投资，达到改造码头区的目的。据伦敦码头区开发公司声称，从1981年开始至1987年，政府在伦敦东部码头区的改造共投入3.4亿英镑。政府每投入1英镑，市场跟着投入8.72英镑，远期的比例预期达到1：12。因此，伦敦东区改造被认为是一个城市规划引导市场的成功实例（Brindley，Rydin，Stoker，1989）。如果衰退市场状态下的城市只能依赖于政府投资，政府有限资金的现实迫使规划注重公共投资的市场效益。

从20世纪初开始，美国巴尔的摩中心城进入衰退期。居民离开城市，零售业也随着迁出。1946年，巴尔的摩中心城零售业工作岗位占大都市区零售业工作岗位的90%。这个比例持续下降至67.2%（1962年）、32.5%（1987年）、19.5%（1996年）。其他第三产业工作岗位也离开了中心城，在郊区落户（图6-2、图6-3）。1960年，全美最大的50家银行，最大的50家保险公司各仅剩两家和三家还留在中心城，其余全部迁移郊区。对中心城的需要全面下降，中心城房价地价也随之下跌。许多住宅无法出售，只能空置，甚至被遗弃，面貌日益破损。50年前繁荣的市中心，成为破旧不堪的贫民区。因为环境问题，市场对中心城房地产的需求降至最低。从20世纪60年代起，政府投入3880万美元，开始了市中心复兴工程。市场跟随投入1.45亿美元，改造了查尔斯中心商务区。结果新增22幢办公楼（800万ft^2）、三幢旅馆和2000个公寓住宅单位，更新了7000个陈旧的住宅单位，同时也创造了5200个工作岗位。房地产价格上升，政府房产税收入提高到240万美元（1981年），比改造前增长了三倍。巴尔的摩中心城的第二轮旧城更新于1980年代在它的港区展开。政府投入1亿美元，估计市场投入1.7亿美元。目前政府已经完成"世界贸易中心"（马里兰港务局）、"马里兰科学馆"（马里兰科学院）、"国家海族馆"的建设，截至1988年年底，九幢新办公楼（400万ft^2）已建成或正在建造中（图6-4）。

这两个政府供给导向案例的共性是城市旧区改造更新开发。因为旧城基础

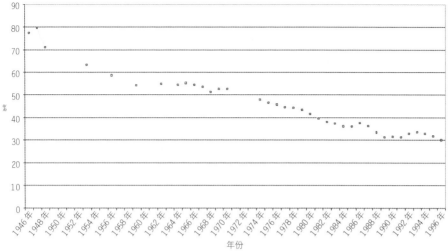

图6-2　巴尔的摩中心城制造业就业岗位占全市的比例逐年下降

（资料来源：United States Bureau of the Census, 1946~1996 年）

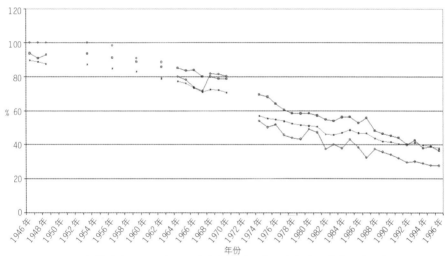

图6-3　巴尔的摩中心城服务业、商务和金融业就业岗位占全市的比例逐年下降

（资料来源：United States Bureau of the Census, 1946~1996 年）

设施陈旧过时，成为土地供给方面的制约，居民和就业岗位不断离开，形成恶性循环。如果政府不及时干预，旧城将进一步衰退，造成旧城与郊区的两极分化。然而，政府在更新基础设施方面的巨大投资必须得到市场的认可，得到市场投资的"回报"。这就是所谓政府规划与市场投资合作改造旧城，使房地产开发市场回到健康的状态，从而达到以市场的机制完成旧城更新的目的。这个战略的成功关键在于政府投入会带动多少市场投入。

图6-4　巴尔的摩中心城港区改造

6.3　城市发展战略规划的发展机制：政府推动城市发展的新加坡经验

　　城市政府寻找发展思路时，通常会邀请规划团队提出城市发展战略规划方案。自从珠海在 1990 年代初编制了可能是国内首个城市发展战略规划之后，城市发展战略规划的实践在国内已经相当普遍，规划实践结果的质量参差不齐。城市发展的实质在于经济和社会，但是城市发展战略规划方案所体现的是城市空间结构和城市空间发展方向。前者与后者并没有必然的联系，城市空间结构导向的发展并不意味着城市实质性的社会经济发展。城市发展战略规划方案只是表现了政府希望城市发展的意愿。

　　经济发展受市场推动，企业家、生产技术、劳动力素质等市场条件是关键因素。政府管理市场经济，提供基础设施和社会设施，提高社会发展的水平。在推动城市发展方面，政府与市场目标相同，但是各司其职。如果城市有足够的经济实力，社会发展理所当然是政府的责任和义务。如果经济水平低下，政府的社会发展能力也受到制约。许多贫困的发展中国家，因为经济落后，政府没有财政能力提供基础设施和社会设施，经济水平落后与社会设施低劣，两者恶性循环。实证研究通常将政府财政收入占 GDP 的比例作为政府管理社会经济发展能力的基础。表 6-1 显示，亚洲五个发展中国家的平均比例是 17%；而亚洲五个发达国家（地区）的平均比例是 25%。Boix（2001 年）认为经济现代化和政治民主化会导致政府支出的增加，政府投资公共和社会物品的能力与国家经济能力直接相关。亚洲五个发展中国家的人均政府财政收入只占亚洲五个发达国家（地区）的 3.7%，两组国家（地区）的政府能力之差别可见一斑，发展中国家低下的财政能力极大地限制了政府的能力。所以，对于发展中国家，经济发展是关键，社会发展建立在经济发展的基础之上。对于经济水平低的城市，政府势必需要在推动经济发展方面起些作用。

亚洲发展中和发达国家（地区）政府财政收入占 GDP 的
比例和人均政府财政收入，2007 年

表 6-1

亚洲发展中国家			亚洲发达国家（地区）		
	政府财政收入占 GDP 的比例（%）	人均政府财政收入（美元）		政府财政收入占 GDP 的比例（%）	人均政府财政收入（美元）
孟加拉国	10.6	51	澳大利亚	26.6	8985
印度尼西亚	17.9	266	中国香港	21.8	6574
菲律宾	17.1	265	新西兰	39.0	8384
泰国	17.2	619	日本	14.6	6032
越南	24.9	191	新加坡	22.4	7299
平均	17	244	平均	25	6527

注：当地货币与美元的兑换率取自 2009 年 3 月 19 日。

资料来源：http://www.adb.org/Documents/Books/Key_Indicators/2008/Country.asp.

6.3.1 空间结构与经济发展

强调大规模城市空间构造的城市发展战略规划已经成为地方政府积极推动城市经济和社会发展的指导性文件，希望通过空间规划积极推动城市经济发展，以空间结构支持迅速扩张的城市经济需求。积极塑造城市空间的默认前提是城市经济在今后几年会有显著的提升和扩张。可是，大量的实践表明，城市发展战略规划往往成为政府试图通过调动土地资源推动经济发展的手段，因为国有土地是地方政府唯一重要的财政资源。以大量的土地供应刺激城市经济发展成为 20 世纪末 21 世纪初众多城市政府所采用的发展策略。在早期，以土地供给导向为战略的沿海城市确实在城市建设方面得到了快速的空间扩展和经济

发展，因为市场经济导向的改革开放使多年被计划经济所抑制的巨大需求在短期内释放，土地供应疏解了多年累积的土地供给制约，城市经济得以发展。

但是，随着因土地供给制约而抑制的需求的消失，"筑巢引凤"的策略失去了功效。是市场对土地的需求，而不是土地对市场的供给，决定着城市的经济发展。继续用土地供应、特别是廉价土地供应的手段造成极大的土地资源浪费。据报道，在21世纪初，全国规划建设了3800多个工业区，总共占用了36000km² 土地。一方面造成大量的失地农民，另一方面大量的土地空置扰乱了土地市场的正常运作。城市经济非但没有得到有益的发展，反而受到损害。

在不存在土地供应制约的情况下，城市的空间规划如何推动城市的经济发展？一个关键的问题还有待于回答：城市发展战略规划的发展机制何在？一方面，城市经济发展是因，城市空间规划是果；经济发展决定空间规划，空间规划辅助经济发展。另一方面，尽管经济发展在本质上由城市的市场条件决定，政府如何管治和引导市场也会直接或间接地影响经济的表现。在市场经济框架内，城市发展战略规划的发展机制存在于政府有效管治和引导市场，及通过政府提供的公共物品和社会物品辅助城市经济的发展。每个城市都有其相对于其他城市的优势，称之谓相对竞争力，是城市发展的内在动力。对于经济落后、人口众多的城市，仅仅依赖于城市内在动力的发展有其局限性。如果要加速推动城市经济发展，则需要外在的推力（如外资的投入），如世界上许多发达和发展迅速的城市所示。如何利用外力发展城市？这是需要政府介入的领域，意在塑造城市的综合竞争力。城市发展战略规划的重点在于如何发扬内在的相对竞争力、如何发展塑造城市的综合竞争力，以此达到推动城市发展的目标。以下以新加坡发展历程为案例，分析政府通过城市发展战略规划推动新加坡经济和社会发展的机制。

6.3.2　核心竞争力：国际贸易中转港

19世纪初，英国为扩张其在印度的殖民地以及与中国的贸易，需要在东南亚找一个能够让其船只停泊、维修的港口。1818年年末，印度总督哈斯丁勋爵（Lord Hastings）授权明古连（Bencoolen）总督与任职于英国东印度公司的斯坦福·莱佛士（Thomas Stamford Raffles）在马来半岛的南端建立一个新的贸易港。1819年年初，莱佛士在考察了附近岛屿后登陆新加坡。新加坡从此开始成为世界重要中转港口的历史。

随着国际海上贸易的兴盛以及苏伊士运河的开通，新加坡成为航行于东亚和欧洲之间船只的重要中转港口。苏伊士运河从 1859 年开凿到 1869 年竣工，沟通红海与地中海，连接大西洋、地中海与印度洋，大大缩短了东西方之间的航线。19 世纪后期，随着马来亚橡胶种植业的发展，新加坡也成为全球主要的橡胶出口及加工基地。到 19 世纪末，新加坡获得了前所未有的繁荣，1873～1913 年间，国际贸易量增长了 17 倍。新加坡经历了历史上第一波的城市快速发展，现在的老城区大都在那个时代开发。按货物的年吨位数计算，新加坡港口在第一次世界大战前已经在世界上排名第七位。

经济发展吸引了来自区域寻求机会的移民，城市人口规模逐渐扩大。1819年开埠，人口 150 人；到 1860 年人口上升至 8 万人；1921 年人口上升至 42万人。中转港口的城市性质决定了城市经济的主要功能为国际贸易。来新加坡从事贸易的移民大都熟悉家乡的产品，并逐渐形成自己特有的联系和网络。印度人擅长于货币兑换，福建人掌握橡胶和银行，潮州人多从事农产品、大米和其他食品生意，海南人经营咖啡生意，客家人专营当铺和中药市场。另外，还有阿拉伯人和印尼人从事他们擅长的与穆斯林有关的贸易。来自各国和各地区的商人集聚新加坡，强化了这个城市的国际贸易交易和港口中转的功能。优越的地理位置，良好的港口条件，英国殖民宗主国提供的先进的国际贸易制度，使新加坡成为东南亚的世界贸易重要港口（图 6-5）。1965 年，城市建成区面积 177km^2；城市人口 188 万；GDP 将近 30 亿新元。2010 年，新加坡港口与世界上 600 个港口有联系，平均每天 2 个船次驶向美国；4 个船次驶向欧洲；5 个船次驶向日本；9 个船次驶向两岸三地；70 个船次驶向南亚和东南亚国家。

图6-5　市中心（左）与港口（右）

　　尽管中转港经济至关重要，是新加坡成为国际贸易中心的基本条件，但是单纯的中转港经济无法提供足够的就业机会。1957 年的城市总人口为 145 万，尽管城市 60% 的劳动力就业于贸易和服务业，城市失业率仍然十分严重，而且贸易和服务业的大部分员工工资低下，只有少部分管理阶层和雇主能够享受中产阶级的生活水平。城市人口贫富水平悬殊，1950 年代末估计二分之一到三分之二的城市人口居住在贫民窟和简陋住房内。贫困源于经济落后，经济落后表现在高失业率和低工资，而且城市人口还在继续增长，1966 年上升到 193 万。单单依赖国际港口贸易显然无法造就发达的新加坡经济。

6.3.3　综合竞争力：发展制造业和生产性服务业的综合城市经济

1. 发展制造业

　　尽管新加坡的国际贸易中转是城市的核心竞争力，但是这个单一经济结构的实体在 1960 年代无法解决城市的两大问题：高失业率和住房短缺。解决就业和住房问题的关键是经济发展，而当时能够提供大量就业岗位并推动经济发展的唯一产业是制造业，工业化势在必行。但是，新加坡没有制造业的传统，城市仅仅拥有精明的贸易商和银行家，良好的港口设施。直到 1950 年代，新加坡只有简单的生活用品生产，如酱油、饮料、家具业等。因为市场导向，人才和资金涌向利润丰厚的商业贸易，但是商业贸易并不提供大量的就业机会。制造业不可能自然而然地在市场中产生。于是，发展战略规划提出两大重点：①制造业的发展；②公共住房的建设（预计到土地高度稀缺背景下的市场住房发展会导致居住的贫富不均）。制造业引导的经济发展与公共住房建设相辅相成，两大重要战略都是在政府主导下进行。

　　一方面，政府积极向欧美日进行招商引资。1961 年成立"经济发展局"，并在东京、中国香港、伦敦、纽约、旧金山、斯德哥尔摩等地设立办事处，努力推销新加坡。1961 年蚬壳石油在新加坡设立炼油厂，1968 年政府开始建设大型的裕廊工业区（现已成为东南亚最大的工业区）。裕廊曾经是沼泽地，经填平疏导后成为工业区，最后发展成裕廊新镇。　裕廊工业区的工业种类包括炼油、钢铁、水泥、轮胎、化学、汽车装配、纺织、食品等工业。另一方面，政府开始实施一连串的措施，大力发展基础设施和社会设施，同时进行技术工人的培训。

　　短短几年，新加坡从一个单纯的中转港口经济转型成为制造业／商业贸易结合的经济，外国投资在其中起了不可取代的作用。新加坡抓住了一个特殊的历史机会。第二次世界大战后许多发展中国家获得独立,赶走了外国殖民者。那些国家大都采取自力更生的政策,拒绝吸引外资进行国家经济建设,因为刚刚赶走外国资本,为何又要将他们请回来? 新加坡 1965 年被迫从马来西亚独立出来,成为没有腹地的城市国家。在发展国民经济方面,没有任何选择,只能依赖外国资本。事后证明,吸引外资推动工业化是一条行之有效的路径。许多发展中国家在吸引外资方面落后了新加坡 20 年左右。第二次世界大战后的冷战是另外一个历史因素。为遏制所谓"共产主义"在东南亚的蔓延,美国慷慨地向东南亚国家提供援助,也为这些国家的产品开放庞大的美国市场,促成了亚洲四小龙。甚至越战中美军士兵在泰国的短期休假也成为泰国经济发展的重要推力。

到 1970 年代初期,新加坡通过吸引外资发展制造业基本解决了失业问题,国家达到全民就业,有些产业甚至出现员工短缺。于是政府开始推动制造业向高附加值产业提升,如电子业、精密仪器、化工等。一方面继续吸引外国投资;另一方面政府提供大量奖学金培养本土的工程师和科学研究人员,为产业提升作准备。1981 年,外资企业占制造业总产出的 75%,产品出口的 87%,就业劳动力的 59%。1960 年代时,大约 90% 的制造业产品在国内销售;1980 年代时,60% 的制造业产品出口国外。电子产业从 1970 年代起成为新加坡制造业的龙头,新加坡在 10 年内成为世界主要电子产品的出口国。劳动力密集型的食品、纺织业和木材产品的重要性一落千丈,占制造业产值和就业分别下降至16% 和 27%（1979 年）;11% 和 22%（1984 年）;8% 和 16%（1990 年）;4.2%和 7.5%（1997 年）。新加坡顺利地完成了制造业转型的目标（表 6-2）。

新加坡工业的结构转型（1973 ～ 1997 年）　　　　　表 6-2

	1973 年	1979 年	1984 年	1990 年	1994 年	1997 年
所占总就业的百分比（%）						
SSIC31：食品、烟酒	7	5	5	4	4	4
SSIC32：纺织、服饰及皮革产品	19	16	12	9	6	3
SSIC33：木材及木材产品,包括家具	8	6	5	3	2	0.5
SSIC34：纸张及纸质产品、印刷和出版	6	6	6	6	6	7
SSIC35：化工、药物、石油精炼	7	7	8	8	10	11
SSIC36：非金属矿物产品、陶瓷、玻璃等	2	2	3	1	2	2
SSIC37：基本金属工业、钢铁	1	1	1	1	1	1
SSIC38*：电气及电子产品、仪器	48	55	58	66	68	70

续表

所占总增值的百分比（%）	1973 年	1979 年	1984 年	1990 年	1994 年	1997 年
SSIC31：食品、烟酒	8	6	5	4	4	3
SSIC32：纺织、服饰及皮革产品	9	6	4	3	2	1
SSIC33：木材及木材产品，包括家具	6	4	2	1	1	0.2
SSIC34：纸张及纸质产品、印刷和出版	5	4	6	6	6	6
SSIC35：化工、药物、石油精炼	22	25	19	20	18	19
SSIC36：非金属矿物产品、陶瓷、玻璃等	3	2	4	2	2	2
SSIC37：基本金属工业、钢铁	2	2	1	1	1	0.2
SSIC38*：电气及电子产品、仪器	43	49	56	61	66	68

注：* 在 SSIC38 内，SSIC383 为机电和电气产品；SSIC384 为电子产品及部件；SSIC381 为金属纤维产品、机器及光学仪器。

资料来源：EDB，1982-1997.

2. 物流业兴起

虽然国际化的经济活动已有久远的历史，但是经济生产全球化却是一个新现象。如今，全球工业生产成为一个由许多跨越国境的经济活动环节内在地联结起来的过程。过去只限于在一国境内组织的生产活动过程现在分布到了好几个国家，而这一生产活动过程的各个组成部分又通过一个进行协调和控制的中心，密切整合为一体。作为制造业生产过程中的内在联结，物流业已经成为全球生产链上关键的环节。物流业是为保证货物在生产过程中移动迅速、周转期短、交货准时可靠而提供的服务。位于东南亚的新加坡向来是联结欧亚两大洲的货物集散中心，今天在全球化新纪元中重新发现了自己扮演货物流通者的角色。自 1980 年代后期以来，新加坡的国民经济一直在进行结构性的调整，日益转向强调资本密集和高科技的工业。在此背景上，运输仓储工业面临同样的挑战，仅仅起一种货栈的作用已远远无法胜任。它必须以先进的技术装备改造自己，方有可能在现代的跨国商业操作链中找到自己的位置。因此，物流园区作为新一代的流通、货运和仓库保管业，应运而生并迅速发展。物流服务为满足客户要求，保证货物和材料准时送达而进行了结构性调整，这种结构调整使运输仓储业重新焕发了生机。

现代技术的迅猛发展和现代化工商企业的成功，不断改变着制造业的生产方式和世界贸易的模式。跨国工业运作的发展淘汰了自给自足的经济模式，使这个世界在某种程度上被整合为一体。区域生产协作和国际生产分工成为世界经济的主导。工业生产和决策的规模也扩大为全球性了。作为其结果，在部门之间、区域之间出现了新的联结环节。在东亚，准点送达（Just-In-Time，即 JIT）管理开始形成。因为制造业的库存可搁死大笔资金，保管的成本亦高，这一新管理概念旨在提高生产效率和降低成本。所有这些创新，说明了制造业的竞争趋势有增无减，也反映了物流业在现代工业发展中的日趋重要。工厂企业能否有效降低成本，成为生死攸关的问题。在全球经济一体化导致的剧烈竞争中，商家若能在制造过程中，以及在生产方和客户之间，建立高效益的运输分配渠道，就能在商业竞争中胜出。制造业要重新获得竞争优势，就需要应用准点送达的新概念来指导货运，减少库存，更何况，新的生产过程可导致供应商地理位置分布模式发生变化。

在上述形势之下，高效率的货运成为成败的关键，因为在相距甚远的操作环节之间，是否能准时供货和快速反应，将对生产带来巨大影响。按照专门化经济学的主张，跨国公司发现，比起由自己来经手一切，与专门的业主签订合同，将货运和仓储业务交由他们去处理，是成本效益更高的做法。而同样地，作为生产链上一部分的工业物流本身，由于往往占去一个公司的相当一部分生产成本，也渐渐转变为一门高度发展的、具有成本意识的商务。于是，新一代的物流管理诞生了，它可为现代工业生产提供全套的管理服务，使得货物移动更快，周转期更短，交货更加准时可靠。跨国公司向东亚和东南亚的持续进军，宣告了本地区生产全球化时代的来临。新加坡因为其有利于商务的环境和完善开发的设施，成为跨国公司理想的投资目标。这个城市国家努力将本地公司区域化，更进一步推动了跨越国界的经济合作。这类内向和外向的跨国经济活动日益频繁，可以推知，进行跨国界操作的公司对于全套管理的需求也将越来越大。预见到这样一种可能的新发展，仓储管理业主纷纷开始动手改造仓库，使它能适应新的要求。新一代的物流服务就这样产生了。

物流园区的定义，是具有现场管理功能和良好的国际联结，可提供高效率操作的目前最先进水平的物流服务。"物流园区"（distripark）是个专门名词，着重强调公园般的幽美环境和绿色的形象。物流园区不仅提供临时的货物仓储场地，而且提供货物合并和拆分、再次货运、抽样检验、条形码标定、库存管理和产品客户化等全面的服务。正是这些崭新的功能，使物流园区成为新一代的物流服务机构，可以在一个强调流通更甚于仓储的高效率的供应链中起关键作用。在一系列的物流服务中，最重要的是准点送达。货物早于规定时间送达意味着须支付额外的储藏费用，而交货迟到则会导致生产或销售方面的损失。

在航运商务中，有时，客户的货物并不能装满一个集装箱。这意味着船主和顾客都将付出较高的间接费用。因此，物流服务会提供货物合并，把送往同一目的地，然而属于不同托运方或接受方的货物装入同一集装箱。物流园区普遍应用电子数据交换的自动系统来作航运追踪和运送表现分析。高效率的货运处理和运输需要有关货物转移、输送、关税和贸易文件以及银行业、保险业方面的处理所要求的种种频繁的信息交流。电子数据交换系统可帮助减少货物在转移过程中遗失或被送至错误目的地的危险。将电子数据取代纸张文件的好处在于，它可大大削减客户的总成本费用，是一项增值极高的服务。同时，物流园区操作者也参与多运输方式联运、准备关税文件和运费到付的结清。在此过程中，物流园区还提供诸如再次装货、加标签、装货箱和装托盘等的辅助性增值服务。电脑化使货运全程监控成为可能，大大提高了服务质量。因此，现代物流服务提供的是可靠的"门到门"式的送货服务。

物流业提供准时送达和暂时储存服务，使跨国公司可以省去这些本来属于公司内部操作的功能，从而集中全力于生产、科研和开发的工作。生产电子产品的跨国公司 Sony Singapore 与专门从事流通业的 Mitsui-Soko 公司签订了一份物流管理合同，委托其管理 Sony 的后勤和送货营运中心，将 Sony 产品输送给本地和本地区的批发商。这样，Sony 就可集中全力经营它的强项——产品制造和市场行销。如此一来，生产效益大大提高，从而使 Sony 在当今以客户为主导的市场上，明显增强了竞争力。亚洲某个快速发展的跨国公司曾积压库存达八个星期，客户服务能力明显下降。由于它的生产活动分散于位于三个国家中的五个制造厂和十四个仓库，长途而多节点的旅行是造成耽误和混乱的主要原因。后来这个公司将散于各地的仓库合并为三个中央控制的送货中心，它的客户服务很快恢复到库存五周的具竞争力的标准。同样地，一个极其成功的电子制造业公司发现，由于它的库存分散在好几个地点，最后完成的产品则来自四家工厂，因此，只有请专门的物流业主来为它进行管理，它的送货才能达到与其制造及市场行销同样的高水准。

为保证将正确的货物在正确的时间送达正确的地点，请物流代理人来管理送货操作，是一个全新的现象。物流服务的专业化将其本身改造成为一门具有先进技术的行业，因为唯有如此，它才能凭借高质量的服务吸引到客户。某跨国化学制品公司，它的总部在欧洲，区域办公室和货运部门在香港，其运作需要在新加坡设立一个货运中心，以适应其商务的扩展。如此，它的欧洲总部和香港区域办公室可经由新加坡货运中心而联结起来。

　　1965 年独立之后，虽然制造业取而代之而成为新加坡国民经济的主要支柱，但是由于这个城市国家所处地理位置的重要，亦由于其完善发展的一系列基础设施，它作为一个运输中心的功能并未萎缩，反而得到进一步的发展。1972 年，新加坡建立了第一个集装箱码头，将本地经济从传统的货物集散中心向上提升。随着集装箱化，更快速而更节省燃油的船舶出现，技术日益发达，竞争也愈演愈烈，如今的航运公司采用更大的船只航行更长的距离。船舶不再需要沿途停靠多个码头，而更经常的是停靠主要的中心港口。这一航运模式的改变对全球的海港带来了深远影响，有些港口将更加繁荣昌盛，另一些港口则无可避免地衰退。新加坡凭借其多年经营发展港口的经验，抓住这个机会，提升为世界级的海港。1961 年，经新加坡港口处理的货物为 601 万 t。1977 年，货物吞吐量增至 1961 年的 10 倍。新加坡港务局 1984 年处理的货运量为 1.11 亿万 t。1993 年，这个数字提升到 2.74 亿万 t。在集装箱货物处理方面，1984 年的接收量为 150 万个 TEU（20ft 相当量单位）。1993 年迅速达到 900 万 TEU，1999 年更达到 1590 万 TEU。1993 年的记录为当时全球港口集装箱货物接收量的 8%，新加坡因此而获得了全球第二大港的排名。

　　1990 年代末，新加坡有 3000 多个国际及本地的物流公司在操作运营（EDB，1998）。新的物流园区不断涌现，显示对于物流服务的高度需求已经形成。

　　新加坡港务局现有裕廊港（1963 年）、三巴旺港（1971 年）、丹戎巴葛港（1972 年）、巴西班让港（1974 年）、岌巴港和布拉尼港（1992 年）等六个码头区，和分布在亚历山大、巴西班让和岌巴的三个物流园区。为使新加坡成为全球性的海运中心，满足不断增长的需求，一条物流区带业已形成。该物流区带为沿西南海岸延伸的一个长 20km、面积 3700hm² 的区域。在此区域内有五个主要港口终站和绝大多数的仓储流通设施。新加坡最大的物流中心亚历山大物流园区，由五栋十层楼高的建筑组成。同等重要的还有岌巴物流园区，它有 114000m² 的仓储空间，可提供最现代化的设施进行货物集散、仓储和区域再分配（Singh，1992）。

　　物流园区对于制造业的贡献，可以通过它对经济的增值来衡量。仓储保管业在 1976 年的增值仅为 3260 万新元。1990 年，该增值激增至 17550 万新元，1997 年，进一步增加到 51630 万新元。在 17 年的时间内，物流园区操作收入从 5630 万新元（1980 年）提高到 86320 万新元（1997 年）。另外一个有说服力的数据是仓储和货运在 GDP 中所占增值部分的上升：1980 年为 0.13%，1987 年为 0.26%，1991 年为 0.32%，1997 年则为 0.36%（Department of

Statistics，1976，1980，1990，1997）。新加坡坚实的经济基础吸引了很多跨国公司在此运营，而东南亚经济的发展前景将还会吸引来更多的跨国公司。但是，另一方面，新加坡土地的限制和劳动力的匮乏导致生产成本不断上升，也始终是将生产不断推向生产成本相对低廉的邻近国家的一个重要因素。基于同样的原因，本地经济的区域化又使得许多国内发展起来的工业也重新定位，将工厂搬迁到区域内其他国家。导致劳动力密集和增值低微的制造厂迁出新加坡，而同时它们的总部及科研开发部门将留在这个城市国家内，而在这些位于新加坡的公司总部和位于其他国家的生产前线之间，将形成巨量的物流和协调工作。

6.3.4 商务园区和科学园区取代传统工业区

随着中国内地和印度的开放，亚洲四小龙的优势受到威胁，制造业向劳动力成本更低的发展中国家迁移，逼迫新加坡向产业链高端发展。制造不仅仅是生产，还有许多非生产性的活动，商务园区由此而来。工业园区的发展进入了一个新的时代，新加坡的工业区面貌因此展现重大改观。这将帮助促进工业升级换代，向高增值工业发展。工业物业的发展进入了一个新的时代，新加坡的工业区面貌因此而有重大改观。1981 年，新加坡划定了面积为 $30hm^2$ 的科学园区，用于制造业的科研开发。至 2000 年 7 月，有 171 个公司在科学园内经营操作。为满足高需求，1999 年在与第一科学园相邻的地区设立了面积为 $20hm^2$ 的第二科学园区。1992 年和 1998 年，地处裕廊地区的国际商务园和邻近樟宜机场的樟宜商务园分别设立，提供给办公室比例较高的制造业。这些园区与普通工业物业比较，密集度较低，大多数地块的容积率低于 1.0 （URA，1993）。希望利用这些绿地广阔、环境清幽、设施齐全的园区，配合各种政府奖励政策，将更多新的高科技产业吸引到新加坡来。

商务园区的吸引对象是经营高科技产业的跨国公司，因为它们的产业链较长，后有生产工程、产品设计、研发等，前有市场推销、技术支持、售后服务、区域管理等。商务园区内除了制造生产之外，还有顾客服务、产品展示等商业性功能。例如，光盘唱片的内容一般是专业歌手所唱的歌曲，大批量生产。经济发达后市民收入大大提高，为某个人制作小批量光盘唱片成为可行的商业经营。这些制作光盘唱片的公司除了录音、光盘刻制的生产工艺，还必须具备市场营销、客户服务等功能。这种类型的高产值企业是商务园区吸引的对象之一，初始企业规模可能很小，也可能失败，也可能成功、发展壮大。商务园区的区位要求：接近交通方便的位置和"灰领"技术工人；建筑能够灵活调整和划分，

图6-6　1991年概念规划中的"技术走廊"

以应付企业规模的扩大（如果成功）和缩小（如果失败）；园区环境优美、建筑设计高尚。根据美国商务园区的统计，其用地使用结构中轻工业占 22%，物流占 20%，办公和仓库占 18%，行政办公占 17% 左右。

　　科学园区注重研究和产品开发，通常接近大学，以便利用大学的科研力量。新加坡现有两个科技园，都在新加坡国立大学附近，重点发展信息工程、生物技术、机器人、人工智能、微电子、激光、通信工程。其目的很明确，推动高科技产业发展、激励制造业的研发文化。高科技企业的特点在于：①员工大学教育程度的比例高；②研发创新发展速度快；③用于研发的经费比例高；④产品具有世界市场；⑤清洁无污染。1991 年新加坡国家技术计划提出 2% 的 GDP 用于研究开发，每 1000 个工人中应有 4 个从事研发的科学研究者和工程师（1978 年只有 0.8；1985 年达到 2；1992 年达到 4）。1991 年的城市概念规划中提出"技术走廊"理念，以实现空间集约发展的高科技产业目标（图 6-6）。

　　随着经济活动日益全球化的发展进程，新加坡将从一个传统的贸易中心成功转型为全球经济中的一个物流服务商务中心。目前，大约 85% 的港口货运属于中转。随着制造业向高产值和高科技提升，劳力密集型产业向外转移，服务业也从商业贸易向高产值的生产性服务业提升。

6.3.5　核心竞争力的提升：金融中心

由于国际经济形势的变化，以日本为领头的东亚和东南亚"大雁群飞行编队"①经济体被全球化后出现的新兴经济体"金砖四国"所代替，四小龙和四小虎的经济发展辉煌不再。新加坡若要维持领先的经济地位，就要继续攀登高峰，必须不再满足于"大雁群"中的东南亚的中心城市地位，成为全球化中的世界级中心城市之一，在新的世界经济格局中扮演重要角色，在国际贸易中心的基础上发展世界金融中心的功能。

金融中心的商务主要源于公司企业和公司运行总部（operational headquarters）的交易活动。金融中心是众多金融企业形成网络为本国或全球实体经济提供金融服务的所在地。金融中心通过促进投资和贸易资金的自由流动，为制造业和贸易服务。金融业发展和金融中心的形成之间有一定关联，首先是大量金融机构和资金的集中，形成规模经济。然后因为金融界从业人员的集中，形成金融信息中心，使得获得信息的成本降低。人才的集中同时带动金融产品创新，为金融服务的其他产业也向中心集中，如：会计、法律、营销、广告、公关。如此，金融业发展如虎添翼，主要产业和辅助产业相辅相成，金融中心因而形成，伦敦、纽约和东京是公认的国际金融中心。金融市场也要具备一定深度，除银行之外，需要其他金融中介如投资公司、金融公司、融资公司、证券公司、保险公司等。

目前，亚洲超过一半的金融衍生产品在新加坡交易，新加坡金融机构管理的资产量属亚洲最大，超过中国香港。有关信托的法律制度完善。资产管理的信托法律制度和外币兑换能力使新加坡对财富管理公司特别有吸引力。2011年，大约有规模不等的2880个金融企业在新加坡注册。城市环境安全、整洁、高效率，税收比美国和欧洲低。因特网的平均速度是中国内地的100倍，中国香港的8倍。21世纪初，私募基金大量兴起，新加坡吸引了大量国际私募基金公司来此营业操作。

经过对新加坡经济结构的分析，其城市经济经历了两个阶段的转型。一是从国际贸易向制造业转型：服务业中的贸易在GDP中的比例逐年下降，制造业的比例逐年上升。二是从制造业向金融业（生产性服务业）转型：制造业和贸易的比例逐年下降，金融业的比例逐年上升。贸易和零售商业对GDP的贡

---

① 指日本是领头雁，其后跟着亚洲四小龙（韩国、中国台湾、中国香港、新加坡），再后是亚洲四小虎（印尼、马来西亚、泰国、菲律宾），最后是亚洲其他国家。

献相对下降，生产性服务业（金融、商务）对 GDP 的贡献相对提高，制造业在这个转型中起了承前启后的作用（表 6-3）。

各产业在 GDP 中所占比例（%）   表 6-3

	1960 年	1970 年	1980 年	1990 年	2000 年	2010 年
农业	3.5	2.3	1.3	0.3	0.0	0.0
制造业	17.6	30.2	37.7	36.0	34.5	26.6
服务业	76.1	66.4	65.3	62.8	60.5	63.6
其中：贸易	33.4	28.2	23.7	18.8	12.7	15.5
金融	11.5	14.1	17.3	26.3	23.9	24.4

资料来源：历年新加坡统计年鉴。

6.4 规划推动新加坡城市发展：公共物品和社会物品

6.4.1 规划塑造城市结构

仅仅依靠市场的自然发展，没有政府的推动促成，20 世纪 50 年代的单一贸易经济体就不会成为今天由四大支柱（国际港口贸易、制造业、旅游业、金融业）组成的综合经济体。究其动力，前者是新加坡的相对竞争力所致，后者是其综合竞争力造就；前者以市场为主，后者是市场与政府综合所为。新加坡是世界上所谓最自由的经济体之一，市场的竞争机制贯彻在经济、社会的方方面面，坚定地相信只有竞争才能有进步。但是，政府提供公共物品和社会物品的功能也没有被忽视，这体现在 1971 年的城市空间发展战略规划中（图 6-7）。此规划采纳了旨在注重城市生活环境质量和市场竞争背景下社会公平的两个规

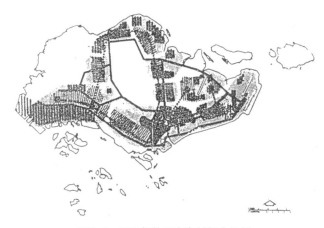

图6-7 1971年的城市发展概念规划

划理念：花园城市和公共城市（公共住房与公共交通）。

　　打造新加坡花园城市和公共城市是城市综合竞争力的经典体现。如果只依靠市场因素，人口高密度使得土地稀缺，土地会被高产出经济活动所占用，新加坡就不可能成为花园城市。新加坡地处赤道地区，气候潮湿炎热，城市生活环境质量对于现代化生活至关重要。新加坡被迫独立后依靠外资是发展经济的唯一路径，良好的城市环境更是吸引来自发达国家的西方企业投资和管理人才的一个极其重要的因素。因为受到英国城市规划的直接影响，霍华德的花园城市理念成为城市发展战略规划的重要基础。这意味着随着经济发展而引起的土地稀缺情况再严重，城市绿地也不能被牺牲，这一点被提高到城市发展战略的高度，城市规划确实起到了它应有的功能。新加坡的经验表明，花园城市所强调的绿化和舒适环境在吸引外资、发展经济和提高城市生活质量方面起到了直接的作用，经济发展效率与城市环境质量相辅相成。新加坡作为花园城市在世界上声名鹊起，而世界上第一个、霍华德亲手建设的莱彻沃斯（Letchworth）花园城市却是湮没无闻（Hall，2002）。新加坡的花园城市生活质量已经成为全球化经济下的对全球性人才、特别是创意人才的深层次国际竞争的有利条件之一。1991年的城市发展战略规划进一步将"花园城市"提升为"城市花园"的规划目标（图6-8、图6-9）。

图6-8　花园城市规划

图6-9　城市绿化覆盖率46.5%（2007年）

　　城市发展的效率固然重要，城市发展的公平越来越成为规划师必须关心的重要问题，快速的经济发展不能以牺牲城市的社会公平为代价。新加坡是个典型的资本主义市场经济国家：竞争、市场决定供给和需求的平衡、市场供需关系决定价格。但是新加坡并没有将所有的物品交由市场决定，政府所承担的公共物品和社会物品比社会主义的中国还多，最为显著的是公共住房政策的战略。大规模的公共住房建设从 20 世纪 60 年代开始（当初只有 4 万套单元），如今公共住房涵盖 82% 的市民（总量达 90 万套单元）。城市采用组团结构，公共住房居住区是城市的基本组团，每个组团的规模大约 6～8km^2，15 万～20 万居住人口，组团相对独立，配备足够的商业设施和社会设施（图 6-10）。需要强调的是，公正普世的公共住房计划离不开以工业化为主导的成功的经济发展。

　　花园城市与公共住房／公共交通是两个相互关联的城市发展战略。公共住房居住区组团高密度布局，高密度居住组团线形连接形成交通走廊，支持便利的大容量公共交通（地铁），由此在土地高度稀缺情况下保证足够的绿化用地，花园城市的实施得到保证。城市的高度公共性在保证城市的社会公平方面起了关键作用，体现在大规模的公共住房供给、公共空间（大量的绿地）和公共交通（同时遏制私人小汽车）方面（图 6-8、图 6-10）。私人小汽车拥有率

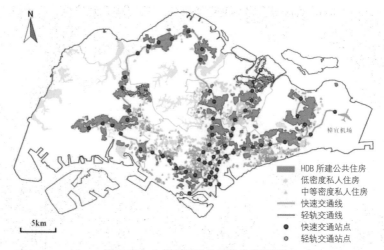

图6-10　公共交通服务公共住房组团

注：此图由张祚制作，在此致谢。几乎所有的公共住房新镇都可由地铁到达。

保持在 9 人／辆（2011 年数据），使用公共交通达到平均每天 461 万人次（2008 年数据）。已经证明，城市的公共性是个有远见的城市战略。从 21 世纪初起，全球化引起的贫富差距扩大成为一个普遍的现象，在许多国家造成动乱，新加坡也遭遇了贫富差距不断扩大的挑战。1990 年的 Gini 系数是 0.436，2000 年的 Gini 系数达到 0.481。1990 年最高收入 10% 的家庭收入是最低收入 10% 的家庭收入的 15.6 倍，2000 年这个差距达到 31.6 倍。但是，新加坡城市广泛的公共性对贫富差距扩大带来的问题起了缓和的作用，居民收入再低，住房是有保障的，良好的环境是共享的，公共交通的费用也是能够承担的。绝大部分市民不需要依赖于价格高昂的商品住房和私人小汽车。

　　1971 年的城市发展概念规划在 20 年后得到完整的实施，1991 年的城市现状基本就是 1971 年的规划期望，城市发展按照城市规划战略进行，这充分体现了新加坡政府的管治能力。新加坡城市的综合竞争力体现在政府的管治能力（经济管理、社会管理、城市建设和管理），成功地发展了市场所不能的制造业，并继续向高科技产业发展（是否成功尚有待观察）。工业化拓展了城市经济的深度和广度，创造了大量的就业机会。有效率的经济发展成为塑造花园城市和公共城市的基础，而充分的公共物品和社会物品又直接或间接地推动经济发展。政府和市场在城市发展中承担不同的功能，两者相辅相成，相得益彰。城市的经济发展与城市的空间和社会发展相互支持，城市整体不断提升。每个城市都有在历史发展过程中所积累起来的相对竞争力。如果不满足于现状，追求超出常规的发展，城市就需要塑造综合竞争力，寻找外力发展本地经济，新加坡政府引导的城市发展经验值得借鉴。

6.4.2 市场对规划实施的挑战

新加坡 1971 年的概念规划确定了今天城市的"环—带"结构（图 6-7）。经过 20 年的努力，城市经济从早期以工业为主的结构发展成以第三产业为主的结构。经济全球化和亚洲的繁荣发展为新加坡提供了一个成为亚洲金融中心的机会。新加坡的金融服务业从 1980 年代起已经有了长足的进步，中央商务区的工作岗位和办公空间快速增长。随着城市经济结构的逐渐改变，城市就业岗位空间布局也有所改变。经济结构和空间结构的改变引起两个变化：对中央商务区办公空间的强劲需求使市中心办公用地日益短缺，推动办公楼租金迅速上涨，上升的办公楼租金使第三产业操作成本上升；办公工作岗位密集于市中心造成早晚交通高峰流量分配不均匀，道路和公交利用成本上升。

1991 年的概念规划于是提出了一个新的城市结构：建立四个城市分中心（兀兰、淡滨尼、裕廊东和实里达）来分担中央商务区的中心功能（图 6-11）。1990 年代以来，政府努力促成其中一个分中心（淡滨尼）的实现。城市办公分中心的用地结构由办公（54%）、商业（30%）和旅馆娱乐（16%）构成。办公是主要要素。商业也很重要，因为商业在吸引人流，形成中心气氛方面起主

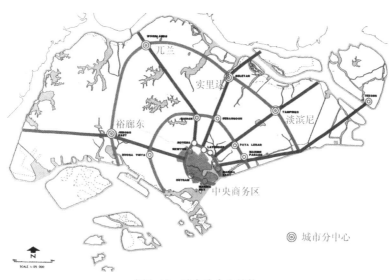

图6-11　城市分中心结构

（资料来源：URA，1991）

要作用。商业为办公业和旅馆业服务，而办公业和旅馆业又反过来支持商业设施。旅馆业在分中心的存在，是因为新加坡是个旅游国家，每年可吸引游客达600万。

显然，城市分中心的成功取决于市中心的办公业是否愿意转移到租金相对便宜的分中心。办公业注重区位，区位条件不如市中心的分中心能否吸引办公业？要回答这一问题，首先应了解新加坡的第三产业的市场情况（表6-4、表6-5）。因为市中心高租金的压力，金融保险业的后台内部服务部门（如电脑数据处理和管理）已经有离开中央商务区的趋势，现代通信技术能够保证分散企业的管理质量一如既往。制造业自1960年代以来不断地更新换代，已经产生了1990年代的"商务园"和"科技园"。因为有较高的白领和灰领人员比例，这些工业园区的区位选择与一般的工业区明显不同，比较强调周围的交通和商业服务设施。

新加坡就业结构　　　　表6-4

年度	1970年	1980年	1985年	1990年	1995年
第三产业就业人数（百万）	0.65	1.08	1.23	1.54	1.70
其中：金融业和商务（百万）	0.20	0.30	0.38	0.47	0.63
金融业和商务占第三产业就业人数的比例	30.8%	27.2%	30.9%	30.5%	37.1%

资料来源：新加坡统计局。

新加坡办公楼分布　　　　表6-5

	1986年	1990年	1992年	1996年
总办公面积（百万 m²）	3.07（100%）	3.51（100%）	3.85（100%）	5.11（100%）
在中心区内	2.22（72.3）	2.43（69.2%）	2.66（69.1%）	3.46（67.7%）
在中心区外	0.85（27.7%）	1.08（30.8%）	1.19（30.9%）	1.65（32.3%）

资料来源：城市重建局。

办公业分中心化的规划，意在减缓中心区过度拥挤、办公租金持续升高的现象，同时也是一个缩短员工交通出行距离的措施，希望由此能降低中心区的交通强度。其结果将使中心区土地利用更加合理。办公业离开中心区而迁移至城市分中心的现象是建立在什么基础上的呢？办公业通常集中于市中心，这是因为办公业的特性在于相互之间有密集的功能联系，而空间上集中显然有利于这种商务联系。调查发现，伦敦中心区 1/3 的商务出行为 10min 之内的步行，这说明了办公业空间集中的优越性。据 1960 年代 21 个美国城市统计，有 40% 的办公工作岗位集中在中央商务区。其中，纽约有 63% 的办公岗位集聚在中央商务区曼哈顿，华盛顿亦为 63%，休斯敦则达 68%。

　　然而，随着中央商务区的密度提高，交通拥挤，租金高涨，一些并非一定要待在中央商务区的办公租户开始外迁。办公外迁的市场现象自 1960 年代以来在西方城市出现。伦敦是一个规划引导办公外迁的例子。规划通过发放"办公开发准证"控制中心区办公楼开发。1963 ~ 1977 年间，有 145000 个办公工作岗位从伦敦市中心区外迁。尽管如此，开发商还是更愿意在中心区开发办公楼。美国的办公外迁则更多的是通过市场引导而非规划控制。高密度、交通拥挤和高租金等因素促使一些办公业主动离开中心区。1956 年，制造业五百强的总部约有 10% 落户在纽约郊区。到 1974 年，这一比例升至 32%。在芝加哥，这一比例在 1956 年为 8%，1974 年提高到 23%。办公业外迁有个规律，即每次向外作短距离迁移，如此既可避开中心区的拥挤，又能与中心区保持较方便的联系。据调查，44.5% 的办公业外迁距离在 15mi 之内。办公业也不会贸然迁移到尚未经证明的办公区位。另一个值得注意的外迁现象是，由于通信技术的发达，公司通常会将其后勤工作服务部门（如计算机部门、文件处理等）外迁，而将前台服务保留在中心区。

　　淡滨尼分中心规划的考量是该位置靠近樟宜机场，便利于与国际贸易有关的商务。但是，淡滨尼之所以成为今天初具规模的分中心，政府的两大措施起了关键的作用。一是一些原在市中心的政府部门带头迁出市中心，移入淡滨尼，使淡滨尼渐成气候。二是政府在 2002 年投资地铁东线延长至樟宜机场。其主要目的是为每天数万过境新加坡的中转旅客提供方便，吸引他们利用数小时中转时间访问淡滨尼，他们的旅游消费促进淡滨尼分中心进一步地成长。零售业的发展更是使淡滨尼的中心气氛浓厚。目前，淡滨尼分中心已经初步建成。但是因为没有市场需求，其他三个规划分中心未能如愿实现。

　　一般认为市场经济制度比计划经济制度更有效率，更有利于经济发展，中国 20 多年来的改革开放已经证明了这一点。但是世界上许多采用市场体制的发展中国家经济并没有因此而发展壮大。据研究，原因是这些国家在市场制度运作上存在许多问题，而不是因为市场制度本身有重大缺陷。有这样两个观点：经济发展取决于科学技术，更取决于制度的优劣；除了经济水平之外，发达国家和发展中国家的区别在于后者政府管理经济的能力及财政能力不如前者，由

"看不见的手"操作的市场并不能自动保证经济效率。发展中国家城市的普遍问题是：政府财政资源严重匮乏，使得城市公共基础设施发展远远落后于快速增长的城市化，导致城市运行效率低下、环境混乱和城市问题丛生；城市开发管理制度不完善，造成大量"体制外"(informal) 建设，城市建设陷入无序。"城中村"就是一个例子。快速发展的城市化征用大量农田转变为城市用地，农民失去了赖以生存的土地。在计划经济制度下，政府可以提供失去土地的农民城市住房和就业。但在市场经济下，政府无法提供农民就业，没有控制的"城中村"由此产生 (Zhu, 2004b)。

市场制度是经济发展的决定性因素之一，发达国家市场制度的建立已有数百年历史，日趋成熟。大多数发展中国家市场制度的建立还只是从第二次世界大战后开始，远未成熟。许多东亚政府在建立市场机制过程中起了重大的建设性作用，发展政体被认为是在战后东亚经济奇迹中的一个重要因素。短期内人口大量城市化是发展中国家战后普遍所经历的变化。快速城市化带来三大问题：环境污染、交通堵塞和低收入居民居住拥挤。这些城市问题无法由市场解决，只能由政府解决。本来以为有了城市发展总体规划作为城市开发的制度，这些城市问题就可以避免出现。事实证明，发展中国家的城市总体规划常常无法协调和管理城市的快速发展，因为城市总体规划编制脱离了基于政府财政预算的投资计划，政府基础设施投资未能与市场引导的城市开发协调，因而无法保证足够的公共投资和效率。1990 年代提出城市经营(urban management)的概念，意在增强政府和非政府部门管理协调城市快速发展的能力 (Cheema, 1993)。根据麦吉 (McGill, 1998) 的观点，发展中国家的城市经营重点在于城市建设和体制建设方面的经营。城市建设经营是关于如何提高利用政府公共投资引导市场资金投入的效率；体制建设经营是如何建立一个在市场经济制度下行之有效，使得规划能够指导城市建设的制度。通过城市经营措施，按照规划目标引导城市开发。政府财政能力、城市发展速度与基础设施供给协调、引导市场的能力和城市信息系统是城市经营的重点所在。中国目前地方之间的竞争，地方官员的任期，资产的产权结构，使 "地方发展政体"缺少长远打算和协调能力，城市发展的整体效果不尽人意，凸现出政府部门横向之间的协调和前后届政府纵向之间的协调问题。

新加坡城市国家面积仅 714km^2，人口 513 万，城市人口密度为每平方公里 7200 人（2011 年），是世界上人口密度最高的城市之一。自 1965 年独立以来，新加坡城市规划的宏观目标就是建立一个经济发达和面向全球的热带花园城市，通过对市场机制的管理达到规划的目标。花园城市必须是绿化覆盖率尽可能高、环境污染尽可能低的城市。新加坡人口高密度的制约造成各种用地之间的高度竞争。随着经济发展，生活水平提高，购买力升高，机动车辆数目不可避免地上升（表6-6）。据世界各国统计，私人汽车拥有量与人均收入成正比。新加坡道路用地比例在1960年代是5%左右，80年代该比例上升至13%。随着车辆数量不断增长，道路用地比例仍在上升，城市用地之间的竞争愈加激烈，而竞争力最弱的是绿化用地（因为没有直接的经济产出）。另一方面，城市环境最大的空气污染源是车辆放出的废气。据统计，新加坡67%的空气污染是由车辆废气造成。这个市场趋势对规划师提出挑战：车辆数上升是市场推动经济发展的要求和结果；而车辆数上升会直接影响花园城市能否成功建立（绿化用地减少和空气污染加重）。

新加坡历年车辆增长

表6-6

年代	私人汽车数	其他车辆数	车辆总数	车辆数/每公里道路	人数/每辆私人汽车
1961年	70108	47828	117936	82.1	24.3
1970年	142568	147855	290423	149.9	14.6
1980年	152574	218767	371341	157.6	15.0
1990年	271174	271178	542352	188.2	10.0
1994年	321556	290055	611611	202.1	9.1
2010年	511123	434704	945829	280.0	9.9
2013年	540063	434107	974170	282.2	10.0

资料来源：新加坡统计局。

因此，交通体系规划是实现花园城市规划目标的重要因素之一，公共交通是毫无疑问的选择。一方面，提供一个高效的公共交通体系；另一方面，制约私人汽车数量无限制增长，这两者之间存在关联。高质量的公共交通以方便和廉价吸引乘客，乘客越多，公交公司收入越高，公交质量也越高，从而降低私人汽车拥有量。反过来，私人汽车拥有量上升会减少公共交通的乘客量，公共交通经济效益因而下降，公交公司服务质量也将随之不可避免地下降（如减少公交路线、降低车次频率），公交服务质量下降驱使更多的乘客选择私人汽车。最终，公共交通崩溃，城市成为以私人汽车交通为主。这就是发生在美国城市的情形。如果不是因为政府补贴，大部分城市将无法维持为穷人服务的一个最低水平的公共交通。

规划的切入点是在提高公交服务水平的同时控制私人汽车需求，创造一个有利于公交体系的城市结构布局。人口高密度在这种情况下成为有利条件，美国规划界之所以提倡"紧凑城市"是因为人口低密度而无法自然形成紧凑的城市。早在 1971 年制订的新加坡城市概念规划中，地铁站为中心、高层高密度的居住小区、公共汽车网络及转换站所组成的新区组团被确定为城市发展的主要结构。尽管因为早期经济实力有限，总投资 50 亿新元的地铁直到 1986 年才开始建设，1991 年完工，以地铁为骨干的城市结构却早在 1971 年就确定。这个城市结构可以保证大约 30% 的居民在公交车站步行距离之内，从而在城市用地结构上确保高效的公交服务。

在控制私人汽车交通需求方面，政府更多的是采用经济手段而非行政手段进行管理。通过收费（拥车证拍卖和道路使用收费）抑制私人汽车交通需求。自 1975 年起首先在市中心地区对非公交车辆实行道路收费制，鼓励进入市中心地区的乘客转换公交。实施后，市中心地区交通流量降低 45%，空气污染指数下降 30%。目前已从人工收费转为自动电子收费（electronic road pricing）。拥车证制度旨在控制车辆总数（目前每 10 人一辆车，2010 年控制在每 7 人一辆车）。今后将对私人汽车的拥有控制转换成使用控制，即更广泛地利用道路使用收费。抑制私人汽车交通收费所得收入可用来发展完善公共交通体系。1996 年规划部门所提出的"世界级城市交通白皮书"描绘了新加坡交通体系今后发展的远景和机制。可以相信，这个建立在调节市场机制基础上的交通规划是可以实现一个符合人口高密度条件、以公共交通为主的世界一流交通体系的，花园城市的目标不会被因经济发展而增长的交通流量所损害。

CHAPTER 7

第七章　中国的城市规划理论：
　　　　发展规划

城市规划是实践，但是建造经济、社会、环境可持续
发展城市需要理念和规划理论。城市规划理论不是"放
之四海而皆准"的真理，因为城市建设制度背景各不
相同，规划实践具有强烈的时空特点。农村土地集体
所有制和乡村自治是中国独特的制度安排。乡村自治
充分体现了农村社会的民主，但是人多地少状况下的
工业化造成了细碎城市化的形态。生态环境质量低下，
既无经济效率，又无当地居民与外来移民之间的社会
平等，说明乡村自治的城市化模式值得研究、探讨和
改进。所以，中国的城市化势必会推动中国城市规划
理论的发展。规划理论的根本目的在于造就可持续发
展的中国城市，简言之，规划理论必须具备发展性。

7.1 中国城市化需要内生的规划理论

城市规划有两种类型的理论：实证型（positive）和规范型（normative）。前者属于城市研究领域（urban studies），探讨城市现象的因果关系，强调科学性；后者重在理念和思想（ideas、principles 等），提出城市应该如何规划的方案。国内地理系学生的训练重在前者，规划系学生的训练重在后者，两者相得益彰。因为持续高速的城市化，国内的规划实践丰富，但是内生的城市规划理论（无论是实证型，还是规范型）缺乏。谈到规划理论，往往是面向西方，自愿接受西方的话语权。因为不属科学技术范畴，实证型和规范型的城市规划研究都有很强的时间、地点（where，when）属性。

7.1.1 城市发展推动规划理论

目前，中国的城市发展热火朝天，规划方案日新月异，令人眼花缭乱。正如建筑理论的发展取决于建筑设计的实践，规划方案方面的理论发展也必须经过规划实施和实践的检验。通过实践，规划方案才能在理论上得到发展和深化。仅仅在绘图桌上不断推敲，方案不会有本质的进步。我们可以清楚地看到这一脉络体现在西方经典的城市规划方案理论的进化过程中。罗伯特·欧文的新莱纳克经实践后才认识到这种城市模式及开发形式不符合经济规律。20 世纪初霍华德的田园城市继承了罗伯特·欧文的绿带和公共设施理念，但在实施方式上理性地遵循了市场经济的规律——开发经费市场融资，住房出售回收开发资金（而不是新莱纳克的公共住房）。城市开发经济上的切实可行使得两个田园城市得以实现。但是，使规划师泄气的是，在市场上，未经完整规划的城市比规划的田园城市更有吸引力。在那个时空背景下，田园城市的规划理想未能被现实的市场普遍接受，虽然这并不影响到霍华德现代城市规划先驱者的历史地位。

英国规划师认识到建设一个美好的城市需要长期的努力。因为市场资金短期赢利的要求，田园城市私人开发公司的形式无法具备长期开发完善城市的能力。第二次世界大战后英国新城建设吸取了这个教训，新城建设由政府开发公司主持，政府投资允许长期投入和经营。笔者研究过苏格兰的一个新城，自开发 30 年后新城开发公司才开始自负盈亏，不断和长期的投入才能完善新城的建设。英国三代新城方案的进化就是一个不断在实践基础上认识城市社会需求、改进方案的过程。从刻板的城市组团结构，自上而下的社会各收入阶层混合社区，到放弃组团结构，再到放弃人为的社区结构，作为第三代新城的代表，密尔顿·凯恩斯城规划的成分明显减少，而留给市场发挥的空间显著增多。邻里单位建成后才发现居民生活中的多样选择原来是城市生活最重要的因素之一，忽视这个因素的规划所以失败。

以上的简述强调说明实践对推动规划理论发展的重要性。没有实践和评估，仅仅玩弄设计技巧是毫无意义的，对建设美好城市毫无帮助。中国二十几年来如火如荼的城市发展是否也造就了中国城市规划方案理论？英国贡献了田园城市，美国创造了邻里单位，法国发明了以放射轴线为主的城市美化运动（在法国殖民地的越南西贡城市结构上效果显著，现也被法国设计师输出到了上海浦东），我们向世界奉献了什么？事实上，中国乃至东亚城市因为土地资源极其稀缺、人口高密度，以及社会组织的儒家思想特点，追求理想城市建设必然会产生中国城市规划理论（之所以强调中国城市规划理论是因为城市规划必定受国情制约，城市组团结构在英国新城没有成功，但在新加坡却是非常成功，就是因为国情不同）。"真理来自实践"，我们应该以制作规划方案的同样热忱来分析研究已经实施完毕的城市建设项目，如珠江新城、深圳新市中心、诸多的大学城、上海新天地旧城改造工程、杭州西湖区改造工程等，从中吸取教训、总结经验？"城市建设、百年大计"，经过这么多年的大规模城市发展，规划师不应再满足于提出规范性的规划理念，而应积极从事实证性的城市研究。

7.1.2 国情、城市化阶段和规划形式：西方规划理论与中国规划实践之间的隔阂

西方当前的规范性规划理论（因为语言限制，文献局限于美、英、加、澳等发达英语国家，方便起见，简称为西方）非常强调公众参与（public participation）和社区规划（community planning），并且宣称公众参与应该成为世界各国城市规划师的基本价值观。美国规划师 Paul Davidoff 在他1965 年发表的文章"规划的倡导和多元主义"（Advocacy and Pluralism in Planning）中提出"倡导规划"的概念，其内涵是规划应该注重城市的政治多元特质，规划师不可能、也不应该价值观中立。规划应该特别倾听被市场经济边缘化的城市弱势群体的声音。倡导规划旨在反对貌似科学和中立的理性规划（rational planning）。Sherry Arnstein 在 1969 年发表"公众参与度阶梯"（A Ladder of Citizen Participation）一文，提出现在已经成为经典的公众参与模式。Paul Davidoff 和 Sherry Arnstein 成为规划重视社会公正的先驱。以公共参与为代表的规划方法无可厚非地体现了城市规划过程中的民主价值观。但是，笔者感到困惑的是，公众参与成为西方城市规划主流议题仅仅从 20 世

纪60年代中才开始，而美国1970年的城市人口已经占总人口的74%，英国那时的城市化程度更高。为什么没有在城市化迅速发展的早期提出公众参与，何况英美是传统的民主国家？

城市规划是自上而下塑造城市的工具，还是代表自下而上民众利益的手段？如果强调自上而下的城市规划，意味着重视政府的作用；如果强调自下而上的城市规划，意味着重视民众的利益。从20世纪初现代西方城市规划诞生直至20世纪70年代，城市规划一直扮演的是政府和市场塑造城市的工具。为什么西方规划界从1970年代开始舍弃自上而下，转而偏重自下而上？笔者认为两个客观因素促成了这个转变。

客观原因之一是西方发达国家的城市化已经趋向稳定和饱和，城市人口分布基本稳定，城市发展强度减弱。市场经济提供私人物品，城市需要公共物品（如：基础设施、环境保护、城市绿地和空地）和社会物品（如：公共住房、公共设施、学校等）。城市规划成为政府用于进行公共管理的工具，管理公共物品和社会物品的空间布局。传统的区划（zoning）作为市场经济下城市建设的准则，保护所在土地业主和居民（穷人和富人）的权利，有效地起了在土地利益发生冲突时的仲裁作用。区划是管理市场、引导城市建设的最为有效的工具之一。早期工业化和城市化所带来的大规模城市发展应该是符合大多数公众的利益和要求的。当大量乡村移民涌向城市时，城市面临住房和设施的严重短缺，城市发展和空间扩展是"硬道理"，规划的主要任务是通过总体规划塑造城市。1970年代以后，城市经济结构转变和空间结构改造替代了城市的大规模建设，传统的城市空间规划也必须转型而注重日益多元化的城市现状社区的利益。城市发展或改造中的利益分配成为规划必须关注的内容，或者说，规划的政治内涵被显化，规划的重点从"做蛋糕"转为"分蛋糕"。因为城市社会日益多元化，规划的过程决定规划的结果，所以规划过程比规划结果更重要。与公众参与相关的规划理论——交流规划（communicative planning）和合作规划（collaborative planning）——成为目前西方国家流行和关注的规划理论。

客观原因之二是在这段时期（1910~1970年）所提出的塑造城市的规划理论和模型并无法像科学和工程那样准确有效地解决城市问题。许多规划理念是"乌托邦"式的理想（如"线性城市"、"阳光城市"），无法实现。有些规划理念实施后发现所谓建设"好"城市的实践远比想象中的复杂和困难（如"田园城市"、"邻里单位"、英国新城运动）。所规划建设的"田园城市"、"邻里单位"和"新城"并不比没有规划的城市更有吸引力，甚至还不如（Beito，

Gordon,Tabarrok,2002)。公众质疑城市规划是否是一门科学(见第1章1.2"城市规划理念的成败")。规划实践无法令人信服地向公众证明自上而下综合性的城市规划是科学和有效的。而且发达国家的经验表明，城市问题（如：交通拥挤）不一定需要规划措施解决，有效的城市管理（如:单行道、道路使用收费等）也能解决问题。规划的新城一定比没有规划的旧城更好？恰恰相反，许多有吸引力的城市大都不是规划出来的。"真理"般的城市空间模式可能根本就不存在，所以也就没有必要努力追求所谓"正确"的城市模式。

城市总体规划方案编制在城市化快速发展期间是政府的重要工作之一，中国正是处在这个阶段。我们无法不关注与城市发展有关的问题，诸如：城市规模大小（大城市还是小城市合适）、城市经济如何发展、旧城如何保护、新区如何开发、重大工业选址应该考虑什么因素、城市公共交通如何改善、私人小汽车如何管理、城市垃圾如何处理等。西方国家已经不面临诸如此类与城市化快速发展有关的规划问题。

7.1.3　社区规划：南橘北枳

如果城市规划不再是自上而下塑造城市的工具，城市规划就应该成为代表自下而上公众利益的手段。如此，以公众参与为主导的社区规划成为西方城市规划实践的主要内容之一。西方历来有向发展中国家输出他们认为正确的理念和实践的传统，公众参与和社区优先也成为西方民主城市规划强调社会公正的典范。但是，发达国家与发展中国家的根本差别似乎被忽视了。发展中国家的城市化都或多或少地经历了住房自发建设（informal housing 或 popular housing）的现象，比较著名的是拉美国家的贫民区（巴西称为 favelas；阿根廷称为 villas miseries；见图7-1），印尼的城市村庄（urban kampungs），及中国的小产权房和城中村（Janoschka，Norsdorf，2006；Tian，2008）。事实上，不少发展中国家的市民就是居住在自建住房中（United Nations Centre for Human Settlement，1987）。这种做法受到许多国际组织和不少来自发达国家的规划师的赞赏，认为城市低收入社区居民住房自发建设是解决住房问题的有效方法，甚至比政府的公共住房计划还有效。确实如此，如果市场只为中高收入居民提供商品住房，政府财政拮据，没有能力为低收入居民提供社会住房，低收入居民只能依靠自己的自建解决住房问题。

英国建筑师约翰·特纳（John Turner）在1970年代高调呼吁，最合适的住房应该是由住户自己建造和管理，而不应该通过政府的公共住房计划

图7-1　拉美城市中自发建设的贫民区

(Turner，1976)。他认为，当住户和社区能够控制自己的住房建设和管理，这样的住房和居住区必定比政府的公共住房和市场的商品住房更好、更便宜。发展中国家的贫民自建住房、中国的城中村和小产权住房确实价格低廉；但是否更好，还有待全面地论证。在发达国家政府自上而下规划的不尽人意、发展中国家政府无能为力的情况下，自下而上城市公众自治的理念很有吸引力，符合规划为公众服务的价值取向。笔者没有做过调查研究，无法判断代表城市公众自治的住房自发建设是否为拉丁美洲、非洲和中东发展中国家根本性地解决了低收入住房问题。但是，根据笔者的了解，东南亚发展中国家（如越南、菲律宾、印尼、孟加拉国等）城市中的住房自发建设似乎只有利于一小部分居民，而大部分公众并未受益，相反还间接受其损害。越南胡志明市和印尼雅加达存在广泛的住房自发建设，整个城区宛若巨大的"城中村"。与其说民间自助解决住房问题，还不如说暂时地解决了现状居民当时的住房问题，城市未来居民的住房问题如何解决？这个解决方案是否可持续？不可忽视的是随之而出现的环境污染和空间混乱无序成为新的城市问题。

　　1. 印尼雅加达的自发建设

　　住房自发建设在印尼城市很普遍，据1980年代的资料估计，当时大约每年平均85%的新建住房属于自建（Struyk，Hoffman，Katsura，1990）。城市里自建的低收入居民区被称为"城市村庄"（urban kampungs），"城市村庄"的居住环境拥挤，设施和空地稀缺，基本不具备城市供水和下水管道，生活污

图7-2　雅加达普遍的"城市村庄"

注：沿街现代化建筑后面隐藏着大量的都市里的村庄。

水直接流入附近的河道。当地有个说法：雅加达不是城市，而是无数个村庄的总和（Malo，Nas，1996），说明雅加达城市基础设施缺乏，城市建设不按照城市应该具备的规划控制制度进行。目前，估计大约 60% 的雅加达居民居住在简陋破旧的"城市村庄"中。尽管市政府在 1970 年代开展了"村庄改善计划"，为"城市村庄"提供一些基本设施（如公共厕所），但并没有实质性地改善这些地区的生活质量。城市主要街道两边的现代化建筑后面隐藏着大量的"城市村庄"（图 7-2）。

　　除了极其少量的公共住房，雅加达市政府基本将住房供应的责任推给市场，或者让居民自己想办法。中产阶级的自建住房居住区尚能稳定维持合适的密度，保全空地和绿地，保持居住区质量。但是，很多低收入家庭自建住房居住区无法维持环境的稳定性，不少土地业主因为贫困而被迫出售部分土地，土地越分割越小，建设见缝插针，建筑密度不断提高，使得居住环境日益恶化。Marcussen（1990 年）的一个案例调查揭示了这个普遍现象。1950 年之前在雅加达的一块 527m² 的独户独院的居住用地，后来因为家庭的变化和经济状况的恶化，这块地在 1980 年代已经被分割成数块，上面住了 11 个家庭，期间的土地分割和土地开发没有经过任何政府的批准。此案例基本揭示了"城市村庄"土地随着城市化过程中城乡移民的涌入而日益分割细化，造成建筑密度无限制地提高，环境逐渐恶化。Archer（1993 年）的调查发现印尼某一城市城乡结合部有一 314 个地块组成、规模达 79hm^2 的基地。当时在讨论土地调整，后因故拖延了两年，314 个地块被细分成 510 个地块、445 个业主。城市人口越来越多，居住用地越来越细碎，土地整合越来越困难，使得有规模经济的住房开发难以进行，住房建设的基本模式只能是居民自建。

因为简陋的建设技术和细小的地块，自建住房只能低层，为尽可能建造更多的住房面积满足需求，几乎所有建设都不按照规划控制（如果有的话）的要求。政府基本无法干预，因为居民认为政府没有这个"权力"。权力与义务相辅相成，因为政府没有承担应有的义务，即：基础设施和公共住房的建设，所以政府不应该阻止居民自发的住房自建，尽管违反规划准则。如果拆除"违章"建筑，政府又没有合适的住房安置无家可归的穷人，只能任其自然。问题是违章建筑进一步鼓励违章建筑，不需要多久，该居住区就会成为混乱不堪的贫民区。令人吃惊的是，雅加达作为东南亚最大、历史最悠久的城市之一，在 21 世纪的今天，城市中居然多达 70% 的住户没有自来水供应，需要依靠井水和向小贩购水（McIntosh，2003）。只有 2.8% 的城区设置了下水管道，城市地下水严重污染，排水不畅（World Bank，2003）。直到今天，城市仍然依赖荷兰人 160 年前建设的开放式雨水渠道。2007 年的大暴雨使四分之三的城区遭到水淹（The Sunday Times，2007）。土地细碎和大规模自建住房是造成城市基础设施水平低下的一个重要因素。

印尼曾经是亚洲四小虎之一，工业化和经济起飞造就了不少中产阶级，他们需要体面和有质量的居住环境。独立之前的荷兰殖民地政府曾经按照霍华德花园城市的模式规划建设了两个居住区（Menteng 和 Kebayoran Baru），现在是城市里著名的高级居住区，居民大多是高级政府官员、富商和外资公司经理。因为中心城大部分是简陋的"城市村庄"，于是，大量开发商建造的、有规划的、有设施的居住区楼盘在郊区出现，形成中产阶级推动的郊区化。其中，最大的私人开发公司发展的大型居住区是 60km^2 规模的 Bumi Serpong Damai（BSD）新城，1984 年开始规划，建成后人口规模预计达到 60 万左右，2003 年居住人口已达 6 万。如此大规模的新城居然不是政府发起建设的，确实不同寻常。一个由瑞士和德国合资的国际私立大学已经在此落户。德国国际学校从环境恶化的雅加达中心城迁出，于 1995 年迁入 BSD，抛弃了公共的

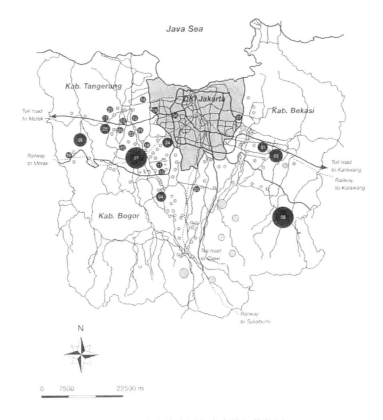

图7-3　穷人的市区与中产阶级的郊区

（资料来源：Winarso, Firman, 2002 : 498）

注：黑色/灰色圆圈代表规模不等的私人居住区和开发商开发的新城。

雅加达，认同了私有的 BSD。德国学者 Leisch（2002 年）做过调查，90% 的 BSD 居民很认同所在的居住区环境。

中产阶级大型高尚居住区坐落在郊区是必然的结果。中心城整合细碎土地的成本很高，或者就根本无法整合；中心城生活环境差，基础设施欠缺。郊区容易征地，大型居住楼盘的规模能够在设施提供方面"自给自足"（图 7-3）。中心城的低收入居民的自建住房区与郊区的中高收入的私人楼盘是一个原因的两个现象：低下的政府城市管治能力引起城市空间恶化，继而引起城市空间的私有化。如果政府无法提供公共设施，市场会提供商业设施。政府如果无法进行有效的城市管治，市场的管治（楼盘）会取而代之。结果造成贫富之间尖锐的空间隔离。

2. 广东城乡结合部自发城市化

改革开放以来，中国的城市化程度随着迅猛的工业化而快速提升，珠江三角洲区域的发展充分体现了工业化推动城市化的过程。1990～2002年期间，珠江三角洲区域的非农建设用地增长了2.6倍。珠江三角洲中心城广州的建成区从1996年的980km²发展到2004年的1324km²，城市常住人口也增长了一倍。广州所属的某区曾经是县级市，所以目前将近一半的常住人口属于农村人口，居住在村里。但是此区的农业在区经济中只占5%，显然大部分农村人口已经从事非农经济活动，尽管身份仍属农民。区内农用地占69%，非农建设用地占31%。土地的城市化正在快速展开。应用生态环境学的土地"斑块"统计分析，发现农业用地由1287"斑块"组成、非农建设用地由4352"斑块"组成，非农建设用地的平均"斑块"面积只有5.4hm²。城市化造成土地的细碎化，农业用地与非农建设用地高度混杂（图7-4）。

深入分析发现，引起土地细碎化现象的是土地开发的多元化。首先是两种不同的土地城市化模式：城市政府征地导向的土地开发（占总量的49%）；

图7-4 城乡结合地区的细碎城市化
注：黑色地块为建设用地。

农村集体主持的土地开发（占总量的 51%）。前者的土地已经改变为国家所有，后者的土地仍然归集体所有。对农村集体所属非农建设用地的空间分布分析发现，不管村的区位如何，几乎所有的村都有工业用地，而不是如城市政府开发的工业集中在若干个工业区内。这说明农村工业化是以村为基本单位展开的。"自给自足"式的农村工业化模式使得工业用地分布广泛（占总用地的 42%，2530"斑块"），建设用地与农地、工业用地与居住用地的高度混杂，造成地区环境质量恶化和工业用地的低效率。

作为城市管治制度的重要组成部分，土地开发控制没有在城乡结合地区完全建立起来。对稀缺土地的竞争激烈，但是竞争的游戏规则还没有建立，结果是对土地资源的无序争夺。开发所致的城市空间杂乱无章，安宁优美的村庄变成丑陋的"城中村"。在公共管治缺乏的情形下，私有管治应运而生。代表私有管治的"门禁"小区是开发公司能够在城乡结合地区为中产阶级提供体面居住环境的唯一选择。大大小小的商品房楼盘（360 个"斑块"）散布在各处，占总用地的 15%。尽管楼盘内部的空间整洁有序，但是私有管治对地区总体空间质量没有显著的贡献。低收入、混乱的"城中村"与中高收入、整洁的"门禁小区"并列，形成贫富差距的空间隔离。因为有规划，私有管治下的空间土地利用效率高；因为没有规划，缺乏公共管治下的空间土地利用效率低。

农村集体的自发城市化是土地开发细碎化和土地低效利用的主要原因。以村利益为主体的土地开发无可厚非，市场经济的本质就是如此。问题是出在土地开发的"游戏规则"的缺位，即代表城市总体利益的城市总体规划的不作为。土地开发细碎化损害城市整体利益，但是农村集体认为能够阻止土地开发细碎化的城市总体规划对农村集体不利，这是问题的所在。解决的方案在于：①能够结合农村集体利益的城市总体规划；或者是②能够避免土地开发细碎化的农村社区规划。为什么上述现象在西方发达国家没有出现，而在亚洲发展中国家普遍存在？根本的差别在于：①西方发达国家已经城市化了，而亚洲发展中国家正在城市化；②更重要的是，亚洲发展中国家的人口密度远远高于其他国家。人口低密度状态下的自发建设可以产生优美自然的建成环境（图 7-5），拘谨的规划反而会适得其反。不少反规划人士持有此观点，但是人口密度（或者说土地稀缺程度）决定市场与规划的关系。亚洲（指东亚、东南亚、南亚）是所谓高密度低收入地区（表 7-1），低收入意味着经济发展还是必须优先考虑（"做蛋糕"）；高密度意味着土地资源高度短缺，土地必须高效率地使用，土地高效率利用依赖于土地利用协调机制，有效的土地利用协调往往是自上而下的机制。

图7-5　汕头某村庄的鸟瞰

亚洲国家人口密度（人数 /km²），1950 年和 2010 年　　　　　　表 7-1

区域 / 国家	1950 年	密度指数	2010 年	密度指数
世界	19	100	51	100
亚洲	44	232	131	257
东南亚	40	211	131	257
孟加拉国	305	1605	1142	2239
菲律宾	67	353	312	611
越南	83	437	268	525
泰国	40	211	133	261
印度尼西亚	42	221	122	239
中国东部地区	—	—	458	898

　　注：中国东部地区指北京、天津、河北、辽宁、上海、江苏、浙江、福建、山东、广东、广西、海南 12 个省市。

　　资料来源：联合国人口处，2011.

　　规划的理念和实践取决于国情。因为美国建国当初大部分的移民是逃离所在祖国的政治难民，美国崇尚个人自由。国家地大物博，种族多元，尊重各族群生活方式理所当然成为城市规划的重点。英国人口密度高，但在文化上厌恶高密度的城市环境，所以历史上有向外殖民的传统，在海外的英国人可能比本土的英国人还多。乡村田园生活是他们的生活理想，所以"田园城市"的规划理念理所当然地诞生在英国。保护空地、绿地和乡村环境是英国城市规划的重点，甚至不惜牺牲经济发展为代价，据称英国的高房价就是因为规划控制开发太严而致（Barker，2006）。英国的规划历来称为城乡规划（town and country planning），而不是城市规划（urban planning），原因如此。

如果在亚洲高密度低收入国家过分强调西方的公众参与和社区规划的理念，变相鼓励自发建设，貌似公正的规划只能造成更大的不公正。城市规划没有"放之四海而皆准"的理论，西方的规划理论只能借鉴，不能照抄。没有所谓的国际规划大师，只有美国、英国或者中国规划的专家。规划理念的根本在于解决城市问题，建设经济高效率、环境可持续、社会公正平衡的城市。中国高速城市化的黄金时代成就了我们丰富的规划实践，当代世界各国很少有这样的机会。可惜的是我们还未对规划实践进行认真的总结，也没有规划理论的提出。我们不能照搬西方理论，但是这不意味着我们不需要向西方的城市规划学习（孙施文，2005）。我们确实需要学习的是西方规划实践与规划理论相互促进的逻辑关系和经验，理论指导实践，实践验证理论，理论与实践同时进步。提出的规划理念不停留在理论阶段，而是付诸实践，然后才知道理念的不足或不现实，进而提出新的理念。在这方面，西方比中国相当地超前，中国规划师需要努力赶超。所谓"国际城市规划"（international planning）学习，关键之处在：不仅要"知其然"，更要"知其所以然"。

笔者认为在城市化迅速发展的现阶段，强化区划制度（zoning）的建立远比公众参与和社区规划重要，可能亚洲发展中国家都有这个缺陷。《新民晚报》（2011 年 8 月 2 日）报道上海汤臣高尔夫别墅小区违法搭建超过 85%，匪夷所思。一个高收入城市"门禁"小区的居民居然将城市居住区等同于农村村庄。原因可能是区划属于城市制度，而亚洲发展中国家是传统的农业社会。低密度社区（如村庄）建设不需要正式的规划控制，依照"乡规民约"和风水信仰的建设可能更有意思。没有规划控制的高密度城市建设会导致灾难性的后果。区划首先明确城市中市民与政府之间、市民与市民之间的土地利益关系，并将利益关系法制化，个体与总体相互尊重。所谓公众参与和社区规划，无非是尊重城市居民的现状利益，区划的功能也在于此。高密度城市存在严重的潜在土地利益冲突（个体与个体、个体与总体之间），解决的前提首先是法制，公众参与的基础也是土地利益的法律关系。新加坡城市规划的公众参与直到现在还没有达到西方民主国家的水平，但是独立后将近五十年的、政府一手主导的高速度经济发展并没有导致一个不公正的城市。恰恰相反，新加坡城市是个经济效率、环境持续和社会公正的典范，而上述案例所产生的结果却是经济低效率、环境不持续和社会不公正城市。区划的重要作用不可低估。

7.2　城乡统筹发展：城市的整体性与乡村的自治性

　　工业化意味着经济转型、社会转型和人口城市化。人口城市化有两种形式：城市经济发展吸引从农村到城市的人口迁移，此人口迁移属于向往城市生活的主动城市化；现有城市向农村地区扩展，迫使所在地区农民的被动城市化。因为农村被动城市化，许多因征地而引起的尖锐城乡矛盾和城乡冲突因此而来，城乡统筹发展应运而生。城的特点在于用地的整体规划，乡的特点在于村庄的自治发展。昆山和南海是城乡发展的两个不同模式：前者强调城市的整体规划，后者重视乡村的自治发展。研究发现，在人口高密度、土地高度稀缺的经济快速发展地区，土地利用高效率是可持续城市化的重要因素之一。工业区高质量开发和制造产业相对集中能够促进经济发展效率，也是产业不断提升转型的必要条件之一。过于强调村庄"小而全"的自治发展，造成"村村冒火，家家冒烟"的局面，生态环境和经济效率同时受到损害。昆山模式和南海模式的启示是：城乡统筹发展的关键在于乡村自治与城市效率的统筹，在尊重农村集体土地利益的前提下提高城市化的整体发展水平。

7.2.1　昆山与南海：成功的农村城市化

　　昆山与南海是两个著名的从农业向工业迅速转型的成功县级经济典型。昆山地处长江三角洲，1989 年改县为县级市，辖域面积 1073.9km²；南海地处珠江三角洲，1992 年改县为县级市，2002 年改为佛山市所属区，辖域面积 926.3km²。1990 ~ 2010 年的 20 年期间，南海的 GDP 增长了 45 倍，2010 年达到 1800 亿元左右；昆山的 GDP 增长了 103 倍，2010 年达到 2100 亿元。发展的速度之快，成为中国城市化高速发展的奇迹。20 年期间，本地户籍人口分别增加了 25%（昆山）和 27%（南海）。但是外来移民人数增长量远远超过本地人口的增长，外来常住人口在 2010 年分别占城市总常住人口的 54%（南海）和 63%（昆山），所创造的就业机会为国家发展作出了重要的贡献。以工业化为主体的高速经济发展也造就了快速城市化，两地的城市建设用地占总用地比例从 1990 年的 11%（南海）和 16%（昆山）发展到 2010 年的 48%（南海）和 45%（昆山）。农业经济在 GDP 中所占的比例分别下降至 0.9%（昆山）和 1.8%（南海）（表 7-2）。

　　乡村工业在昆山和南海都曾经经历过辉煌的年代。1985 年，昆山的乡村工业产值占工业总产值的 26.8%，然后逐渐被民营和外资产业所替代。2010 年，

昆山与南海的社会经济指标　　　　　　　　　　　　表7-2

	昆山		南海	
	1990 年	2010 年	1990 年	2010 年
GDP（亿元）	20.1	2100.3	39.3	1796.6
户籍人口（万）	56.5	71.1	93.3	118.9
外来常住人口（万）	1.0	121.3	13.3	140.2
总常住人口（万）	57.5	192.4	106.6	259.1
建设用地占总用地的比例（%）	16	45	11	48
农业经济占 GDP 的比例（%）	22.6	0.9	19.1	1.8

资料来源：昆山统计年鉴（1991、2011 年）；南海统计年鉴（1991、2011 年）。

乡村工业产值占工业总产值的比例降低到微不足道的 2.8%。乡村工业在南海更成功，其产值在 1998 年的巅峰期占工业总产值的 50.2%。但是因为企业制度问题，乡村工业被迫改制，其比例在 2008 年下降至 2.9%。但是，乡村工业为改革开放早期的农村发展提供了"第一桶金"。昆山大部分村民住房和村庄的改善归功于乡村工业（图 7-6、图 7-7）。虽然为中国农村发展作出伟大贡献的乡村工业从此走下历史舞台，但是工业化从此在这些地区生根发芽，以更有竞争力的体制形式发展壮大。

图7-6　改革开放之前的村宅

图7-7　1990年代早期开始建造的村宅

7.2.2　昆山与南海：两种不同的农村城市化模式

1. 村庄自治发展的南海模式

广东从改革开放伊始就强调自下而上的经济发展和市场参与，1980年代早期已经出现个别农户在家庭承包地上进行作坊式的工业生产。南海模式的主要特点在于农村自发主导工业化的过程。南海的村庄自主意识非常强烈，以村为基本单位组织农村经济和社会生活的方式由来已久。改革开放早期，村民依靠与海外亲戚关系发展村办工业。1992年前后，为改变因为家庭承包制而造成土地破碎、阻碍村工业发展的状况，在市政府的支持下，以自然村为主体的土地股份合作社纷纷成立，分给农户的土地重又回到村集体管理的模式。村土地股份合作社与早期的人民公社的不同之处在于后者是集体农业活动，而前者是集体工业化。相同之处在于两者都是"大锅饭"。

根据最新的统计，南海全区共有1541个自然村土地股份合作社，因为人多地少，村土地股份合作社的平均规模为40hm^{2}左右。随着工业改制，村土地股份合作社的村工业实业经济渐渐被向企业提供土地租赁的房地产经济所代替。因为广东改革开放的宽松政策环境和市政府的默认，大部分南海土地股份合作社将整合起来的农地变成廉价工业用地，出租给寻找低成本的外来制造产业。各村土地股份合作社自治工业化的结果是工业用地的细碎分布（图7-8）。

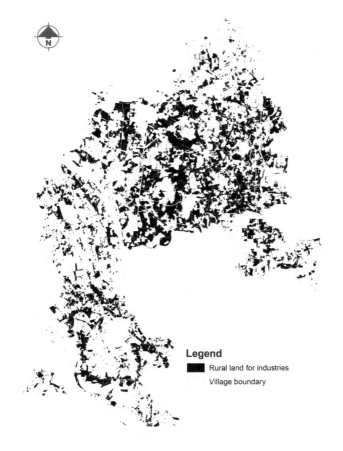

Legend
■ Rural land for industries
　 Village boundary

图7-8　南海集体工业用地分布

2. 城市政府主导的昆山模式

昆山模式的主要特点在于市、镇政府主导工业化的进程。昆山的村庄意识远不如南海强烈，江浙一带普遍如此，这可能是个地域文化特点。昆山人士顾炎武早在明末就提出"天下兴亡，匹夫有责"的观点，强调个人与国家的关系，这是历史性超前的公民意识。两者不无关系。昆山1980年代早期也曾兴盛过村办工业，但从1980年代中期开始改制停产，农村工业逐渐走下坡路，被民营企业和外来投资所替代。与南海很重要的不同之处是：一旦村办工业转制或停产，市政府和镇政府立即在土地供给和用地规划上掌控以招商引资为主的工业化过程。按照1986年的土地管理法，村集体只能主持农业生产和村办工业，不能为外来企业提供工业用地租赁。市政府主持市一级的昆山经济技术开发区，当时的20个镇政府在各自镇区附近，通过征用农村土地开发建成了所谓的"工

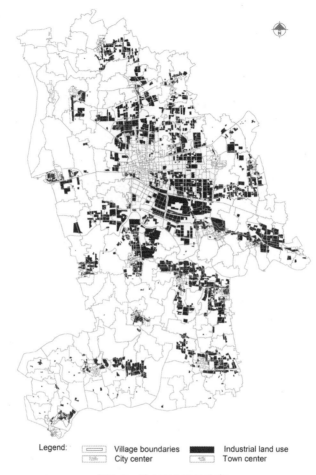

图7-9　昆山工业用地分布

业小区"。所以，昆山的工业用地相对集中（图 7-9）。

　　大部分农村非农建设用地被城市政府所用，农村的发展体现在村民进入工厂打工、农村家庭承包的农地集中建立集约性耕种的农地股份合作社。村庄被淡化，突出政府和个人。村民大部分的福利由市、镇政府的财政负责。从 21 世纪初开始，城市政府开始关注农村的利益，首先是固化行政村历年所积累的非农建设用地资产，组织社区股份合作社，为村民补充集体福利和分红。其次是倡导建立农村富民股份合作社，让村民投资入股直接参与城市化所推动的土地开发建设。社区股份合作社是福利性的村民"大锅饭"，富民股份合作社是村民投资参与经营性的经济组织。

7.2.3 可持续城乡一体发展：工业发展效率和生态环境质量

因为工业化以自然村为自治发展单位进行，南海有 1868 个工业地块（2008年），工业用地零散地分布在各个村域。村委会根本没有足够的资金进行必要的基础设施建设，只能提供简陋的场地和厂房，没有基本的污染处理设施。土地粗放经营，工业用地零散分布，企业布局分散，使得工业发展的规模效益低下，产业的空间集聚关联性也无法满足。丛艳国和魏立华（2007 年）认为南海的农村工业化是"技术含量较低的外来资本＋外来低素质劳动力＋村集体廉价土地"模式。经营的企业大都相对占地多、产值低、效益差，许多效率指标远远低于城市政府主导的工业园区。因为工业地租低水平，无法满足村民对提高收入水平的期望，村委会只能连续不断地将农田和空地转为低质量的工业用地，细碎低素质的厂区也只能继续吸引低素质的外来企业，形成恶性循环。

昆山的工业化由市政府和镇政府集中开发管理，全市基本形成 20 个工业小区和 1 个市级开发区。政府能够集中有限的开发资金，为工业区提供工业生产所必须的基础设施。最为著名的"昆山经济技术开发区"由当时的县政府于 1984 年创立，在县城东侧占地 $3.75km^2$。在一无资金来源、二无政策优惠的情况下，借鉴沿海城市兴办经济技术开发区的经验，开启一条自费开发的成功之路。1992 年 8 月被国务院批准为国家级经济技术开发区，此时规模已达 $10.4km^2$。2005 年开发区规模发展到 $93km^2$。1980 年代以前的村级工业改制后，企业逐渐向镇级工业小区集中，节约土地，集约发展。既有利于产业，又有利于生态。昆山的制造业一直不断地在提升，低产值的企业被高产值的企业替代。根据昆山市国土资源局（2005 年）介绍，2004 年昆山经济开发区花了 2 亿元收购 26 家低水平的劳动密集型制造企业，主动请这些靠廉价劳动力生存的企业离开，邀请研发类型企业进来。原来 26 家工厂一年的产出是 3 亿多元，而新引进企业的产出估计为 30 亿元。

根据 1998 ～ 2010 年之间的工业结构和人均 GDP 数据统计，昆山劳力密集型产业占工业总产值的比例持续稳定地下降，技术密集型产业占工业总产值的比例相应地持续不断上升。制造业结构成功转型，昆山从劳力密集型产业为主的工业提升成技术密集型产业为主的工业（图 7-10）。南海的制造业结构在 12 年间却是没有显著的变化，仍然停留在劳力密集型产业为主的工业（图7-11）。所以广东省政府多次呼吁"腾笼换鸟"，要求各地提升产业结构。因为缺少实施机制，自上而下的政策成效不太显著。经过 21 世纪的最初十年，

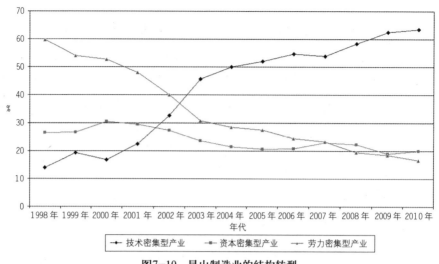

图7-10　昆山制造业的结构转型

（资料来源：昆山统计年鉴（1999~2011年））

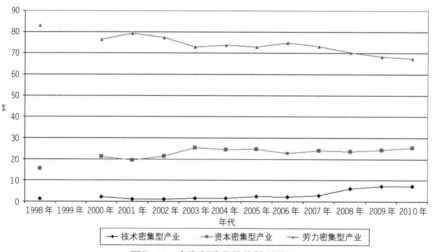

图7-11　南海制造业结构转型受阻

（资料来源：南海统计年鉴（1999~2011年））

昆山与南海的经济效率（人均 GDP）差距越来越大，1998 年时的差距是 16%，2010 年时的差距达到 58%（表 7-3、图 7-12）。值得注意的是，昆山市政府于 2008 年成立了昆山工业技术研究院（图 7-13），台湾仁宝研发中心 2010 年正式在昆山启用，拥有研发人员 1000 多名，教育部于 2012 年批准成立美国杜克大学与武汉大学合办的杜克昆山大学（Duke Kunshan University）。这些指标性的事件都说明昆山的制造业正在快速向上提升，前景不可估量。

昆山与南海的产业结构变化和人均GDP　　　　　　表7-3

	1998 年	2000 年	2005 年	2010 年
昆山				
劳力密集型产业占工业总产值的比例（%）	59.7	52.7	27.4	16.6
资本密集型产业占工业总产值的比例（%）	26.4	30.5	20.6	19.9
技术密集型产业占工业总产值的比例（%）	13.9	16.8	52.0	63.5
人均 GDP（万元）	2.2	2.8	5.4	10.9
南海				
劳力密集型产业占工业总产值的比例（%）	83.1	76.5	72.9	67.4
资本密集型产业占工业总产值的比例（%）	15.6	21.3	24.8	25.3
技术密集型产业占工业总产值的比例（%）	1.3	2.2	2.3	7.3
人均 GDP（万元）	1.9	2.0	3.8	6.9

资料来源：昆山统计年鉴（1999、2001、2006、2011 年）；南海统计年鉴（1999、2001、2006、2011 年）。

注释：技术密集型工业由通信设备、计算机及其他电子设备制造业、仪器仪表等产业组成；资本密集型工业由通用设备制造、专用设备制造、交通运输设备制造、电气机械及器材制造、石油加工、化学原料及化学制品、医药、化学纤维等产业组成；劳力密集型工业由食品、饮料、纺织、服装、皮革、木材、家具等产业组成。

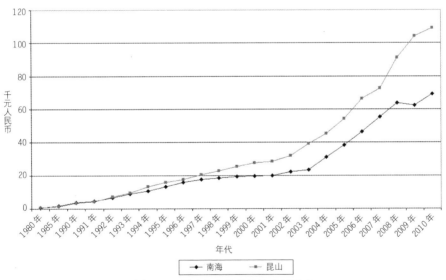

图7-12　昆山与南海的经济发展效率
（资料来源：昆山统计年鉴（1981~2011 年）；南海统计年鉴（1981~2011 年））

　　因为村村都发展工业厂房，南海的工业用地面积快速上升。1988 年，工业用地总量只有 23.8km²，占城市建设用地总面积的 19.3%；2008 年，工业用地总量达到 332.8km²，占城市建设用地总面积的 57.0%。比例之高，实属罕见。2008 年的工业用地中，国有土地占 25.5%，余下的 74.5% 属于集体土地，农村工业化的程度由此可见。昆山 2008 年的工业用地仅为 125.6km²，只有南海的 37%，占城市建设用地总面积的 39.0%。就工业用地的平均工业总产值而言，昆山（36 亿元 /km²）是南海（9 亿元 /km²）的 4 倍。

因为众多村土地股份合作社的自主开发，造成工业用地开发的细碎，"村村冒火，家家冒烟"的景象由此而来。不仅如此，因为自下而上各个村广泛的工业用地开发，造成工业用地开发总量过度。借用地景生态学（Landscape Ecology）的 Fragstate 地景斑块分析方法，南海生态环境的细碎度指数从 1990 年的 62.7 发展到 2008 年的 30.3（图

图7-13　昆山工业技术研究院

7-14、图 7-15）；昆山生态环境的细碎度指数从 1989 年的 86.0 发展到 2010 年的 40.2（图 7-16、图 7-17）。细碎度指数范围从 100（绝对完整）～ 0（绝对细碎）。发展模式的不同造成在生态环境方面，南海比昆山更细碎（指数相

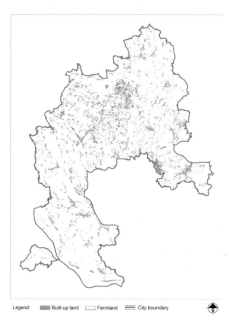

图7-14　南海建设用地分布，1990年

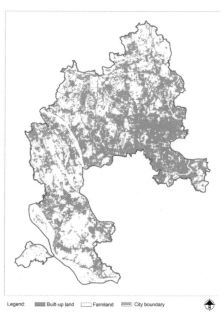

图7-15　南海建设用地分布，2008年

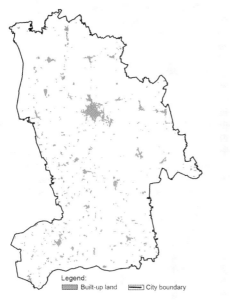

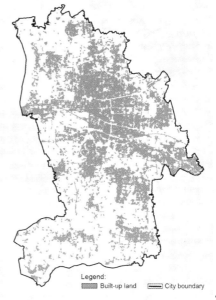

图7-16　昆山建设用地分布，1989年　　图7-17　昆山建设用地分布，2010年

差10点）。细碎的生态环境既不利于农业生产，也不利于工业生产和城市生活。

7.2.4　可持续城乡一体发展：城乡平等

1．平等与效率

城市化可持续发展体现在经济效率、社会平等和生态环境三大领域。公民的政治地位平等、社会地位平等和机会平等的理念是普世价值，不容置疑。但是，社会的经济收入平等还是一个值得讨论的议题，尽管当前经济收入差距扩大已经成为一个全球性问题，基尼系数的上升令人担忧。一方面，劳动力收入平等与生产效率之间存在一定关系，收入过于平等不利于生产效率。计划经济年代的"大锅饭"已经证明了这一点，如果因为做多做少、做好做坏一个样，没有激励机制提高生产效率，员工就没有必要花费时间、精力、资本提升自己的能力。农村家庭承包制代替人民公社集体生产后，农业生产率大幅度提高，有力地说明了这一点，改革之前大部分地区的农村贫困是由人民公社的制度造成的。另一方面，经济收入差距过大也会令人怀疑社会制度是否公平，低收入群体看不到生活水平和社会地位提高的前景，自暴自弃和仇视富人引起社会冲突。社会危机频频发生，生产效率也就无从谈起。结论是：发展中国家为追求生产效

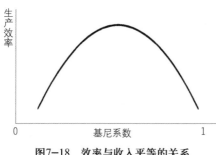

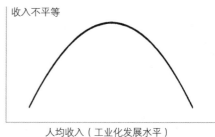

图7-18　效率与收入平等的关系　　图7-19　Kuznets曲线——工业化发展水平

与经济收入平等的关系

率，经济收入不能过于平等，也不能过于不平等（图 7-18）。

　　1971 年诺贝尔经济学奖获得者 Simon Kuznets 于 1950 年代提出著名的 Kuznets 曲线（图 7-19）。Kuznets 认为工业化发展早期，为追求生产效率，社会可以容忍收入不平等。随着工业化发展水平提高，受益于经济发展的群体越来越大，经济收入不平等得到改善，社会的经济收入越来越平等。此外，随着社会财富的积累，政府的再分配能力也得到提高。根据对亚洲五个发展中国家和五个发达国家及地区的政府财政统计（朱介鸣，2012a），发展中国家的政府财政平均占 GDP 的 17%，人均财政收入 244 美元；发达国家及地区的政府财政平均占 GDP 的 25%，人均财政收入 6527 美元，可见两者差距之大。作为比较，2010 年，昆山的政府财政占 GDP 的 22.9%；南海的政府财政占 GDP 的 14.3%。同年，昆山的人均财政收入 4002 美元；南海的人均财政收入 1584 美元。[①]

　　2. 乡村自治发展

　　城市与农村在社会结构方面的差别在于：前者的社区是个松散的社会组织；后者的村庄仍然是个有效的社会组织，也是个经济组织。从事生产的农地和居住的宅基地都在村里，农村的福利（养老、低保）基本由村级经济提供。可以说，城市的基本社会单元是个人和家庭，农村的基本社会单元是村庄。村庄作为一个社会自治组织已有悠久的历史，农业文明的生产方式和伦理道德建立在其之上。尽管人民公社的生产组织已经取消，农业家庭承包制仍然以村为单位组建，村级经济仍然存在。因为村级经济的发达程度不一，富裕村与贫困村可以在同一个地区共同存在。著名的江阴华西村据说是中国最富有的村，而

---

① 按照 2012 年 11 月 9 日美元与人民币之间的兑换率。

周围其他的村不见得有多富裕。由此可见村庄的社会和经济发展的自治性。

城市化快速发展吸引了大量农民工进城打工，在广东、江浙和其他沿海城市尤其显著。进城打工是农民主动城市化的选择，从事非农经济活动，加入城市生活，并承担由此而来的艰辛和享受城市生活的丰富。但是，城乡结合部农村所面临的是被动城市化，农民被迫接受逐渐进入的、无论是正面的、还是负面的城市经济和城市生活。所以，城乡统筹发展的原则之一是应该尊重农村的自治性，城乡平等，给予农民自主参与城市化的机会，城市不应该将城市的生活方式强加在村庄。从农村的集体生活方式走向城市的个人生活方式应该是一个自主和渐变的过程。从这个角度出发，南海模式体现了农村自主城市化，村级组织仍然强势；而昆山模式更多地体现了城市的强势进入，村级组织日益弱化。昆山的一个镇在1983～2011年期间，被征农地占了镇域面积的60%。其中，22个行政村，73%的土地被征，失地村民占村民总数的78%，拆村动迁至城市社区居住的村民户数占原村总户数的62%。

3. 自治带来平等，还是效率带来平等？

自治的南海模式固然尊重村民的权利和生活方式，村民自治决定如何发展村的非农经济和新的生活方式，任何涉及村事务的重大决定必须得到三分之二村民的同意才能实施。但是，自治是否带给农民经济实惠？自治是否有利于农民的经济收入提高？对于发展中国家的国民而言，经济收入和生活水平的提高是国家发展的重要目的之一。昆山和南海的村民基本不再务农，大部分农地实行流转，承包给他人耕种，收取农地租金。村民的收入结构由下列要素组成：①非农就业；②村经济收入；③经营（出租住房等）。通过分析昆山和南海统计年鉴中的居民人均收入数据发现（表7-4）：①尽管两地的城乡差别在逐年缩小，南海的城乡差别比昆山的城乡差别大；②昆山农村居民人均收入比南海农村居民人均收入高，而且差距在逐年扩大。

昆山与南海的城镇和农村居民的人均收入比较　　　　表7-4

	2011年	2010年	2009年	2008年	2007年	2006年
南海：城镇居民收入 / 农村居民收入	2.18	2.25	2.29	2.33	2.36	2.31
	2010年	2008年	2007年	2006年	2005年	2004年
昆山：城镇居民收入 / 农村居民收入	1.75	1.77	1.80	1.81	1.82	1.89
	2010年	2008年	2007年	2006年		
城镇居民收入：昆山 / 南海	1.03	0.96	0.90	0.87		
农村居民收入：昆山 / 南海	1.33	1.25	1.17	1.11		

资料来源：昆山统计年鉴（2005~2011年）；南海统计年鉴（2005~2011年）。

市县统计年鉴是城镇和农村居民人均经济收入的唯一官方数据来源，据说此数据很不准确。因为在经济转型过程中，许多居民收入的一部分来自不申报的"灰色收入"，"灰色收入"占总收入的比例取决于个人的市场"能力"，改革开放越是活的地区，"灰色收入"的比例可能越高。需要指出的是，"灰色收入"是"非正式经济"的体现，"非正式经济"是发展中国家的特征，不是经济健康发展的表现。犹如一个体育比赛，"非正式经济"是不正规的做法，严格说是犯规的做法。长久以往，球队一直在游戏规则上下功夫，而不是提高竞赛能力，国内赛事被腐败，球队最终无法在国际赛事中竞争获胜。"灰色收入"在总收入中的比例越高，说明社会上不务正业的比例越高。现代经济的本质是专业化，做好本职工作，提高生产效率，致力于技术创新，在全球竞争中发展国民经济。

南海农村居民源于住房出租和其他经营这部分的"灰色收入"很有可能比昆山农村居民的"灰色收入"高。两地的农业劳动生产率分析（2010年）比较揭示：昆山的农业劳动力人均农业 GDP 是 9.7 万元，但是南海的农业劳动力人均农业 GDP 仅为 3.5 万元，昆山是南海的 2.8 倍。可以推测，许多南海村民务农只是个名义，并不是真正在耕种，生活依赖于"城中村"住房出租的收入。昆山农村劳动力中务工的比例高达 69%，而南海这个比例是 47%。如果南海村民的实际收入比昆山村民的实际收入高，额外收入来源应该是非劳动性的地租收入。如果确实如此，南海村民与外来打工移民在收入方面会更不平等，因为后者只有正规收入，没有灰色的租金收入。至少在正规收入方面，南海的自治没有为村民带来更多的经济福利，反而是工业发展效率更高的昆山村民享受到了更多的经济发展成果。而且因为较高的正规收入，昆山的外来打工移民与昆山村民的收入比较可能更平等。昆山与南海的比较证实了 Kuznets 曲线。

7.2.5　乡村自治与整体发展

在高强度的城市化推动下，城乡结合部的低效率工业用地开发和低质量居住开发，是土地高度稀缺背景下的农村土地村庄自治开发机制所造成的。因为制度变迁的"路径依赖"，南海村土地股份合作社制度被现状土地利益锁定，村民对土地租金的依赖使得制度改革困难重重，看不到突破的前景。规模过小的村庄自治发展和相应的土地开发模式成为阻碍工业结构提升和生产率提高的主要原因。南海的村土地股份合作社的自治发展显然是不合时宜的土地开发模式，村庄自治发展必须与时俱进。自治发展的基本单位应该向上延伸，从自然村走向行政村或者镇域。工业区布局设置至少在镇域范围内规划，居住开发至少不能以宅基地为基本单位。用地规划协调单元（自然村、行政村、镇域或是市域）的选择取决于城市化的程度和村民参与城市化的意愿。

城乡统筹发展涉及两大基本问题：乡村自治发展（公平对待农村集体）和城市整体规划(城市化效率)。就土地而言,乡村自治体现在村集体的土地利益,城市整体规划表现在非农建设用地在市域内的综合整体安排。遗憾的是,在目前的制度安排下,村集体的土地利益是个模糊的概念。依照国家土地管理法,农村集体合法拥有的是用于农业生产的土地使用权、用于村民居住的宅基地使用权和用于自办社会设施及乡村工业的土地使用权。除了家庭承包农地可以流传,农村集体无权开发和流转非农建设用地。南海村土地股份合作社出租工业用地事实上是违反了国家土地管理法的做法,只是因为改革试点,此做法在广东被认可。根据渐进式土地制度改革的精神,自下而上的地方突破代表了农村集体争取本身利益的趋势。

2007 年, 国务院批准重庆为统筹城乡综合配套改革试验区, 正式批准重庆建立统筹城乡的土地利用制度, 确保基本农田总量不减少、用途不改变、城乡建设用地增减挂钩的改革。所谓"地票", 是指农村所释出的建设用地指标, 出售给需要建设用地指标的城市地区。出售"地票"的村庄获得相应的收益, 这个过程不是建设用地的流转（南海村股份合作社的做法等同于建设用地流转）, 只是出售建设用地的"开发权"。这个改革说明中央政府承认、农村集体争得对已有建设用地的"开发权"。2008 年 12 月 4 日, 重庆农村土地交易所挂牌, 该交易所以"地票"作为主要交易, 中国的地票交易制度就此诞生, 率先探索完善农村集体土地的管理制度（http：//baike.baidu.com/view/3664424.htm, 查阅于 2012 年 11 月 13 日）。昆山的社区股份合作社制度认可了农村集体对集体建设用地的收益权（等同于建设用地流转）, 富民股份合作社制度既认可了农村集体对集体建设用地的收益权, 又给予村民参与因为城市化而带来的房地产经济。昆山农村集体所获得的集体土地权利多于重庆"地票"制度给予的集体土地权利。

昆山模式的成功说明城市建设用地整体规划必不可少, 需要改善的是如何给予村级经济发展更多的机会, 以集体土地为媒介参与工业化和城市化, 随着村民生活的逐步城市化而逐渐离开村庄进入城市。南海模式的挑战是在乡村自治发展的基础上如何提高城市整体规划建设用地的利用效率, 在尊重集体土地利益的前提下实行用地规划的向上集中。城乡统筹发展是乡村自治与城市效率的统筹, 在尊重农村集体土地利益的前提下提高城市化的整体发展水平。

7.3 城市规划范式的转型：发展规划

发展规划（developmental planning）旨在探讨如何使规划能够在城市建设中起应该起的指导城市开发的作用，能够在城市空间构造中看到规划的影响，建立起规划应有的地位，而不使总体规划仅仅是城市建设时的参考。发展规划是指不同于概念规划、总体规划、法定图则等规划工具的规划理念。如果不与社会经济制度相结合，完全按照纯粹的规划理念塑造城市还是规划师遥不可及的梦。发展规划的提出旨在强调建设实施，推动规划和市场相互制约的城市建设，在战略上建立城市规划在建设制度中的地位。

城市规划的本质在于城市空间关系的协调和统筹，城市用地规划编制的基本目标首先是试图解决当前的城市问题，发展中国家普遍的城市问题通常是住房短缺，特别是低收入居民的住房匮乏、交通拥挤、环境污染。规划其次的基本目标是引导建设具备规划理念的城市，如田园城市、公平城市、可持续发展城市等。前者是城市发展的短期目标，后者是城市发展的长期目标。城市规划要在城市建设中发挥作用，应该具备两个基本功能。①积极推动城市按照总体规划所设定的目标发展，城市最终实现规划的愿景；②监管市场引导的城市开发根据总体规划所确定的方向进行，通过规划控制阻止实施不符总体规划的建设项目，确保城市发展不违背总体规划所设定的目标。城市规划的基本功能可简单地归纳为：积极推动按照规划的城市发展；控制否决不按照规划的城市发展。在当前积极推动城市化的形势下，如果我们希望快速进行的城市化能够塑造规划指导的城市，中国的城市规划必须具备能够推动和引导城市发展的两大功能。

规划在中国的城市建设中是否起了积极的作用？回答是肯定的。几乎所有的城市重大项目建设都经过规划过程，如北京奥运会、上海世博会、广州亚运会、众多的新城和开发区（上海陆家嘴中心、广州珠江新城、深圳福田中心区、杭州钱江新城等）。几乎所有私人开发商所建设的商品房楼盘都经过精心的规划和设计。但是，城市整体发展是否体现了规划的作用？总体规划是否有效地指引了城市的发展？回答可能不那么肯定。可以说，大部分城市的城市用地结构现状与20年前的总体规划不甚符合，有的可以说根本不符合。完全按照总体规划实施的城市是否就是"好"的城市，这个论点众说纷纭，结论有待研究探讨。但是几乎所有的中国城市存在程度不一（有的甚至很严重）的城市问题，有的城市问题是因为没有城市规划造成的，有的城市问题是可以通过城市规划得到舒缓和解决的，没有总体规划有效协调的快速城市发展是造成严重城市问题的根源之一。由此推论，塑造良好中国城市确实需要有效积极的城市总体规划。

7.3.1 发展规划：积极推动城市按照总体规划发展

规划积极推动城市按照总体规划发展是一个需要探讨的课题。事实上，我们所理解的传统城市规划并不具备这个机制。例外的是当城市规划和城市发展是一体时，如政府同时从事规划和发展（新加坡、英国新城，许多国家的政治首都如堪培拉、华盛顿和巴西利亚等），开发商同时从事规划和发展（房地产楼盘、上海新天地等），发展按照规划进行，发展是规划的结果，两者的利益高度吻合。可是，我们面临的常态是规划与开发属于相互独立的两个主体。规划代表城市总体利益，更多地体现社会和环境的诉求；开发代表市场个体利益，更多地体现经济理性。最佳的结果是社会效益、环境效益与经济效益的完美结合，其结果就是可持续发展的城市。在此过程中，规划必定要发挥引导发展的功能。

遗憾的是，在许多情况下，规划利益并不与发展利益契合。经常出现两种可能，不是规划遏制发展（发达国家常见，常以"邻避"形式出现），就是规划屈服发展（发展中国家常见，因为政府无财政实力，或者无能）。如果规划遏制发展，总体规划得到尊重，但是城市经济发展可能会有所损失。英国前首相撒切尔夫人认为英国的城市规划控制过于强势，以至遏制了地方的经济发展。在她当政的年代，地方政府的规划势力被削弱，给以经济发展优先权。1980年代被公认为英国经济复兴的黄金时代，说明撒切尔夫人的观点不是不正确。如果规划屈服发展（正在许多中国城市中发生，不是政府无能，而是短见），总体规划成为墙上的装饰和城市规划展览馆的展品，结果是城市经济发展伴随着日趋恶化的社会问题和环境问题。

改革开放后城市迅猛发展，城市生活质量显著提高和改善，市场经济带来的效率有目共睹。生活水平提高的程度和范围在中国发展历史上前所未有，在短时间内脱离贫困的人口数量据说在人类发展历史上前所未有。我们的城市化还在进行，还有无数的移民从乡村涌向城市，中国还是个贫穷国家，城市经济发展在今后若干年仍然是城市政府的主要议题。毋庸讳言，城市的社会问题和环境问题也与日俱增，原因很多，其中一个重要原因可以说是因为规划利益屈服于开发利益所致。我们需要寻找第三条道路，不是规划屈服开发，也不是规划遏制发展，是规划与发展的相辅相成(而不是政商勾结)。利用经济学的术语，规划所主导的是"社会物品"(如公共住房、学校、医院等)和"公共物品"(如清洁的水、干净的空气、道路等基础设施)的提供，市场所主导的是"市场物品"(如商品房、办公楼、私立学校与医院等)的提供，两者缺一不可，相得益彰。关键的要点在于政府通过社会物品和公共物品的提供引导市场物品供应，三者协调向着城市总体规划所确定的方向前进。

经济发展决定空间规划，空间规划辅助经济发展。尽管经济发展在本质上由城市的市场条件决定，政府如何管治和引导市场也会直接或间接地影响经济的表现。在市场经济框架内，城市发展战略规划的发展机制存在于政府有效管治和引导市场，及通过政府提供的公共物品和社会物品辅助城市经济的发展。每个城市都有其相对于其他城市的优势，是城市发展的内在动力。对于经济落后、人口众多的城市，仅仅依赖于城市内在动力的发展有其局限性。如果要加速推动城市经济发展，则需要外在的推力(如外资的投入、人才的吸引)。如何利用外力发展城市是需要政府介入的领域，需要提出城市经济发展和社会发展的战略规划，在此基础上，城市规划提出城市发展的空间战略规划，以此达到推动城市整体发展的目标。这是需要继续探讨研究的课题，我们目前缺少城市经济发展、社会发展和空间发展整合的战略。

7.3.2 发展规划：有效监管城市按照总体规划发展

传统的城市规划主要关注土地利用的空间关系。事实上，城市规划更必须关注土地利用的利益关系，城市的空间关系受制于土地的利益关系。城市一旦形成，土地的初始相关利益就已经建立，随后的城市发展模式或多或少与此相关。据说伦敦 1666 年大火后重建的城市与大火前的格局基本相同，为此许多规划专家感到困惑，伦敦失去了一个绝好的按照规划重建城市的机会。道理很简单，大火只是摧毁了地面上的建筑，私有的土地地块格局依然存在，原有的土地产权结构决定了城市重建恢复原先的空间结构。忽视或否定城市中的土地利益关系会引起社会冲突，在人口高密度和经济快速发展造成土地严重稀缺的背景下，土地利益冲突甚至会导致社会动荡。当今城市建设与个体利益冲突的事件日益频繁，大多与土地利用有关，而土地利用由城市规划限定。

在市场经济制度下，土地区划作为城市规划最初的形式确定了城市土地的空间利益关系，为自下而上的土地开发市场提供了秩序、制定了城市空间发展的规则。土地的利益关系包括代表城市整体的公共利益和城市中众多的个体利益。简单地说，土地区划（zoning）重视城市用地现状的个体利益；城市战略规划和总体规划则是更多地体现未来的城市整体公共利益。根据大多数西方城市的实践，区划是城市管理的根本，是法定规划，而战略规划和总体规划是参考性的，不具法律地位。改变区划需通过公共参与，得到社区的同意，城市空间发展最终落实到区划。所以说，西方城市是建立在尊重个体利益的基础之上。大多数西方城市的历史肌理层次丰富，历史建筑保护完好，除了经济发达、用于保护的城市财政经费充足之外，区划所提供的对建筑的产权保护是根本的机制。在区划产权制度下，没有政治强人和贪婪开发商能够拆毁历史建筑。如果西方城市值得我们学习的话，尊重土地现状利益的区划必须得到强化，城市质量的提高是经过时间的逐渐积累而成，无法一蹴而就。

公共利益与个体利益孰重孰轻是个意识形态的大问题，西方自由经济国家大都重视个人利益，而亚洲儒家文化比较重视集体利益。尽管如此，脱离土地个体利益关系谈论总体规划理性受到越来越频繁的挑战。什么是规划的"理性"？与土地相关的利益关系是实实在在的，抽象讨论"理性"是空洞的。城市发展不能以损害现状土地使用者的利益为代价，不能让一些人生活质量的提高建立在另外一些人生活质量的降低的基础上。更何况以规划和公共利益名义的许多开发项目和政府的"政绩"工程并不提高城市居民的生活福利。

规划控制曾经是松散不力的一环，城市发展混乱，城市开发失控是常态。经常是开发商与政府不受监管，为了盈利和政绩不受规划控制而随意进行土地开发。纯粹为开发土地而开发不是真正意义上的发展，只是土地"租金"的转移。随着土地出让制度的建立、市场化日益深入、商品房的高度普及，城市中的土地个体利益越来越广泛和普遍，总体公共利益与个体私人利益的力量对比此消彼长，与现状土地利益结构相冲突的总体规划将会越来越难于实施。城市开发过程中政府与民众之间发生的冲突越来越频繁，预示着来自基层的要求尊重规划的压力。农民要求更多的征地赔偿，城市居民要求更多的拆迁赔偿，土地开发成本上升有助于约束政府滥用权力、任意开发土地资源的状况。开发商为自己利益违反规划要求的开发也会受到周围城市居民的监督。对明确透明城市规划的自下而上的诉求成为社会共同遵守用地区划的民间压力，这是对城市规划有利的制度变迁推动，因为城市居民对土地利用和城市环境的关心是长期的行为。

土地商品化后的城市改造和集体所有制农村土地产权逐渐清晰后的新区开发将会面对越来越多的制约。那些制约对于城市总体利益而言，既有正面的作用，也有负面的作用。正面的作用体现在自下而上地维护城市规划权威的社会运动，约束逐利的开发商和不负责任的政府，特别是阻止因城市政府首长变换而随意改变已经确定的总体规划。负面的作用体现在强势的个体利益成为"钉子户"妨碍多数人的利益。广州居民反对垃圾焚烧厂设在他们居住区附近就是一个经典的"邻避"案例。谁都不喜欢垃圾焚烧厂在自己居住地区的附近，但是城市需要垃圾焚烧厂，不然垃圾如何处理？广州地区人口密度高，很难找到一处无人居住的、属非生态保护的地区。在工厂造成空气污染程度在容许范围之内的前提下，处理问题的要点不在不建垃圾焚烧厂，而是受到垃圾焚烧厂损害的居民必须得到赔偿，受益的其他市民必须付出。必须建立城市规划的仲裁作用，这是有关城市发展公平的大事。英国的受损赔偿（compensation）和受益支付（betterment levy）已经相当完善，很多情况并不需要政府动用额外的财政，让受益的支付受损的。

这意味着来自基层的压力推动区划日益趋向于刚性，区划修改的灵活性在下降，土地使用规划的长期性将成为重要的特质之一。设想若是广州垃圾焚烧厂的规划定点早于该地区商品房的开发，居民与政府的冲突不至于产生，因为居民购买商品房的价格已经体现了垃圾焚烧厂的"负面"外在性影响。垃圾焚烧厂地区的住房会便宜一些，在此地区购买住房是业主的自愿选择。"事先"考虑安排的土地规划能够避免"事后"规划修改所带来的冲突和高昂的交易成本，特别是对毗邻地区有负面影响的市政工程设施需要事先的长期规划，这是对城市规划部门的大挑战。

7.3.3 发展规划：强化规划塑造城市的机制

"规划师规划城市，开发商建设城市"固然是事实，城市规划能否在城市发展中起积极引导和塑造的作用？有一种看法认为，规划是社会发展中的独立力量，代言社会中弱势群体的声音，或使城市建设更有理想色彩（Fredmann，1987），然而理想与现实之间的鸿沟巨大。事实上，城市规划作为政府管理城市的功能，是社会经济制度中立法和行政的组成部分，主流规划本意并不想成为超越制度或制度外的独立力量。民主国家当然也有以非政府组织形式出现的规划社团，代表民间的声音，为弱者的利益伸张，在民间与政府之间起协调作用。前者的规划力量处于体制内的执政地位，后者的规划力量处于体制外的监督地位。毋庸置疑，体制内的规划力量是塑造城市的主流力量，尽管体制外的规划力量在社会变革中必不可少。美国的城市化和城市建设充分说明是美国社会经济制度造成了普遍的"城市蔓延"，而体制外规划力量所倡导的"紧凑城市"

理念在实际城市建设中的影响极其有限，根本无法扭转市场推动的"城市蔓延"的趋势。

经过数百年的现代化发展进程，大规模的城乡移民在西方发达国家中已经结束，城市化已经处在稳定的高水平，没有大规模城市建设的需求。相对完整的社会经济发展的管理制度已经建立，代表社会各种利益的民主法制和城市管理已经相对完善，规划所管理的基本上是现状的城市和现状的居民利益。与西方发达国家的城市相比较，中国的城市规划所面临的局面与西方发达城市相差甚远。中国的城市化还在快速发展，大量的农业人口正在或将要转化为城市人口，城市正在大规模地扩展和改造。规划所管理的不仅仅是城市现状和城市现状居民的利益，更要关注城市的扩展和大量尚未到来的移民人口的利益。城市塑造对于西方发达国家是个城市渐变、社会利益相互协调的结果，对规划理念（如：生态城市、公平城市）共识形成的规划过程至关重要，因为这涉及民主社会中群体的多元利益。而对于发展中国家，快速城市化正在大规模地创造城市空间，城市正在被所在地的社会经济制度所塑造。社会经济制度无非是市场与政府相互之间的关系，相互之间的强弱势造成不同的城市形态。我们的社会经济制度正在从计划经济向市场经济转型中，新的社会经济制度正在成形中。我们是否有机会让规划作为城市建设制度的组成部分与转型和成形中的社会经济制度紧密地结合，进而积极地通过社会经济制度塑造城市？

1980 年代初开始的快速城市化带动了中国历史上少有的城市蓬勃发展，大规模的城市新区开发和旧城改造改善了大部分城市居民和城市新移民的生活质量，成就有目共睹。发展成为全民社会的基本利益。但是在当前的城市建设制度使规划未能发挥应有的作用的情况下，20 年来的城市开发效益如何？从政府和市场两大城市建设角色的角度观察，发现有三种城市发展状态。（A）强势的政府规划与弱势的市场需求状况，政府强力推动而市场反应不良，如：某些高新技术开发区、某些内地城市的新区开发、新中央商务区；（B）强势的市场需求与弱势的规划控制状况，市场供需旺盛而政府管理无力，如：城乡结合部、南方城市的城中村、某些城市的旧城改造；（C）强势的政府规划与强势的市场需求状况，政府规划控制有力和市场供需健康，如：深圳、浦东、陆家嘴、杭州西湖改造。

A 型状态基本上是政府通过土地优惠政策推动的开发项目和"政绩工程"，希望通过土地供给而达到发展制造业和服务业的目的，城市面貌往往是宏大而宽广。B 型状态基本是市场经济繁荣发展，而政府管理市场能力未能及时跟上，

对自下而上的建设失去控制所造成，城市面貌往往是拥挤而混乱。[①] A 型状态
经过规划征得大量农田，然后让开发商廉价获取，最后是不尽人意的整体经济
收益。一是说明对国有土地资产有效利用缺少监督，二是揭示政府对市场产业
发展不具认识。"筑巢引凤"只在土地供给受到遏制，造成供给制约的情形下
成立。对于许多产业，特别是定位于市中心的生产性服务业，廉价土地根本不
是一个关键的吸引因素。如果不存在土地供给和城市设施的"瓶颈"现象，A
型状态不可能达到预想的目标。B 型状态的产生是由于政府开发控制制度的缺
位，以及因为高昂交易成本而无法产生民间自发的约束（如民间自发的约束造
就了优美的江南水乡小镇）。直到 20 世纪 80 年代初期，城市人口还只占全国
人口的 20% 不到，那时的中国还是一个农业国家。所以我们还在城市化早期，
没有规划控制的传统和文化，开发控制的制度相当不健全。面对改革开放引进
的市场性城市开发，规划管理措手不及，无法应付突如其来的诸如"城中村"
形式的民间自建，结果是杂乱无章的城乡结合部和"城中村"现象。

A 型和 B 型开发是城市不可持续发展的模式，特别是对于我们国家还处
于经济发展中、土地资源稀缺的状况，这两种开发状态使得中国城市化进程路
途坎坷。C 型开发显示了规划与市场双重约束对于城市可持续发展的重要性。
首先，规划必须约束市场引导的城市开发。从土地开发市场的角度看规划，规
划的实质是限制土地的使用权和开发权，遏制土地开发和使用中对城市不利的
负面"外在性"（或是将潜在"外在性"内在化），从而赋予土地开发市场效率。
没有规划控制，城市环境将成为"公地"，环境资源被无制约地掠夺，环境质
量日益恶化，土地价值下降。规划不仅仅追求社会和环境利益，约束市场也体
现了规划的经济效益。其次，市场必须约束规划引导的城市开发。土地开发是
为了使用，供给满足需求，需求刺激供给，供需平衡使稀缺的土地资源有效利用。

有意思的是在政府不在位、城市开发失控的时候（B 型状态），市场自发
产生了对土地开发的控制约束，这似乎印证了新自由主义者的论点：不必要过
多的政府管理，市场会自我管理。"门禁"商品房小区和大盘居住区即是实例。

[①] 2011 年 10 月 13 日，2 岁女童王悦在佛山南海黄岐广佛五金城相继被两车碾压。7min 内，
18 名过路人都视而不见，漠然而去。未能及时抢救，导致女童死亡。事件引发广泛的讨论，
哀叹道德沦丧（http://baike.baidu.com/view/4682882.htm, 2012 年 12 月 3 日查阅）。
令人深思的是几乎无人提出疑问，为何行人与机动车共用同一空间，行人应该在人行道
上，机动车应该在车道上。如果没有人行道，是规划缺陷；如果有人行道而被占用，是
城管缺陷。此事件首先是城市规划或城市管理引起的。

与旧城区、城乡结合部、"城中村"相比较，前者的规划和管理程度及所带来的居住质量与后者有天壤之别。开发商实际上是将公领域的规划控制"私有化"了，充分说明市场是需要规划的。公领域规划不到位，私领域规划取而代之。针对 A 型状态，除了中央政府强化对农田的保护政策，严厉控制征地，土地供给有了制约；另外也出现了自下而上地约束政府任意土地开发的趋势。对于土地价值差的竞争日益激烈，农民要求更多的征地赔偿，城市居民也要求更多的拆迁赔偿。土地开发成本上升有助于改善"强势政府规划与弱势市场需求"的状态，提高城市发展质量。更重要的是，新的土地利益相关者正在形成，日益壮大，并受到"物权法"的保护，他们是商品房业主。"恒产者有恒心"，个体土地利益相关者对土地利用和环境的关心是长期的行为。前段时间，上海居民集体上街散步游行，高喊反对磁悬浮，保卫家园等口号；厦门居民以保护环境的名义反对化工厂的建立。说明农民、居民和业主已经成为约束政府城市开发的重要力量。

自下而上产生的对土地开发的"规划"约束和对政府任意开发土地的"市场"约束是城市建设中自发的控制力量，这有利于提高城市建设质量的制度演变更新。然而，这种自下而上的约束也产生一些不可忽视的问题。"门禁"商品房小区只创造了良好的"业主集体"空间，公共空间被分割成"楼盘"空间，造成公共利益缺失和社会空间分化。低收入居民的福利被忽视和遗忘。如果个体土地利益相关者过于强势，将会使城市规划倾向于维持现状，而不是改变现状，阻碍城市发展和更有效率的改造。西方严重的"邻避"现象正是因为城市个体土地利益相关者过于强势，使有利于城市总体生活质量的基础设施建设停滞不前，城市新移民不能就近定居，必须另择他地，造成不必要的城市蔓延。对于经济发达、城市人口规模稳定、高度城市化国家的城市，"门禁"商品房小区和"邻避"现象所造成的伤害还能够承受。对于经济不发达、城市化快速发展、城市人口规模迅速扩大而土地资源又极其有限国家的城市，自下而上的"规划"约束和"市场"约束可能是极其有害的，以至损害城市健康地、有效地可持续发展。

规划如何在城市可持续发展中起应有的积极作用？在目前的城市建设制度下，规划必须具备开发性。简言之，避免 A 型和 B 型开发状态，促进 C 型开发状态。通过 C 型开发建立规划在"市场"中的地位，在不断转型的城市建设制度中建立起法定地位，从而使规划起更大的作用。综上所述，随着市场化程度的深化，开发商和政府均无法随心所欲、为所欲为，城市建设终究会受到某种程度的约束。如果没有自上而下的规划制约，就会有自下而上的"市场"制约。因为社会分化和既得利益者的挟持，自发的"市场"制约对低收入—高密度的发展中城市极为不利。面对两种制度，我们择其优，理性的选择是规划制约，因为"市场"制约将会带来许多我们无法解决的城市问题。所谓理性选择（rational choice）是指对所有利益相关者都有利，A 型和 B 型开发状态是对政府、开发商、居民等都不利的结果。我们已经有了不少的城市开发实践，需要总结最佳城市建设实践（best practice），而不仅仅是最佳城市规划方案。当前规划似乎太过于强调理念[①]，而对理性思维不屑一顾。须知西方现代化的根本基础是启蒙运动所倡导的理性主义和文艺复兴所倡导的民主精神。理性应该高于理念，理念应该服从理性，理性规划应该建立在建设实践经验的积累上。

为起到应有的引导城市建设和塑造城市的作用，规划必须是城市建设制度的组成部分，成为市场经济下城市建设的"游戏规则"。在目前的城市建设制度的背景下，城市规划可能必须具备"开发性"，而不仅仅局限在传统的消极地维护城市建设秩序，协调土地利用的利益关系。因为如果城市经济发展效率低下，大量人口涌入城市，而城市无法提供足够的就业和住房，规划"游戏规则"管理控制的合法性将受到挑战。结果是大量的自发建设、违章建筑、非法占据公共空地，城市环境质量陷入不可逆转的恶化，使城市经济发展效率进一步下降。许多第三世界国家的城市已经处于这样悲惨的境地（见第 5 章），城市发展只是进一步加重贫富分化。发展规划的宗旨是积极地推动城市发展，具备三个传统城市规划不具备的特征：①符合市场理性，设法通过市场达到规划目标（城市运营）；②能够调动土地资源进行有效城市开发；③代表社会整体利益，拥有对批租后城市土地开发和使用的处置权。

既然城市规划是建设制度的组成部分，规划的功能就是在现状制度内尽力建设好城市。规划理想只是专业追求的一部分，而规划实施却有许多重要而未引起足够关注的问题。在现状城市建设制度下众多角色的利益关系是确定城市发展模式的基本框架，所谓理想的模式（如紧凑城市、生态城市），如果不符合城市中某些群体的利益，它的实施就变得困难无比，或者根本就不现实。紧凑城市和 TOD 在 20 世纪 70 年代初的新加坡就开始实施，实施过程轻而易举，90 年代初期基本建成，远远早于美国城市规划提出这两个理念。紧凑城市和

---

① 事实上，生态城市还只是一个理念，如何建设生态城市还是一个未知的挑战。某市一生态城规划方案提出 900m 高的巨型建筑，容纳 20 万居民，号称为高密度紧凑，因而可留出大量绿地。这个理念是否理性？

TOD 已经成为新加坡人的生活方式，而在美国的推行还是困难重重，看不出实施的迹象，因为这影响到许多人不愿意改变的生活方式。据说中产阶级还反对大容量快速公共交通经过他们的社区，因为廉价公共交通很有可能影响到他们居住区的安全。城市蔓延是美国城市建设制度的必然结果，城市规划对此毫无办法。生态城市作为时髦的理念仍在继续完善，但是它的实施更是难度极大，世界上还没有真正按照规划建设的生态城。我们已经从规划方案竞赛和文章论述中见到许许多多生态城市的理念。但是，几乎无人涉及生态城市的规划实施，我们对其中可能会牵涉的问题一无所知。

基于理性选择和强调对规划实施的重视，发展规划的核心是规划的开发和塑造能力，在现状建设制度条件下做好中国城市。在制度转型进程中，积极地建立规划在城市建设制度中的战略地位，从而为今后更有效地在建设城市过程中起更大的作用。世界所有城市几乎都有规划体制，但是规划的地位有高有低，作用有大有小，小到甚至于规划只成为形式，城市建设基本没有规划。规划的地位和作用由这些城市的社会经济制度决定。我们正处于这样一个历史机遇，我们可以有机会提高规划的地位和作用，使规划成为城市建设中的一个有效制约；我们也可以让规划越来越成为一种宣传工具、攫取土地的手段、或者仅仅是城市开发中的一个程序。我们有机会参观访问国外先进城市，赞叹这些城市的建设和面貌。所看到的建设和面貌只是表面，重要的是这个城市是如何建设得如此优秀，实质是这个城市的建设制度和规划的地位和作用。我们要在自己的城市建设制度下建设优秀的中国城市。

7.3.4 发展战略规划与开发控制区划相结合的规划体制

经济全球化给每个国家、特别是发展中国家，带来了不可预测的变化和不确定性。1978 年，中国只有占 3% 总零售额的商品是按照市场需求而定价的（Naughton，1995）；20 世纪 90 年代后期，60% ～ 70% 的商品和服务的价格按照市场需求关系调整（Zhao，1999）。进出口贸易量占 GDP 的比例揭示中国经济对世界经济的开发程度。1978 年，中国的进口和出口分别占 GDP 的 5.2% 和 4.6%；2002 年，中国的进口和出口分别占 GDP 的 21.2% 和 23.3%（国家统计局，2003）。而美国、日本、印度和巴西的进出口贸易总量仅占 GDP 的 30% 左右（Woodall，2004）。中国的经济越来越受市场的影响，而不是受政府计划的安排。国营企业被改制，民营企业日益壮大，这些企业都是独立自主地作企业生产和发展的决策。城市规划所面对的是一个日益复杂多变的经济体。

因为渐进式改革的选择和市场机制的逐渐演变形成，"游戏规则"处于长久的不确定状态，使得"游戏"本身变得极其地错综复杂。如果说过去20年城市化和城市建设成功的经验是：①土地资源被充分调动为经济发展服务；②城市规划灵活应对市场的变化多端为发展服务，灵活应对市场的发展战略规划应该是起了积极的作用。传统的城市规划是被动的，为既得利益者服务；推动发展的城市规划着眼于将来的城市化人口，积极推动城市化和经济发展。城市政府努力扩张各自城市的经济实力，加强在区域中竞争的实力，不希望没有弹性的既定规划起预先制定好的控制作用。

与灵活应对市场的长期发展战略规划对应的是严谨保护产权的近期开发控制区划。长期发展战略规划充分估计到城市化快速发展以及相应的城市结构调整，展现出城市发展的战略性思考。外来投资和内在工业化激发了前所未有的经济蓬勃发展，土地和房屋市场化所带来的建设资金给了市长们一个历史性机会实现他们的城市发展期望。新的土地制度赋予规划调动土地资源的能力，使城市发展得到土地提供的保证。近期开发控制区划着力于构造保护个体产权的、长久稳定性的城市环境，着重于克服已经存在的"公地"现象（规划控制的灵活性），设法避免因土地使用权广泛出让而可能会出现的"反公地"现象（个体利益劫持公众利益）。体制向市场经济转型形势下的中国城市规划应该是长期灵活性（弹性）和近期稳定性（刚性）相结合的体系，灵活引导市场扩展城市新区，严格规划控制现状建成区。

我们都认为城市规划的主要目标是建设具有经济效率、社会公正和环境持续的城市。尽管许多人相信城市规划能够实现这个雄心壮志，城市规划的实践结果却总是令人沮丧。城市规划究竟能够在建设城市方面起多少作用？城市规划在宏观上协调土地使用的空间结构，在微观上协调市场个体的产权利益。如果规划机构健全，城市规划可以很有效地通过管制保护现状的利益结构；在经济蓬勃发展时有选择地控制批准与规划目标相吻合的开发项目。但是在创造未来的城市建设中，城市规划能够积极主动地协调市场驱动土地开发的机制是什么？特别是在经济发展缓慢的情形下，实施规划目标的前景更为暗淡（Peiser，1990）。在后工业时代的发达国家，城市规划已经成为协调多元社会各利益集团的工具，而不是表述远景的构思。

西方自1970年代起日益严重的中心城恶化和工业城市衰退迫使政府承担积极主动的作用，而放弃传统上"无为而治"的管理型政府的模式（Blakely，1994）。面对全球化的竞争，政府刺激经济发展的功能正在替代政府提供社会福利的功能。城市竞争力和经济发展成为两大重要主题（Cochrane，1991）。城市促销一时流行，试图吸引外来投资，特别是国际资金。因为企业作为经济发展的引擎不受政府的控制，城市经济发展战略与城市规划的联系是因为前者经常是以房地产为推动力，在中心城发展高水平房地产以提高城市的声望，强化在全球化竞争中的位置（Loftman，Nevin，1998）。但是，以土地再开发为契机的城市经济复苏还没有被完全证明是成功的模式（Turok，1992）。

发展中国家城市政府的财政更为紧缺，城市没有选择，只有发展经济，并且政府积极参与发展经济。但是，我们必须回答两个问题：①城市规划与经济发展是如何联系的？②城市规划如何积极推动经济发展？市场经济引进了商品房和土地产权，好的土地产权制度有利于经济发展。过去的经验说明，计划经济时代的城市土地制度不利于经济发展。土地产权制度涉及经济效率和社会分配，并决定土地开发的模式。如果新的土地开发模式有利于城市经济的发展，则城市规划与经济发展的联系是：城市规划—土地产权制度化—土地开发模式—城市经济发展。改革开放以来的成功经验正是说明了新的土地产权制度比旧的土地产权制度更有经济效率。土地出让提高了土地使用的经济效率，也提供了城市政府发展土地和建设城市基础设施的财政资金来源。特定设计的土地开发权释出被社会主义使用权所占据的土地，土地使用得到变更，土地使用效率得到提高（Zhu，2004a）。"地方发展政体"充分调动了土地资源，推动地方经济的发展。

中国目前还处于城市化进程的中期，城市还会不断地扩展，人口还会不断地向城市移民。在土地资源稀缺的情况下，规划师正面临城市在经济、社会和环境三个维度可持续发展的挑战。土地市场有效率的运作是城市发展效率的根本所在。在人口高密度的发展中国家，土地高度稀缺引发了无穷的"外在性"，进而产生了巨大的社会成本，土地市场所以需要管理。政府应该提供的"公共物品"不仅仅是物质设施，还包括法制和秩序。土地市场有效率的运行有赖于明确土地产权的维护（Buchanan，1977；Olson，1982）。没有产权保护，市场经济中的个体追求福利的行为无法达到社会总体的福利。有效的政府干预能够降低"外在性"的危害、公共物品的供应不足、信息的不对称问题。

7.4　实现可持续发展的中国城市

城市规划的最高目标——保持城市可持续发展，具体表现在三方面:经济、社会和环境。经济资源高效率利用达到经济可持续发展,城市发展中公平竞争、公平分配和社会关怀达到社会可持续发展，有效利用环境资源并保证环境资源利用在目前与将来之间取得平衡达到环境可持续发展。与城市用地规划相关的土地产权和明确产权限定，将在通过市场机制实现城市可持续发展中起关键的作用。土地产权的设计和限定体现"看得见的手"的政策目标，以"看不见的手"推动向可持续城市发展。城市规划能够创造优美城市的关键，在于构造一个支持城市可持续发展的土地开发市场的框架。

可持续发展可能是当今世界上在不同国家之间认同度最高的一个共同课题，因为全球暖化所带来的环境问题、社会问题、生态问题和它们的潜在威胁众所周知。可持续发展与各行各业都有关，这方面的讨论几乎可以涵盖社会经济文化的方方面面。英国官方可持续发展委员会向专家和社会活动热心人士征集可持续发展的好主意，总共收集到 285 个，委员会筛选至 40 个，经过专家和公众的评选，最后采纳 19 个建议，汇集发表，广为宣传。19 个建议中，6个是关于生活方式（鼓励当地食品种植（城市农庄），向自给自足的方向发展；提倡多进行户外活动欣赏自然；追求幸福而不是追求物质）；6 个关于城市环境（建设绿色房屋；将现有房屋改造成绿色房屋；循环利用；重视预防而非医治；自行车交通）；7 个关于经济（发展低碳经济和低碳生产，运用碳税和个人碳预算的措施）（Sustainable Development Commission，2009；http：//www.sd-commission.org.uk/）。

许多西方发达国家的社会舆论基本上将可持续发展等同于"低碳经济"，认为全球暖化是生产和生活中碳排放过度引起的。也有不少科学家认为全球暖化与碳排放之间的联系缺乏足够证据，全球暖化可能由自然界其他原因引起。也有一种阴谋论的说法，全球化（globalization）有利于发展中国家和不利于发达国家的事实促使西方发达国家倾向于"去全球化"（de-globalization）。因为资金和企业流向发展中国家，发达国家的产业工人和中层管理阶层受到失业的威胁。欧美攀高不下的失业率与"金砖"四国的蓬勃发展似乎是有联系的。所以，用"可持续发展"的议题冲淡"全球化经济"的盛行是一个策略性的选择，而且将可持续发展的重点放在社会平等和环境保护方面，"不为发展而发展"。

虽然可持续发展运动更符合西方发达国家的利益，发展中国家的切身利益不能说与此毫不相干，而且发展中国家的社会平等和环境问题比发达国家严重得多。问题的重点是如何看待可持续发展议题内涵的优先次序。可持续发展理论讨论的基本共识集中在经济效率、社会公正、环境可持续，以及为达到前述三目标的制度安排，简言之：经济、社会、环境和制度是可持续发展的四大支柱。

对于多目标的议题，目标之间的轻重缓急、优先次序当然会因国家地区的社会经济发展状况不同而不同。可持续发展议题重点的选择与国家的经济发展水平直接相关。发展中国家的社会问题和环境问题之所以远比发达国家尖锐和激烈，是与经济发展的水平及相关的解决问题能力的低下有关。对于发展中国家而言，经济可持续发展是社会平等和谐和良好生态环境的先决条件，没有一定经济实力支持的社会平等和谐和良好生态环境是不可持续的。"不为发展而发展"，但是发展还是头等重要的优先。城市规划是城市发展的重要的制度安排，理所当然地被期望在可持续城市发展运动中起关键作用。

7.4.1　经济发展效益

自 1979 年开始的改革开放之前，中国的社会变迁经历了从封建社会到半封建半殖民地状态，再到计划经济时代的过程，我们从来没有过真正意义上的、完整的市场经济制度。中国与东欧社会主义国家的一个不同之处是他们的 60 岁老人在改革开放之初还记得第二次世界大战前的市场经济制度，改革只是废弃计划经济，恢复以前的市场经济制度，而我们是将市场经济制度从无到有地建立起来。所以，改革开放的最深远意义之一就是将市场经济制度引进了生产和消费的领域。所带来的经济发展和社会进步有目共睹，30 年间的变化可以说是天翻地覆，经济增长的速度、脱贫的人口数量、平均生活水平的提高在人类社会发展史上少见。然而，健全市场经济的制度变迁还远未完成。毕竟还只进行了 30 年的时间，比起西方从 18 世纪后期以工业革命为标志而开始的资本主义市场经济整整晚了 200 年。2008 年美国住房次贷危机所引发的世界金融危机表明了西方相对完善的市场经济仍然必须加强公共管治。而除了深化加强政府对市场经济的管治（事实上，公共管治是市场经济制度的内在组成部分，没有法制和产权，市场经济就无法有效地运营），我们的社会主义市场经济制度的市场机制还远远没有完善。

因为人口高密度，中国面临许多资源的高度匮乏。在城市中，需求大于供给的现象比比皆是，如道路堵塞、公共交通拥挤、商品住房价格高企不下、医院等服务设施人满为患。发展中国家之所以是发展中国家，就是因为物品短缺。满足需求的根本所在在于发展经济，提高生产效率，扩大供给。市场经济并不一定是最佳的经济制度，但是市场机制运作通常比政府计划生产更能提出解决因资源匮乏而引起的物品供给不足的有效措施。1979 年之前的计划经济实践和经济发展状况说明了政府计划生产和分配解决物品短缺方面的效率不足；而改革开放后的市场调节机制在诸如食品餐饮、日常生活用品及家用电器业方面充分显示了市场的效率。新加坡以公共交通为主的花园城市规划实施是有效运用市场机制达到规划目标的经典之作（朱介鸣，2004）。大城市道路设施供给总是落后于交通的需求，特别是在高密度的亚洲城市。通过道路使用收费的市场手段调节交通出行和流量分配，使道路设施和交通流量达到平衡，达到城市运行通畅的公共目标。我们在用市场机制解决城市设施供给短缺的运作方面还有很大的学习和改善空间。

必须认识到城市规划不是科学技术，不是生产力，本身无法直接推动城市经济发展。但是，城市规划是生产制度的组成部分，是"游戏规则"。好的生产制度和"游戏规则"是提高生产效率和提高"游戏"质量至关重要的因素，改革开放后社会主义市场经济代替计划经济后所带来的社会经济发展充分显示了制度的重要性。城市规划应该可以使城市发展更有效率，发达国家城市的秩序井然、城市功能有条不紊地运行很有说服力地展现了城市规划所起的作用。从土地经济学的角度看城市规划，城市用地规划将土地利用中的"外在性"有效地内在化；提供了土地开发市场所需的"确定性"（或者是土地利用远期"外在性"的内在化）；推动提供诸如绿地和人行道之类的城市公共产品。从市场经济的角度看城市用地规划，后者事实上是起了克服城市土地开发中的"市场失效"问题，从而提高了城市经济的效率。

如果从制度经济学的角度看城市规划，城市经济中有两类成本——生产成本和交易成本。科学技术旨在降低生产成本，而经济制度着重于降低交易成本。城市规划作为制度完全可以在城市土地开发竞争中起降低交易成本的功能，从而促进城市的经济效益。这方面的负面案例比比皆是。因为开发改造不遵守规划控制，1980年代中期改造后的深圳罗湖东门商业区在没过几年后又陷入混乱不堪的境地，短期内必须进行第二次改造（见第3章）。开发控制不严谨而随意提高容积率所造成的社会成本往往大于带给个体项目的额外收益。根据发展经济学的理论，发展中国家因为生产成本低而获得更多的发展机会，追赶生产成本高的发达国家经济水平，从而缩小穷国与富国的差距，亚洲"四小龙"（其中包括中国香港地区）是这个理论的经典案例。但是世界上许多发展中国家多年来仍然贫穷，高交易成本而造成总生产成本相对高昂是一个根本原因。通过有效的城市规划，降低城市交易成本及提高城市效率，是中国城市可持续发展的努力方向之一。

7.4.2　社会公正和谐

市场经济制度比计划经济制度更有利于经济发展的关键因素在于竞争和灵活反应。市场竞争的机制必须公平，不然的话，市场经济制度就会腐败、垮台，经济发展停滞。新古典经济学家认为如果竞争是公平的，社会分配也将是公平的，当然许多社会学家不同意这个观点，认为竞争不可能是绝对公平的。所以，政府必须干预市场分配，于是大多数市场经济国家都有通过政府的社会再分配的机制，甚至具备通过社会慈善组织（如宗教组织、非政府组织等）的社会第三次分配。政府必须提供一定比例的体现社会福利的公共住房，英国有相当多的"住房合作社"（housing associations）向社会提供非商品房。社会公正与社会制度和社会组织有关，超越城市规划的范畴。公共住房应该如何提供、应该在住房体系里占多大比例等是民主社会市民讨论决议的问题，城市规划只是为公共住房保证足够的用地和良好的区位。城市规划在社会可持续发展方面的贡献在于对城市社会个体的明确土地产权保护，公平竞争和分配，及在此基础上的社会发展多元化。

不容置疑，城市规划应该关注社会公正和谐，并作出贡献。但这只是表示了态度和期望。城市规划如何才能改善城市的社会公正和谐，通过什么机制达到这个目标？柯布西耶的"阳光城市"方案是具有强烈社会主义色彩的规划理念——公共住房、公共空间、公共交通，以此淡化阶级和等级的区分，城市居民不分阶级而共享城市空间和设施。但是这个方案在欧洲根本无法得到完整的实施，当时无法判断是否公正和谐的城市可以通过规划方案来达到。1950年代和1960年代，受社会主义思潮强烈影响的南美洲巴西在规划建设其新首都巴西利亚时，在形式上采纳了柯布西耶的"阳光城市"模式。据说建成后柯布西耶亲自前往视察，大为称赞。但是笔者在巴西利亚将近一个星期的体验根本无法体会到方案所追求的社会公正。富人和中产阶级住体面的公寓和别墅，而穷人还是住在郊外的贫民窟；公共交通质量低下，有效率的出行还是必须依赖只有中产阶级才能买得起的小汽车；大面积的公共空间和绿地好看不好用，而且离穷人的贫民窟很远。

值得鼓舞的是，最具"阳光城市"真谛的新加坡是一个"阳光城市"的完成现实版：公共住房；公共空间；公共交通。然而，当仔细考察新加坡城市后发现：规划方案固然重要，城市建设的成就主要还必须归功于规划的实施。首先，涵盖几乎所有居民的公共住房有赖于政府的住房制度（公共组屋局、住房公积金、强制征地法等）。交通政策及道路使用收费措施有效地支持了公共交通成为城市的主要交通工具，使交通出行不因收入水平而成为障碍，新加坡"阳光城市"主要是通过政府与市场的投资和运营而实现。很显然，社会公正和谐有赖于与城市建设相关的制度，如新加坡的公共住房和公共交通政策，规划只是一个空间方案而已。

英国新城是西方国家少见的完全按照规划方案建成的城市，在西方规划历史上占有重要的一页。因为是政府规划、政府建设，规划方案和理念有机会得到实施。学术界将英国新城建设规划分成三代。为了体现社会和谐，第一代新城在它的基本邻里单元中规划了中高收入的花园洋房和中低收入的公寓楼，达到不同收入居民之间的社会融合。不料建成之后，市场响应很差。由于不同的生活方式，高收入阶层居民不愿意与低收入阶层居民做邻居，低收入阶层居民也觉得与高收入阶层居民生活在一个社区里不自在。规划的社会和谐理念居然谁都不认同！随后的新城规划便放弃了这个想法，不再强调所谓规划的融合。社会融合可能应该由自下而上的公民运动、自发的社会组织所推动，而不应该由自上而下的政府来主宰。因为政府的强势和居民缺乏选择，新加坡通过公共住宅区规划（82%的新加坡公民居住在公共住房）在空间形态上实现了社会阶层融合和种族和谐的政策。通过住房分配时的种族额度，将华人、马来人和印度人按照一定比例混合在每个居住区和每栋住宅楼内。但是，这么多年来的努力是否真正实现了社会和谐和融合？新加坡确实避免了西方社会普遍的种族隔离，历史上的种族骚乱也不再发生，但是社会和种族的真正融合还是没有实现，不同种族的邻居之间的社会交流仍然停留在很表面的层次。

因为人口出生率下降和严重的人口老年化，西欧和北美国家近来接受了不少非法和合法的、大多来自发展中国家的移民。低收入和不同的文化背景促使外来移民选择集中居住在房租便宜、质量低下的城市破旧地区，造成城市中种族和社会的隔离。20世纪90年代以来，那些国家的政府和规划普遍采用了通过旧区改造的方法，改善衰败地区质量，吸引主流中产阶级居民回到旧城，以此促进旧城居住区中不同种族和不同收入居民之间的融合，打破种族和社会隔离。但是研究发现，自上而下的政策和规划措施并没有促进种族和社会融合，反而造成相互之间的敌意，最好的结果也不过是居民之间有些表面肤浅的交往（Uitermark，Duyvendak，Kleinhans，2007；Lees，2008）。

英国工业城市格拉斯哥是发明蒸汽机的瓦特和撰写《国富论》的亚当·斯密居住过的伟大城市，历史上的造船、纺织和机械工业曾经为英国的兴起作出了巨大的贡献。顶峰后的衰退却也是无可奈何，第二次世界大战后的格拉斯哥陷入了一蹶不振的境地。因为工厂倒闭和随之而来的失业，工人阶级集中居住的内城和东区的社会和空间环境日益恶化。为社会弱势群体着想的城市更新规划 50 年来一直不断地努力改善他们的生活状况，低收入市民的居住状况有了很大的改善。事实上，格拉斯哥低收入居民居住的公共住房质量甚至比新加坡一般公共住房质量还好，失业工人还能够享受不低的失业救济金的保护。但是格拉斯哥城市衰退的情况没有得到本质性的改善，持久的失业甚至使城市衰退继续恶化。① 创造就业机会是城市更新的关键所在，规划无力创造就业，城市更新规划也没有办法扭转市场经济和全球化所产生的社会分化的大趋势。政府的财政能力能够通过规划进行社会再分配，但改变不了内城相对贫困的状况。贫富差距是经济结构的结果，城市规划对改造经济结构无能为力。

　　美国的巴尔的摩有着与英国的格拉斯哥相同的制造业衰退经历，人口流失，内城萧条。但是，在旧城更新方面，巴尔的摩似乎比格拉斯哥运气更好一些。成功的巴尔的摩港区改造创造了不少与旅游和办公相关的服务业工作岗位，给那些因为全球化而失去制造业就业岗位的本地劳工提供了新的就业机会。巴尔的摩似乎有机会解决因失业而带来的社会和治安问题。然而，不久就发现并不是所有的服务业部门都能提供令人满意的工资水平。事实上，第三产业的服务业分两种:消费性服务业和生产性服务业。前者指商业、旅馆、饮食等行业;后者指金融、保险、公司总部等行业。就工资水平而言，生产性服务业远远高于制造业，但是消费性服务业却还不如制造业。巴尔的摩生产性服务业的工作岗位数量有限，大量的是与旅游业和会展业相关的消费性服务业工作岗位。消费性服务业就业的员工发现他们的工资水平甚至还不如他们父辈早年在工厂工作的工资待遇，下一辈人的生活水平没有随着普遍的经济发展而提升，相反还低于上一辈人的水平。下降的家族社会地位使这些人灰心丧气，觉得生活没有前途，自暴自弃者又回到吸毒犯罪行列。贫富差距扩大造成的相对贫困恶化并没有改善社会公正和和谐。

　　纽约"9·11"后恐怖主义活动也蔓延到了英国。令人深思的是大部分恐怖分子是在英国出生长大、受英国教育的来自南亚穆斯林移民的第二代，属于

---

① 2006 年笔者再度访问格拉斯哥时，访谈时了解到格拉斯哥东区低收入居民住宅区男子的平均寿命下降至 50 岁，原因是持久失业使人极度沮丧，大肆酗酒，持刀械斗，以至英年早逝。死亡率上升造成平均寿命下降。现在已经进入第二代失业，许多年轻人从来没有工作过，不知 job 为何物。所以，规划研究的重点也转到公共心理卫生领域。

本土的恐怖分子。社会学家的研究发现这种类型的恐怖主义活动主要源于弱势群体所感受的社会不公正，宗教之间的意识形态冲突并不见得是主要原因。第一代移民尽管有强烈的祖国和宗教情节，但是与祖国相比，英国更好的谋生环境使他们全身心投入工作、改善生活水平。他们甚至还会感恩英国第二故乡给他们机会。而他们的下一代儿女，英国是第一故乡，与同学和邻居比较，他们的家庭还是处在社会的最底层，仍然存在的种族歧视强化了他们对社会不公正的感受，他们比他们的父母更容易走上与主流社会对抗的道路。他们在英国的绝对生活水平肯定比仍然留在南亚家乡乡亲的生活水平高，但是仍然相对地处于社会最底层和种族歧视使他们成为激进分子。

由于土地高度匮乏、或者由于土地产权不明确，一些发展中国家城市里贫民区与中高阶层住宅区比邻而居，成为巨大贫富社会差距在空间上尖锐和真实的写照（图7-20、图7-21）。如果任意发展，不加管理，中国一些城市里的城中村也会与商品房楼盘相邻而立，成为潜在社会对立的象征。这是社会经济结构的反映，并不是城市规划能够避免和解决的。如前所述，社会公正和谐的关键在于社会经济制度和政府的政策，城市规划只是土地发展协调的工具，不起决定性的作用。尽管如此，西方民主国家的规划社会功能通常有能力保护低收

图7-20　巴西某城市中居住贫富差距的写照
（资料来源：Tuca Vieira）

图7-21　印尼雅加达居住贫富差距的写照
（资料来源：Y. Effendi）

入社区不被代表商业利益的城市改造所侵犯，社区得以维持原状，低收入居民不至于被驱赶出家园、福利下降。以图 7-20 和图 7-21 的案例为例，规划或许能保护贫民区不被拆除（如果贫民不愿意的话），遏制商品房开发商建设高档住区的企图，保护贫民的利益不致受到进一步伤害。也就是说，规划有能力维持现状，如果现状代表了一种公正。纽约曼哈顿的格林威治村是一个有悠久历史的城市艺术家集聚区，这些艺术家通常收入低，格林威治村相对较低的租金使他们能够在纽约生存。因为地段很靠近华尔街，该社区曾经有被改造、成为华尔街金融家居住高档街区的威胁。规划的区划在保护格林威治村仍然是城市艺术家家园中起了关键作用。做法很简单：区划规定格林威治村的住户必须是纽约艺术家协会所认定的艺术家，有效瓦解了开发商以赢利为目的的改造企图。

　　但是，规划无法积极地为改善公正而改变现状。格林威治村规划的这种做法在发达国家可能是有效的，因为社会较多地关心"分蛋糕"，较少关心"做蛋糕"，事实上"蛋糕"也不太容易做大了。对于发展中国家，经济水平低，"蛋糕"小，"分蛋糕"不能说不重要，重点应该在于"做蛋糕"。对规划界的挑战是如何在"做蛋糕"时体现社会公正和谐。

7.4.3　城市生态环境

发达国家可持续发展的重点在生态城市（Eco-City），内容主要包括清洁能源（如：太阳能和风能）的开发、节约能源的绿色建筑（Green Buildings）设计，通过资源高效和循环利用，实现污染和碳的低排放的循环经济、污水和固体垃圾处理和再利用、生物多样化、城市生态规划等。生态城市归纳为三方面：环境建筑科学方面的技术创新；市民的生活方式；城市用地规划。可以预见，城市空间规划与生态技术的结合将成为规划研究的重要课题之一。

对于现阶段国内快速发展的大城市，规划能够改善城市生态环境实实在在的做法应该是保证城市有足够的绿地和空地，保证每栋住宅楼的足够日照和通风，而不至于开发无序导致城市环境高容积率、高建筑密度的状况。做到这一点的关键不在于城市生态规划的编制，而是在于城市规划最基本的、在国内最被忽视的开发控制。欧洲几乎所有的优美历史古城不一定是按照总体规划建成的，但是一定是经过严谨开发控制的结果。城市开发不按照规划方案实施，再好的规划方案也没用。新加坡城市的规划方案并不见得有新意，许多想法来自规划教科书，是严谨的规划实施造就了著名的、人口高密度条件下的"城市花园"。其"绿化走廊"和"绿化网络"是在人口高密度土地稀缺城市创造良好生态环境的有效规划设想（图 6-8），对中国城市很有借鉴作用。但是类似的方案在国内城市建成区中实施和维持有相当大的难度，绿地和空地很容易在城市开发中被侵占和侵食。

7.5　高密度城市可持续发展的规划方案

7.5.1　睿智发展

除了促进城市经济效益和社会公正和谐，规划能够在生态城市的塑造中起重要的作用。规划还可以在睿智发展（Smart Growth）和紧凑城市（Compact City）这两个领域对城市可持续发展作出有效的贡献。"睿智发展"不是一个精准的科学概念，什么叫"睿智"？不妨定义"睿智"为"不愚蠢"，"睿智发展"就是避免"愚蠢发展"。如果套用城市可持续发展的理念，姑且将"愚蠢发展"定义成城市发展没有达到经济效益、社会公正和谐、良好生态环境三方面中的任何一方面，既没有经济效益，也没有社会公正，更谈不上良好的生态环境。避免"愚蠢发展"是城市可持续发展的第一步。只要对市场经济下的城市发展有足够的认识，应该可以完全避免"愚蠢发展"。

试图通过土地供给和开发推动城市经济发展，所谓"筑巢引凤"，只有在土地需求受到抑制的情况下有效。许多沿海城市的发展在计划经济时代受到计划的严重"压制"，老城区设施多年缺少维修，破旧不堪，建筑住房空间高度短缺。改革开放后通过市场机制，所积压的需求极大地激发了新城发展的供给，大规模的上海浦东新区和深圳特区就是在此历史背景下发展起来的，是供给满足所积累的受抑制需求的特例。许多城市的工业化发展滞后，工业资本的全球化和国内劳动力低于国际水平的价格使得国内城市对外国制造业资本很有吸引力，早期的"筑巢引凤"做法确实能达到一定的预期效果。但是城市之间的竞争造成人为压低工业地价，而使土地利用率下降、大量土地被浪费的现象是"愚蠢发展"的结果。吸引工业投资的是低劳动力成本，而不是低土地成本。笔者曾经分析过新加坡制造业的成本结构，发现劳动力成本平均占 30% ～ 40% 左右，而土地厂房只占 5% ～ 7% 左右。人为低地价只能是无谓地浪费珍贵的土地资源。

用同样的"筑巢引凤"方法推动新中央商务区建设，则完全是一厢情愿，根本达不到规划目标。关键所在是不理解中央商务区与服务业之间的关系，中央商务区的主要内容是生产性服务业，消费性服务业只是辅助。生产性服务业为制造业服务，是在制造业向高附加值攀升后才会出现的第三产业。中央商务区出现的前提是本区域制造业的高度发展，需要公司总部和其他服务来协调制造业生产。中央商务区只能是经济发展需求推动的结果。许多城市由规划推动的新中央商务区建设最后的结果往往是政务办公、公共设施（图书馆、音乐厅等）、商品房和消费性服务业，而缺乏关键的商业办公楼。在大多数情况下，城市土地开发是需求推动供给，而不是供给推动需求。同样的道理，许多城市盲目地所谓建设"国际城市"。国际城市是经济发展和市场条件造就的，不是能规划所为。只需具备一般的城市经济和土地经济学知识，这些"愚蠢发展"就可避免。

7.5.2 紧凑城市

丹麦首都哥本哈根和荷兰首都阿姆斯特丹是两个现状城市中被国际推崇的低碳绿色城市，主要是因为这两个城市的公共交通和自行车是居民主要的出行工具。公共交通和自行车出行为主的城市通常是紧凑的。经互联网查询，哥本哈根中心城面积 456km², 居住人口 117 万（2008 年）；阿姆斯特丹中心城面积 219km², 居住人口 76 万（2008 年）。前者的密度是 2560 人 /km²；后者是 3470 人 /km²。哥本哈根和阿姆斯特丹在欧美城市中算是高密度城市，但是在东亚或者在中国城市中就算不上高密度。因为人口高密度和土地高度稀缺，中国城市自然是紧凑城市。

中国号称地大物博，事实上许多地区不适合人类居住，大部分人口集聚在东部沿海地区。东部地区面积占全国面积的 13.5%，但是居住人口占全国总人口的 44.7%，人口高密度和土地高度稀缺程度可见一斑。市场开发是市场经济的特点，城市因为自下而上建设所形成的空间和建筑而丰富多彩。但是，人口高密度而导致的土地高度稀缺，使得市场开发必须受到土地开发效率的制约。因为土地稀缺，提高土地利用密度成为城市用地规划的重要考量之一。如果用两种区划所用的指标测度密度：一是容积率；二是建筑密度。两个指标的组合得出四种情形：低容积率 + 低建筑密度；高容积率 + 高建筑密度；低容积率 + 高建筑密度；高容积率 + 低建筑密度。中国高密度地区显然无法采纳低容积率 + 低建筑密度发展模式，因为土地稀缺。广东地区的"城中村"和香港九龙寨城（图 7-22）的高容积率 + 高建筑密度是不人道的发展模式，通风条件极差，低层住房终年不见阳光，空地缺乏使遭遇火灾或自然灾害时居民无法逃生。剩下两种紧凑城市发展模式（假定建筑面积总量相同）：高容积率 + 低建筑密度发展模式（模式 A）；低容积率 + 高建筑密度发展模式（模式 B）（图 7-23）。

图7-22　香港九龙寨城

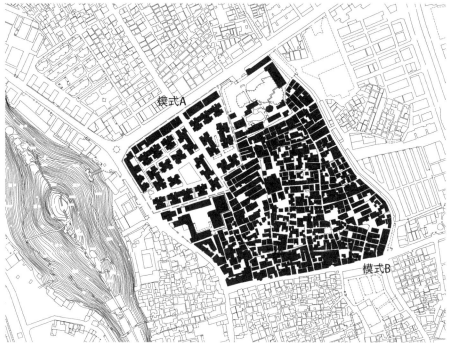

图7-23　紧凑城市发展的两种模式

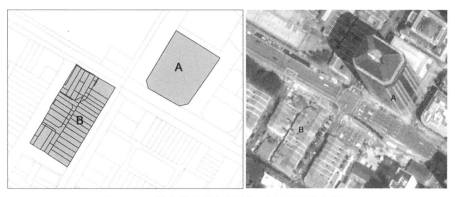

图7-24　A地块的高效率利用与B街区的低效率利用

（资料来源：笔者调查）

　　市场开发的地块规模大小与土地开发效率存在一定的关系，一些西方城市的区划中有最小地块限制的要求，因为地块太小，容积率无法提高。图 7-24 中 A 地块面积 3075m²，B 街区总面积 4151m²，由 35 个小地块组成，平均每个地块面积 119m²。B 街区的房屋只有 2 ～ 3 层高，容积率低于 2；A 地块的容积率达 12.6。A 地块所提供的建筑面积远远多于 B 街区上的建筑面积。土地利用效率低下人为加剧土地稀缺，导致房屋高租金和高价格，使得生产和生活成本提高。因为缺少有效的区划管治，许多发展中国家城市中的自发建设导致土地低效率利用。某国际房地产咨询公司提出"城市每平方米土地平均价格占人均 GDP 比例"的指数，即相对于经济发展实力的土地成本。基本思路是土地价格应与经济发展相对应，经济越发达，土地价格越高。反之，经济越不发达，土地价格应该越低。经测算，如将印度新德里的指数设为 100，中国台北的指数是 22，新加坡是 12，东京仅仅为 9。新德里土地的相对价格比东京贵 10 多倍，因为土地开发管理问题，人口高密度印度的土地利用效率很低。

高密度发展中国家城市的自发建设往往形成高建筑密度—低容积率建成环境（见本章"7.1.3 社区规划：南橘北枳"；第 5 章"5.2 案例分析：城市建设制度中的'公地'与'反公地'现象"）。因为土地利用效率低下，城市的相对地价上升（朱介鸣，2012b）。土地相对昂贵，一方面造就了不劳而获的土地业主食利阶层，迫使新移民支付更高的生活成本，造成因先到而获得低价土地的老居民与被迫支付高房租的新移民之间的不平等。另一方面，因为土地利用效率低下，造成更多的农田被征用转变为城市用地，使得土地稀缺地区的生态更受到挑战。

以居住用地开发为例。以农业活动为主的村庄，村民通常在各自的宅基地上自主地建设住宅，因为人口密度低，规模相对小，土地利用效率不是制约。随着人口增多，土地供应开始紧张，村庄建设只要符合一定的村规民约，土地利用效率仍然不会是个尖锐的问题。当城乡结合部面临城市化压力，经济活动强度突然增大，外来移民日益增多，土地利用的效率成为突出的挑战。村民自主开发用于居住的"城中村"是典型的高建筑密度—低容积率建成环境（图 7-25；朱介鸣，2011）。因为不具备地块整合机制，细小宅基地地块促使村民侵占空地发展更多居住空间。如果供给仍然不能满足大量外来打工者的居住需求，村民只能提高村宅的层数，形成不符合基本通风、日照和防火安全要求的贫民社区。

低容积率—高建筑密度发展形式通常是发生在人口高密度城市近郊地区、集体所有制土地上的非农建设用地开发，形成中国独特的非农建设用地蔓延式发展，工业、农业和居住都没有规模效率。在城市化还在继续进行时，中国的经济发展还未到达所谓的"刘易斯拐点"（Lewisian turning point）①，农村多

---

① "刘易斯拐点"是经济学家刘易斯在 1954 年提出的一个论点（以此获得 1979 年诺贝尔经济学奖），当农村不再能够提供多余劳动力时，城市工业劳工的工资水平将提升，该劳动力供需平衡点称之谓"刘易斯拐点"。达到"刘易斯拐点"时，也意味着大规模城乡移民的终结（Lewis，1954）。

图7-25　"城中村"的形成

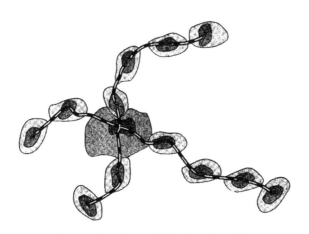

图7-26　大容量公共交通为导向的城市结构

余劳动力必须流向城市，城市的人口规模和用地规模的扩大不可避免，此土地集体所有制下的土地开发模式阻碍有效容纳安置外来的城乡移民，构成了对中国城市可持续发展的重大挑战。高密度发展中城市需要低建筑密度—高容积率的建成环境，因为城市需要空地／绿地，有利生态城市建设，而且也有利于大容量公共交通导向的城市结构规划（图7-26），此建成环境需要自上而下的规划协调机制。

7.6　结论

因为土地产权的"公地"与"反公地"枷锁，许多亚洲高密度低收入城市已经陷入发展困境，无法自拔，城市提升的前景暗淡。中国也是高密度低收入国家，城市化进程同样面临"公地"与"反公地"挑战。避免陷入发展困境的关键在于规划的发展能力。如果城乡统筹发展中过于强调乡村自治，城市化进程有被锁定的危险，进入所谓"内化"（involution）^①状态（Geertz, 1963）。发展规划强调政府通过社会物品和公共物品的提供引导市场物品供应，两者协调促进城市总体规划的实施。如果中国的城市文明要有所展现和发展，城市用地规划所体现的整体公共利益和土地区划所保护的个体私人利益必须是在法制的基础上并行不悖。强化城市规划塑造城市的机制，自上而下的整体利益和自下而上的个体利益在建设优美城市过程中缺一不可。

可持续城市发展是当今世界上与每个国家都息息相关的、具有普遍意义的重要议题。但是，因国家发展水平不一，发达国家和发展中国家对可持续发展有不同的认知和优先偏重。中国作为发展中国家，发展经济还是第一优先的目标，当然必须强调"不为发展而发展"和绿色 GDP，经济发展要有效率。城市规划可能无法在经济效率和社会公正方面起积极决定性的作用，城市规划绝对应该强化、制度化开发控制的能力，秩序井然的城市发展和城市运行是最起码的可持续发展。城市规划应该竭力阻止不具效率、公正和生态的"愚蠢发展"。提出城市理念比较容易（诸如生态城市、公平城市等），建成有理念的城市就很不容易了。发展规划的重点在于后者。

---

① "内化"的概念可以从"进化"（evolution）和"退化"（degeneration）的语境中理解。进化是向前演变，退化是向后演变，内化是向内演变，不是向前提升。

R 主要参考文献
EFERENACE

[1]　陈秉钊.城市规划专业教育面临的历史使命 [J].城市规划汇刊，2004（5）：25-28.

[2]　陈君佑."造城"造成"空壳城" [J].城市管理，2006（1）：83-84.

[3]　城市规划汇刊编辑部.土地资源失控探源 [J].城市规划汇刊，2004（4）：1-2.

[4]　城市规划汇刊编辑部.花高价，买想法？——对境外单位参与国内规划设计和国际招标热的评析 [J].城市规划汇刊，2004（3）：1-2.

[5]　丛艳国,魏立华.珠江三角洲农村工业化的土地问题——以佛山市南海区为例 [J].城市问题，2007（11）：35-39.

[6]　段进.世界文化遗产西递古村落空间解析 [M].南京：东南大学出版社，2006.

[7]　广州市城市规划勘测设计研究院.GCBD21——珠江新城规划检讨研究报告 [R]，2002.

[8]　广州市城市规划局，广州城市土地供应与规划管理策略研究课题组.广州城市土地供应与规划管理策略研究总报告 [R]，2000.

[9]　国家统计局.中国统计年鉴 [M].北京：中国统计出版社，1980—2005.

[10]　郭巍青，陈晓运.风险社会的环境异议——以广州市民反对垃圾焚烧厂建设为例 [J].公共行政评论，2011，4（1）：95-121.

[11]　胡俊，张广珺.90 年代的大规模城市开发——以上海市静安区实证研究为例 [J].城市规划汇刊，2000（4）：47-54.

[12]　昆山市国土资源局.从"要我集约"到"我要集约"——昆山市集约和节约利用土地的做法和经验 [J].中国地产市场，2005（10）：84-88.

[13]　昆山市统计局.昆山统计年鉴，1991~2011 年 [M].昆山：昆山市统计局，1992—2012.

[14]　南海区发展规划和统计局.南海统计年鉴，1991~2011 年 [M].南海：南海区发展规划和统计局，1992—2012.

[15]　李磊.房地产迎接后大盘时期 [N/OL].中国房产信息，2006.

[16]　蒋省三,韩俊.土地资本化与农村工业化——南海发展模式与制度创新 [M].太原：

山西经济出版社，2005.

[17]　金华．金石声摄影集编者后记 [J]. 城市规划汇刊，2000（2）：7-8.

[18]　康俊娟．三级所有、队为基础 [J]. 档案世界，2009（4）：17-21.

[19]　南昌市统计局．南昌市统计年鉴 [M]. 北京：中国统计出版社，2004.

[20]　上海市统计局．上海市统计年鉴 [M]. 北京：中国统计出版社，1981a-2005a.

[21]　上海市统计局．上海市房地产市场 [M]. 上海：上海人民出版社，1989b-2001b.

[22]　深圳市统计局．1999年深圳市统计年鉴 [M]. 北京：中国统计出版社，2000.

[23]　汕头市统计局．1999年汕头市统计年鉴 [M]. 北京：中国统计出版社，2000.

[24]　石楠．什么是城市规划 [J]？城市规划，2005，29（11）：24-25.

[25]　孙施文．现代城市规划理论 [M]. 北京：中国建筑工业出版社，2005.

[26]　孙施文，邓永成．上海城市规划作用研究 [J]. 城市规划汇刊，1997（2）．

[27]　孙强．大盘开发渐成热点，东南四环倍受关怀 [J]. 北京房地产，2004（6）．

[28]　王鸿楷，洪启东．土地市场化下工业的再区位过程：上海电表厂的个案研究 [Z].
　　　社会主义中国的土地与住房市场化国际会议，中国香港浸会大学，1997年10
　　　月31日-11月1日．

[29]　温铁军，朱守银．政府资本原始积累与土地"农转非"[J]. 管理世界，1996（5）：
　　　161-169.

[30]　夏南凯，田宝江．控制性详细规划 [M]. 上海：同济大学出版社，2005.

[31]　姚凯．城市规划管理行为和市民社会的互动效应分析——一则项目规划管理案
　　　例的思考 [J]. 城市规划学刊，2006（162）：75-79.

[32]　袁奇峰．广州21世纪中心商务区（GCBD21）探索 [J]. 城市规划汇刊，2001（4）．

[33]　张仲春．深圳房地产市场 [M]. 上海：同济大学出版社，1993.

[34]　邹德慈．什么是城市规划 [J]？城市规划，2005，29（11）：23-24.

[35]　赵民，高捷．景观眺望权的制度分析及其在规划中的意义 [J]. 城市规划学刊，
　　　2006（161）：22-26.

[36]　赵民．在市场经济下进一步推进我国城市规划学科的发展 [J]. 城市规划汇刊，
　　　2004（5）：29-30.

[37]　赵民，鲍桂兰，侯丽．土地使用制度改革与城乡发展 [M]. 上海：同济大学出版社，
　　　1988.

[38]　郑时龄．中国建筑的实验性与城市化问题 [J]. 城市规划汇刊，2004（5）：1-7.

[39]　郑时龄．理性地规划和建设理想城市 [J]. 城市规划汇刊，2004（1）：1-5.

[40]　中国社会科学院财贸经济研究所，美国纽约公共管理研究所．中国城市土地使

用与管理 [M]. 北京：经济科学出版社，1994.

[41]　邹兵,陈宏军.敢问路在何方——由一个案例透视深圳法定图则的困境与出路 [J]. 城市规划，2003，27（2）：61-67.

[42]　朱介鸣.城市居住人口分布及再分布的基础研究(一)[J].城市规划汇刊,1986(5)：10-19.

[43]　朱介鸣，赵民.市场经济下的城市规划 [J].城市规划，2004（3）：43-47.

[44]　朱介鸣.市场经济下城市规划引导市场开发的经营 [J].城市规划汇刊,2004（6）.

[45]　朱介鸣.中国城市规划面料的两大挑战 [J].城市规划学刊，2006（6）：1-8.

[46]　朱介鸣，罗赤.可持续发展：遏制城市建设中的"公地"和"反公地"现象 [J].城市规划学刊，2008（1）：30-36.

[47]　朱介鸣.发展规划：重视土地利用的利益关系 [J].城市规划学刊，2011（1）：30-37.

[48]　朱介鸣.城市发展战略规划的发展机制——政府推动城市发展的新加坡经验 [J].城市规划学刊，2012（4）：22-27.

[49]　朱介鸣.西方规划理论与中国规划实践之间的隔阂 [J].城市规划学刊,2012（1）：9-16.

[50]　庄永康.曼花镜影——牛车水的故事 [M].新加坡：光触媒，2006.

[51]　Adell G.Theories and Models of the Peri-urban Interface：A Changing Conceptual Landscape，Report of Strategic Environment Planning and Management for the Peri-urban Interface Research Project[M].London：Development Planning Unit，University College London，1999.

[52]　Alchian A.A.Some Economics of Property，RAND P-2316[M].Santa Monica：RAND Corporation，1961.

[53]　Alexander C.A City Is Not a Tree [M]//R.T.LeGates，F.Stout，eds.The City Reader. London and New York：Routledge，1996：118-131.

[54]　Allio L.，M.M.Bobek，N.Mikhailov，D.L.Weimer.Post-communist Privatization as a Test of Theories of Institutional Change [M]//D.L.Weimer ed.The Political Economy of Property Rights – Institutional Change and Credibility in the Reform of Centrally Planned Economies.Cambridge：Cambridge University Press，1997：319-348.

[55]　Ambrose P.Whatever Happened to Planning [M]? Hants：Methuen，1986.

[56]　Aram J.D.，X.Wang.Lessons from Chinese State Economic Reform[J].China Economic Review，1991，2（1）：29-46.

[57]   Archer R.W.Urban Land Consolidation for Metropolitan Jakarta Expansion,
         1990/2010[M].Bangkok：Asian Institute of Technology，1993.

[58]   Arnstein S.R.A Ladder of Citizen Participation[J].Journal of the American Planning
         Association，1969，35（4）：216–224.

[59]   Ball B.London and Property Markets：A Long-term View [J].Urban Studies，1996,
         33（6）：859-877.

[60]   Barker K.Barker Review of Land Use Planning [EB/OL]，[2011-11-20].http：//www.
         communities.gov.uk/documents/planningandbuilding/pdf/151105.pdf.

[61]   Barras R.Technical Change and the Urban Development Cycle[J].Urban Studies,
         1987（24）：5-30.

[62]   Barzel Y.Economic Analysis of Property Rights[M].2nd Edition.Cambridge：
         Cambridge University Press，1997.

[63]   Bazelon D.T.The Paper Economy[M].New York：Random House，1963.

[64]   Becker L.C.Property Rights – Philosophic Foundations[M].London：Routledge &
         Kegan Paul，1977.

[65]   Beito D.T.，Gordon P.，Tabarrok A.，eds.The Voluntary City：Choice,
         Community，and Civil Society[M].Ann Arbor：University of Michigan Press,
         2002.

[66]   Bertaud A.，B.Renaud.Cities without Land Markets – Lessons of the Failed Socialist
         Experiment[M].Washington，D.C.：World Bank，1994.

[67]   Blakely E.J.Planning Local Economic Development – Theory and Practice[M].second
         edition.Thousand Oaks：Sage，1994.

[68]   Blakely E.J.，T.K .Bradshaw.Planning Local Economic Development – Theory and
         Practice[M].3rd edition.Thousand Oaks：Sage，2002.

[69]   Block F.The Roles of the State in the Economy [M]//N.J.Smelser，R.Swedberg，eds.
         The Handbook of Economic Sociology.Princeton：Princeton University Press，1994.

[70]   Boix C.Democracy，Development，and the Public Sector [J].American Journal of
         Political Science，2001，45（1）：1-17.

[71]   Boothroyd P.，P.X.Nam.Socioeconomic Renovation in Vietnam：The Origin,
         Evolution，and Impact of Doi Moi [M].Ottawa：International Development Research
         Centre，2000.

[72]   Boyer R.，J-P.Durand.After Fordism [M].London：Macmillan，1993.

[73]   Brabant J.M.Property Rights' Reform, Macroeconomic Performance, and Welfare [M]//H.Blommestein, M.Marrese, eds.Transformation of Planned Economies：Property Rights Reform and Macroeconomic Stability.Paris：OECD, 1991.

[74]   Brindley T., Y.Rydin, G.Stoker.Remaking Planning – the Politics of Urban Change in the Thatcher Years [M].London：Unwin Hyman, 1989.

[75]   Broadman H.G.Meeting the Challenge of Chinese Enterprise Reform [M].Washington, D.C.：World Bank, 1995.

[76]   Buchanan J.M.Freedom in Constitutional Contract：Perspectives of a Political Economist [M].Texas A&M University Press, College Station, TX, 1977.

[77]   Byrd W.A., Lin Q., eds.China's Rural Industry：Structure, Development and Reform [M].New York：Oxford University Press, 1990.

[78]   Cai Y.S.Collective Ownership or Cadres' Ownership? The Non-agricultural Use of Farmland in China[J].The China Quarterly, 2003（175）：662-680.

[79]   Carson R.L.Comparative Economic Systems – Market and State in Economic Systems [M].2nd edition.Armonk, NY and London：ME Sharpe, 1997.

[80]   Champion A.G.The United Kingdom [M]//R.Jones, ed.Essays on World Urbanization.London：George Philip and Son, 1975：47-66.

[81]   Chang S.D., Kwok R.Y.W.The Urbanization of Rural China[M]//R.Y.W.Kwok, W.L.Parish, A.G.O.Yeh, X.Q.Xu, eds.Chinese Urban Reform – What Model Now? Armonk, N.Y.：M.E.Sharpe, 1990：140-157.

[82]   Chang C., Wang Y.The Nature of the Townshipship-village Enterprise [J].Journal of Comparative Economics, 1994（19）：434 – 452.

[83]   Chavan A., C.Peralta, C.Steins.Planetizen Contemporary Debates in Urban Planning [M].Washington, D.C.：Island Press, 2007.

[84]   Cheema G.S., ed.Urban Management – Policies and Innovations in Developing Countries [M].London：Praeger, 1993.

[85]   Chinese Academy of Social Sciences（CASS）.China's Urban Land Management System and Its Reforms [J].China's Social Sciences, 1992（2）：63-81.

[86]   Choe A.F.C.Urban Renewal [M]//J.B.Ooi, H.D.Chiang, eds.Modern Singapore. Singapore：University of Singapore Press, 1969：161 – 170.

[87]   Clarke S.What Is the F---' s Name [M]//Fordism N.Gilbert, R.Burrows, A.Pollert, eds.Fordism and Flexibility - Divisions and Change.London：Macmillan, 1992：

13-30.

[88] Clawson M., P.Hall.Land-Use Controls [M]//Urban Growth : An Anglo-American Comparison.Baltimore : Johns Hopkins Press, 1973.

[89] CND.State-owned Enterprises for Sale at Bargain Prices [J].Global News, 1998 (GL98-133) .

[90] Cochrane A.The Changing State of Local Government in the UK [J].Public Administration, 1991 (69) : 281-302.

[91] Cockburn C.The Local State [M].London : Pluto, 1977.

[92] Corden C.Planned Cities : New Towns in Britain and America [M].London : Sage, 1977.

[93] Cullingworth J.B.Town and Country Planning in Britain [M].London : George Allen & Unwin, 1982.

[94] Dale O.J.Urban Planning in Singapore : The Transformation of a City [M].Shah Alam : Oxford University Press, 1999.

[95] Davidoff P.Advocacy and Pluralism in Planning [J].Journal of the American Institute of Planners, 1965 (31) : 331-338.

[96] Davis K., H.Golden.Urbanization and the Development of Pre-Industrial Areas [J]. Economic Development and Cultural Change, 1954 (3) : 6-26.

[97] Debenham, Tweson, Chinnocks.Money into Property [M].London : DTC, 1992.

[98] de Leeuw F., N.F.Ekanem.The Supply of Rental Housing [J].American Economic Review, 1971 (61) : 806-817.

[99] Delafons J.Land-use Control in the United States [M].Cambridge : MIT Press, 1962.

[100] Department of Statistics.Yearbook of Statistics [M].Singapore : Department of Statistics, 1971.

[101] Department of Statistics.Report on the Survey of Services [M].Singapore : Department of Statistics, 1976, 1980, 1990, 1997.

[102] Department of Statistics.Singapore, 1995 – 1995 Statistical Highlights : A Review of 30 Years' Development [M].Singapore : Department of Statistics, 1996.

[103] DETR.Urban Development Corporations : Performance and Good Practice [M]. London : DETR, 1998.

[104] de Vries J.European Urbanization 1500 – 1800 [M].London : Methuen and Co., 1984.

[105]   DoE.Derelict Land Grant – Development and Achievements Report,1988 – 1992 [M].
          London : HMSO, 1992.

[106]   DoE.City Grant – A Single Grant for Private Sector Development and Redevelopment
          in Inner City Areas [M].London : HMSO, 1988.

[107]   DoE.Simplified Planning Zones [M].London : HMSO, 1984.

[108]   DoE.Enterprise Zones [M].London : HMSO, 1981a.

[109]   DoE.The Urban Programme – the Partnership at Work [M].London : HMSO, 1981b.

[110]   Duncan S., M.Goodwin.The Local State and Uneven Development [M].Cambridge :
          Polity, 1998.

[111]   Dunleavy P.The Politics of Mass Housing in Britain, 1945-1975 – A Study of
          Corporate Power and Professional Influence in the Welfare State [M].Oxford :
          Clarendon Press, 1981.

[112]   Economic Development Board (EDB) .Report on the Census of Industrial Production
          1982 – 1997 [M].Singapore : EDB, 1982-1997.

[113]   Economist.Vincent Lo's Career Shows What It Takes for an Outsider to Succeed in
          China [Z], 2004a : 76.

[114]   Economist.A Survey of the World Economy : the Dragon and the Eagle [Z], 2004b.

[115]   The Economist.Business in China [Z], 2004C.

[116]   Economist.The World Goes to Town [Z], 2007a.

[117]   Economist.Come in Number One, Your Time Is Up [Z], 2007b : 12.

[118]   Edwards M.What Is Needed from Public Policy? [M]//P.Healey, R.Nabarro, eds.
          Land and Property Development in a Changing Context.Hants : Gower, 1990.

[119]   Eggertsson T.The Economics of Institutions in Transition Economies[M]//S.Schiavo-
          Campo, ed.Institutional Change and the Public Sector in Transitional Economies.
          Washington, D.C. : World Bank, 1994 : 19-50.

[120]   Ellman M.Transformation, Depression, and Economics : Some Lessons [J].Journal
          of Comparative Economics, 1994, 19 (1) : 1-21.

[121]   Elster J.The Cement of Society - A Study of Social Order [M].Cambridge : Cambridge
          University Press, 1989.

[122]   Fischel W.A.The Economics of Zoning Laws – A Property Rights Approach to
          American Land Use Controls [M].Baltimore : The Johns Hopkins University Press,
          1985.

[123] Fredmann J.Planning in the Public Domain：from Knowledge to Action [M]. Princeton：Princeton University Press，1987.

[124] French R.A.，Hamilton F.E.I.Is There a Socialist City? [M]//R.A.French，F.E.I.Hamilton，ed.The Socialist City - Spatial Structure and Urban Policy. Chichester：John Wiley & Sons，1979：1-21.

[125] French R.A.，F.E.I.Hamilton，eds.The Socialist City – Spatial Structure and Urban Policy [M].Chichester：John Wiley & Sons，1979.

[126] Fröbel F.，J.Heinrichs，O.Kreye.The New International Division of Labor [M]. Cambridge：Cambridge University Press，1980.

[127] Fung K.I.Urban Sprawl in China：Some Causative Factors [M]//L.J.C.Ma，E.W.Hanten，eds.Urban Development in Modern China.Boulder：Westview Press，1981：194-221.

[128] Fung K.I.，Z.M.Yan，Y.M.Ning.Shanghai：China's World City[M]//Y.M.Yeung，X.W.Hu，eds.China's Coastal Cities – Catalysts for Modernization.Honolulu：University of Hawaii Press，1992：124-152.

[129] Gardner H.S.Comparative Economic Systems [M].2nd edition.Orlando：Dryden Press，1998.

[130] Garreau J.Edge City：Life on the New Frontier [M].New York：Doubleday，1991.

[131] Geertz Clifford.Agricultural Involution：The Processes of Ecological Change in Indonesia [M].Berkeley：University of California Press，1963.

[132] Girard G.，I.Lambot.City of Darkness – Life in Kowloon Walled City [M].London：Watermark，1993.

[133] Goldsmith M.Local Government [J].Urban Studies，1992，29（3/4）：393 – 410.

[134] Goodchild R.，R.Munton.Development and the Landowner – An Analysis of the British Experience [M].London：George Allen & Unwin，1985.

[135] Goodman D.S.G.The Politics of Regionalism - Economic Development，Conflict and Negotiation [M]//D.S.G.Goodman，G.Segal，eds.China Deconstructs - Politics，Trade and Regionalism.London：Routledge，1994：1-20.

[136] Gregory P.R.，R.C.Stuart.Comparative Economic Systems [M].4th Edition.Boston：Houghton Mifflin，1992.

[137] Guo X.L.Land Expropriation and Rural Conflicts in China [J].The China Quarterly，2001（166）：422 – 439.

[138]　Hall P.Cities of Tomorrow [M].3rd edition.Oxford：Blackwell，2002.

[139]　Haila A.Why Is Shanghai Building a Giant Speculative Property Bubble [J]？International Journal of Urban and Regional Research，1999，23（3）：583-588.

[140]　Hardin G.The Tragedy of the Commons [J].Science，1968（162）：1243-1248.

[141]　Healey P.Urban Complexity and Spatial Strategies：Towards a Relational Planning for Our Times [M].New York：Routledge，2007.

[142]　Healey P.Urban Regeneration and the Development Industry [J].Regional Studies，1991，25（2）：97-110.

[143]　Healey P.，M.Purdue，F.Ennis.Negotiating Development：Rationales and Practice for Development Obligations and Planning Gain [M].London：E & FN Spon，1995.

[144]　Heller M.A.The Tragedy of the Anticommons：Property in the Transition from Marx to Markets [J].Harvard Law Review，1998（111）：621-688.

[145]　Ho S.P.S.，Lin G.C.S.Emerging Land Markets in Rural and Urban China：Policies and Practices [J].The China Quarterly，2003（175）：681-707.

[146]　Huang C.Y.，X.B.Mo，eds.Development of Special Economic Zones [M].Beijing：People's Publishing，1995.

[147]　Huang F.X.Planning in Shanghai [J].Habitat International，1991，15（3）：87-98.

[148]　Imrie R.，H.Thomas.Assessing Urban Policy and the Urban Development Corporations[M]//R.Imrie，H.Thomas，eds.British Urban Policy – An Evaluation of the Urban Development Corporations.London：SAGE，1999：3-39.

[149]　Institute of Finance and Trade Economics，Chinese Academy of Social Sciences （IFTE/CASS）and Institute of Public Administration（IPA）.Urban Land Use and Management in China [M].Beijing：Jingji Publishing House，1992.

[150]　Iskander M.Improving State-owned Enterprise Performance：Recent International Experience[M]//H.G.Broadman，ed.Policy Options for Reform of Chinese State-owned Enterprises.Washington，D.C.：World Bank，1996：17-90.

[151]　Jacobs J.The Death and Life of Great American Cities [M].New York：Random House，1961.

[152]　Jacobs J.Where City Planners Come Down to Earth [J].Business Week，1996：101-104.

[153]　Jacobs J.Cities and the Wealth of Nations：Principles of Economic Life.New York：Random House，1984.

[154]   Janoschka M., A.Norsdorf.Condominios Fechados and Barrios Privados – the Rise of Private Residential Neighborhoods in Latin America [M]//Glasze G.C.Webster, K.Frantz, eds.Private Cities – Global and Local Perspectives.New York: Routledge, 2006: 92-108.

[155]   Jiang Q.State Asset Management Reform: Clarified Property Rights and Responsibilities [M]//H.G.Broad man, ed.Policy Options for Reform of Chinese State-owned Enterprises.Washington, D.C.: World Bank, 1995: 91-100.

[156]   Jackson D.G.Asia Pacific Property Trends: Conditions and Forecasts [M].New York: McGraw-Hill Books, 1997.

[157]   Jud G.D.The Effects of Zoning on Single-family Residential Property Values [J].Land Economics, 1980 (56): 142-154.

[158]   Kaye B.Upper Nankin Street, Singapore: A Sociological Study of Chinese Households Living in a Densely Populated Area [M].Singapore: University of Malaya Press, 1960.

[159]   Keeble L.Principles and Practice of Town and Country Planning [M].London: Estates Gazette, 1969.

[160]   Kirby A.Power/Resistance: Local Politics and The Chaotic State [M].Bloomington: Indiana University Press, 1993.

[161]   Kornai J.The Soft Budget Constraint [J].Kyklos, 1986, 39 (1): 3-30.

[162]   Lai L.W.C.Hayek and Town Planning: A Note on Hayek's Views towards Town Planning in The Constitution of Liberty [J].Environment and Planning A, 1999 (31): 1567-1582.

[163]   Law C.M.The Growth of the Urban Population in England and Wales, 1801 – 1911 [J]. Transactions of the Institute of British Geographers, 1967 (41): 125-143.

[164]   Lees L.Gentrification and Social Mixing: Towards an Inclusive Urban Renaissance [J]? Urban Studies, 2008, 45 (12): 2449-2470.

[165]   Leisch H.Gated Communities in Indonesia [J].Cities, 2002, 19 (5): 341-350.

[166]   Lewis W.A.Economic Development with Unlimited Supplies of Labour [J].The Manchester School, 1954, 22 (2): 139-191.

[167]   Li B.Danwei Culture as Urban Culture in Modern China: The Case of Beijing from 1949 to 1979[M]//G.Guldin, A.Southall, ed.Urban Anthropology in China.Leiden: E.J.Brill, 1993: 345-352.

[168] Lim Z.Recent Developments in Chinese Housing [J].Habitat International, 1991, 15 (3) : 9-14.

[169] Lin G.C.S., Ho S.P.S.The State, Land System, and Land Development Processes in Contemporary China [J].Annals of the Association of American Geographers, 2005, 95 (2) : 411-436.

[170] Lin S.Too Many Fees and Too Many Charges : China Streamlines its Fiscal System [M]. Background Brief No.66, East Asian Institute, National University of Singapore, 2000.

[171] Liu Z.G.Exploration of Shenzhen Economic Development [M].Shenzhen : Haitian, 1988.

[172] Loftman P., B.Nevin.Pro-growth Local Economic Development Strategies : Civic Promotion and Local Needs in Britain's Second City, 1981-1996 [M]//T.Hall, P.Hubbard, eds.The Entrepreneurial City : Geographies of Politics, Regime and Representation.Chichester : John Wiley & Sons, 1998 : 129-148.

[173] Lü X., E.J.Perry.Introduction [M]//X.Lu, E.J.Perry, eds.Danwei : The Changing Chinese Workplace in Historical and Comparative Perspective.Armonk : M.E.Sharpe, 1997 : 3-17.

[174] Ma L.J.C.Introduction : The City in Modern China[M]//L.J.C.Ma, E.W.Hanten, eds.Urban Development in Modern China.Boulder : Westview, 1981 : 1-18.

[175] Malo M., P.J.M.Nas.Queen City of the East and Symbol of the Nation : The Administration and Management of Jakarta[M]//J.Rüland, ed.The Dynamics of Metropolitan Management in Southeast Asia.Singapore : Institute of Southeast Asian Studies, 1996 : 99-132.

[176] Marcuse P.Privatization and Its Discontents : Property Rights in Land and Housing in the Transition in Eastern Europe[M]//G.Andrusz, M.Harloe, I.Szelenyi.Cities after Socialism - Urban and Regional Change and Conflict in Post-socialist Societies. Oxford : Blackwell, 1996 : 119-191.

[177] Marcussen L.Third World Housing in Social and Spatial Development : The Case of Jakarta [M].Aldershot, Brookfield : Averbury, 1990.

[178] McGee T.G.The Emergence of Desakota Regions in Asia : Expanding a Hypothesis[M]//N.Ginsburg, B.Koppel, T.G.McGee, eds.The Extended Metropolis : Settlement Transition in Asia.Honolulu : University of Hawaii Press,

1991：3-25.

[179]　McGill R.Urban Management in Developing Countries [J].Cities, 1998, 15 (6)：
463-471.

[180]　McIntosh A.C.Asian Water Supplies – Reaching the Urban Poor [M].London：IWA
Publishing and ADB, 2003.

[181]　Motha P.Singapore Real Property Guide [M].3rd edition.Singapore：Singapore
University Press, 1989.

[182]　Naughton B.Growing Out of the Plan：Chinese Economic Reform, 1978 – 1993 [M].
Cambridge：Cambridge University Press, 1995.

[183]　Nelson A.C.Development Impact Fees – Policy Rationale, Practice, Theory and
Issues [M].Chicago：Planners Press, 1988.

[184]　Nelson R.H.Zoning and Property Rights：An Analysis of the American System of
Land-use Regulation [M].Cambridge：MIT Press, 1977.

[185]　North D.Institutions, Institutional Change and Economic Performance [M].
Cambridge：Cambridge University Press, 1990.

[186]　North D.C.Institutional Change：A Framework of Analysis[M]//S.E.Sjostrand.
Institutional Change - Theory and Empirical Findings.Armonk, New York &
London：M.E.Sharpe, 1993：35-46.

[187]　Oborne M.China's Special Economic Zone [M].Paris：OECD, 1986.

[188]　Oi J.C.The Role of the Local State in China's Transitional Economy [J].The China
Quarterly, 1995 (144)：1132-1149.

[189]　Olson M.The Rise and Decline of Nations [M].New Haven：Yale University Press,
1982.

[190]　Paul E.F., F.D.Miller Jr., J.Paul.Property Rights [M].Cambridge：Cambridge
University Press, 1994.

[191]　Peiser R.Who Plans America? Planners or Developers [J]? Journal of the American
Planning Association, 1990, 56 (4)：496-503.

[192]　Perkins F.Productivity Performance and Priorities for the Reform of China's State-
owned Enterprises [M]//Economics Division Working Papers 95/1.Canberra：
Research School of Pacific and Asian Studies, 1995.

[193]　Perry M., Kong L., Yeoh B.Singapore：A Developmental City State [M].
Chichester：John Willey & Sons, 1997.

[194] Peter H.Cities of Tomorrow : An Intellectual History of Urban Planning and Design in the Twentieth Century [M].Oxford : Blackwell, 1988.

[195] Peterson P.E.City Limits [M].Chicago : University of Chicago Press, 1981.

[196] Pigou A.C.The Economics of Welfare [M].4th edition.London : Macmillan, 1932.

[197] Population Research Institute, Chinese Academy of Social Sciences (PRI/CASS) . Almanac of China's Population ' 97 [M].Beijing : China Economic Management Publishing, 1997.

[198] Porter P.R.A Few Who Made a Difference[M]//P.R.Porter & D.C.Sweet, eds. Rebuilding America's Cities.New Brunswick : The Center for Urban Policy Research, 1984 : 1-21.

[199] Posner R.A.Economic Analysis of Law [M].Brown, Boston : Little, 1973.

[200] Preteceille E.Political Paradoxes of Urban Restructuring : Globalization of the Economy and Localization of Politics[M]//J.R.Logan, T.Swanstrom, eds.Beyond the City Limits.Philadelphia : Temple University Press, 1990 : 27-59.

[201] Pullinger J.Hooked on the City : The Life and Death of Kowloon Walled City [M]. London : Hodder & Stoughton, 1989.

[202] Ravetz A.The Government of Space – Town Planning in Modern Society [M]. London : Faber and Faber, 1986.

[203] Reeve A.Property [M].London : Macmillan, 1986.

[204] Roland G.The Role of Political Constraints in Transition Economies [J].Economics of Transition, 1994, 2 (1) : 27-41.

[205] Rose F.C.Consideration of Urban Development Paths and Processes in China Since 1978, with Special Reference to Shanghai[M]//G.P.Chapman, A.K.Dutt, R.W.Bradnock.Urban Growth and Development in Asia, Vol.I : Making the Cities. Hants : Aldershot, 1999 : 82-107.

[206] Rueschemeyer D., L.Putterman.Synergy or Rivalry[M]//Putterman L., D.Rueschemeyer, eds.State and Market in Development - Synergy or Rivalry. Boulder : Lynne Rienner Publishers, 1992 : 243-262.

[207] Sachs J.D., W.T.Woo.Structural Factors in the Economic Reform of China, Eastern Europe and the Former Soviet Union [J].Economic Policy, 1994, 18 (1) : 103-145.

[208] Shen J.Counting Urban Population in Chinese Censuses 1953 – 2000 : Changing

Definitions, Problems and Solutions [J].Population, Space and Place, 2005, 11 （5）：381-400.

[209] Singapore Tourist Promotion Board （STPB）. Annual Report [R].Singapore ：STPB, 1988.

[210] Singh M.Keppel Distripark Contributing towards Making Singapore a Global Distribution Hub [J].Singapore Transport and Logistics, 1992, 1 （2）.

[211] Sirmans C.F., E.Worzala.International Direct Real Estate Investment ：A Review of the Literature [J].Urban Studies, 2003, 40 （5-6）：1081-1114.

[212] Smith N.Toward a Theory of Gentrification ：A Back to the City Movement by Capital Not People [J].Journal of the American Planning Association, 1979 （45）：538-548.

[213] Smith D.W., J.L.Scarpaci.Urbanization in Transitional Societies ：An Overview of Vietnam and Hanoi [J].Urban Geography, 2000, 21 （8）：745-757.

[214] Solinger D.J.Urban Entrepreneurs and the State ：The Merger of State and Society A.L.Rosenbaum, ed.State & Society in China – The Consequences of Reform. Boulder & Oxford ：Westview, 1992：121-141.

[215] Struyk R.J., M.L.Hoffman, H.M.Katsura.The Market for Shelter in Indonesian Cities [M].Washington, D.C. ：The Urban Institute Press, 1990.

[216] Sustainable Development Commission.Breakthroughs for the Twenty-First Century [Z].London ：Sustainable Development Commission, 2009.

[217] The Straits Times （Singapore）.Shanghai Stops Granting Land for Projects [Z], 1998.

[218] Sunday Times （Singapore）.One Disaster after Another – Why [Z], 2007：17.

[219] Sutcliffe A.Introduction ：British town Planning and the Historian [M]//A.Sutcliffe, ed.British Town Planning ：the Formative Years.Leicester ：Leicester University Press, 1981：2-14.

[220] Szelényi I.Urban Inequalities under State Socialism [M].London ：Oxford University Press, 1983.

[221] Su Y., X.B.Zhao.The Process of Chinese State-Owned-Enterprise Reforms [J].SEZs' Economy, 1997 （1）：13-15.

[222] Thomas D.The Urban Fringe ：Approaches and Attitudes[M]//J.H.Johnson, ed.Suburban Growth ：Geographical Process at the Edge of the Western City. London ：Wiley, 1974：17-30.

[223] Tian L.The Chengzhongcun Land Market in China：Boon or Bane? - A Perspective on Property Rights [J].International Journal of Urban and Regional Research，2008，32（2）：282-304.

[224] Trinh P.V.，R.Parenteau.Housing and Urban Development Policies in Vietnam [J].Habitat International，1991，15（4）：153-169.

[225] Tseng W.，etc.Economic Reform in China - A New Phase [M].Washington，DC：International Monetary Fund，1994.

[226] Turner，John F.C.Housing by People：Towards Autonomy in Building Environments [M].London：Marion Boyars，1976.

[227] Turok I.Property-led Urban Regeneration – Panacea or Placebo [J].Environment and Planning A，1992，24（3）：361-379.

[228] Turok I.，Bailey N.Twin Track Cities：Competitiveness and Cohesion in Glasgow and Edinburgh [J].Progress in Planning，2004，62（3）：135-200.

[229] Uitermark J.，J.W.Duyvendak，R.Kleinhans.Gentrification as a Governmental Strategy：Social Control and Social Cohesion in Hoogvliet，Rotterdam [J].Environment and Planning A，2007，39（1）：125-141.

[230] United Nations.World Urbanization Prospects – The 2003 Revision [M].New York：United Nations，2004.

[231] United Nations Centre for Human Settlements.Global Report on Human Settlements 1986 [M].Oxford：Oxford University Press，1987.

[232] United States Bureau of the Census.County Business Patterns [M].United States Bureau of the Census，1946-1996.

[233] Urban Land Institute（ULI）.Shanghai Xintiandi Case Study [M].Washington：ULI，2005.

[234] Urban Redevelopment Authority（URA）.Guidelines for Business Park Development [M].Singapore：URA，1993.

[235] Urban Redevelopment Authority（URA）.Living the Next Lap – Towards a Tropical City of Excellence [M].Singapore：URA，1991.

[236] Urban Redevelopment Authority（URA）.The Golden Shoe – Building Singapore's Financial District [M].Singapore：URA，1989.

[237] Walder. A.G.The Quite Revolution from Within：Economic Reform as a Source of Political Decline[M]//A.G.Walder，ed.The Waning of the Communist State -

Economic Origins of Political Decline in China and Hungary.Berkeley：University of California Press，1995：1-24.

[238]　Wang C.G.Migrations and Social Restructuring [M].Hangzhou：Zhejiang People's Publishing，1995.

[239]　Wang H.The Gradual Revolution [M].New Brunswick：Transaction，1994.

[240]　Wang S.The Rise of the Regions：Fiscal Reform and the Decline of Central State Capacity in China[M]//A.G.Walder，ed.The Waning of the Communist State - Economic Origins of Political Decline in China and Hungary.Berkeley：University of California Press，1995：87-113.

[241]　Wang S.，A.Hu.The Chinese Economy in Crisis：State Capacity and Tax Reform [M].Armonk，London：M.E.Sharpe，2001.

[242]　Watson A.，C.Findlay.The "Wool War" in China[M]//C.Findlay，ed.Challenges of Economic Reform and Industrial Growth：China's Wool War.Sydney：Allen & Unwin，1992：163-180.

[243]　Weimer D.L.The Political Economy of Porperty Rights[M]//D.L.Weimer，ed.The Political Economy of Property Rights：Institutional Change and Credibility in the Reform of Centrally Planned Economies.Cambridge：Cambridge University Press，1997：1-20.

[244]　Weldon P.，Tan T.H.The Socio-Economic Characteristics of Singapore Population 1969，State and City Planning Project，Technical Paper No.40 [M].Singapore：Department of Statistics，1969.

[245]　Winarso H.，Firman T.Residential Land Development in Jabotabek，Indonesia：triggering economic crisis [J]? Habitat International，2002，26：487–506.

[246]　Wong J.，Yang M.The Making of the TVE Miracle–An Overview of Case Studies[M]//J.Wong，R.Ma，M.Yang，eds.China's Rural Entrepreneurs – Ten Case Studies.Singapore：Times Academic Press，1995：16–51.

[247]　Wong T.C.，Yap A.L.H.Four Decades of Transformation – Land Use in Singapore，1960–2000 [M].Singapore：Eastern University Press，2004.

[248]　Woodall P.The Dragon and the Eagle：A Survey of the World Economy [J].The Economist，2004：1-24.

[249]　World Bank.China：Between Plan and Market [M].Washington，D.C.：World Bank，1990.

[250] World Bank.China：Implementation Options for Urban Housing Reform [M].
       Washington, D.C.：The World Bank, 1992.

[251] World Bank.China：Urban Land Management in an Emerging Market Economy [M].
       Washington, D.C.：The World Bank, 1993.

[252] World Bank.China's Management of Enterprise Assets：The State as Shareholder [M].
       Washington, D.C.：The World Bank, 1997.

[253] World Bank.Building Institutions for Markets：World Development Report 2002 [M].
       New York：Oxford University Press, 2002.

[254] World Bank.Cities in Transition：Urban Sector Review in an Era of
       Decentralization[M]//Indonesia, East Asia Urban Working Paper Series：
       Dissemination Paper No.7.Washington, D.C：World Bank, 2003.

[255] Xu S.Q.Guangzhou Developers Appealing for "Slimming" [J].Chinese and Foreign
       Real Estate Times, 1996（21）：6-13.

[256] Zelinsky W.The Hypothesis of the Mobility Transition [J].Geographical Review,
       1971（61）：219-249.

[257] Zhao R.Review of Economic Reform in China：Features, Experiences and
       Challenges[M]//R.Garnaut, L.Song, eds.China：Twenty Years of Economic
       Reform.Canberra：Asia Pacific Press, 1999：185-199.

[258] Zhu J.From Land Use Right to Land Development Right：Institutional Change in
       China's Urban Development [J].Urban Studies, 2004a, 41（7）：1249-1267.

[259] Zhu J.Local Developmental State and Order in China's Urban Development during
       Transition [J].International Journal of Urban and Regional Research, 2004b, 28（2）：
       424-447.

[260] Zhu J.Urban Development under Ambiguous Property Rights [J].International Journal
       of Urban and Regional Research, 2002, 26（1）：41-57.

[261] Zhu J.Urban Physical Development in Transition to Market [J].Urban Affairs Review,
       2000, 36（2）：178-196.

[262] Zhu J.The Formation of a Market-oriented Local Property Development Industry
       in Transitional China：A Shenzhen Case Study [J].Environment and Planning A,
       1999a, 31（10）：1839-1856.

[263] Zhu J.Local Growth Coalition：The Context and Implications of China's Gradualist
       Urban Land Reforms [J].International Journal of Urban and Regional Research,

市场经济下的中国城市规划：发展规划的范式

1999b, 23（3）：534-548.

[264] Zhu J.The Effectiveness of Public Intervention in the Property Market [J].Urban Studies, 1997, 34（4）：627-646.

[265] Zhu J.Denationalization of Urban Physical Development [J].Cities, 1996, 13（3）：187-194.

[266] Zhu J.The Changing Land Policy and Its Impact on Local Growth [J].Urban Studies, 1994, 31（10）：1611-1623.